高职高专“十四五”规划教材

冶金工业出版社

安全生产与环境保护

（第2版）

主　编　张丽颖

副主编　臧建林　白　珊　孙雅平　钱　坤

扫一扫，看微课

北　京

冶　金　工　业　出　版　社

2024

内 容 提 要

本书分上、下两篇，共15章。上篇为环境保护，主要阐述了有关环境保护的基本知识和原理，我国环境保护方针、法规、环境质量标准以及控制环境污染的措施等内容。下篇为安全生产，主要介绍了安全生产的内涵、安全生产法律法规、安全生产综合管理、女职工和未成年工人的安全生产保护、系统安全分析与评价等知识，讲解了各种安全生产技术、职业卫生与职业病预防等基础知识。

本书可作为高职高专安全、环境保护等专业的教学用书，也可供相关技术人员和管理人员参考。

图书在版编目(CIP)数据

安全生产与环境保护/张丽颖主编．—2版．—北京：冶金工业出版社，2022.2（2024.6重印）

高职高专“十四五”规划教材

ISBN 978-7-5024-9039-3

Ⅰ．①安…　Ⅱ．①张…　Ⅲ．①安全生产—高等职业教育—教材　②环境保护—高等职业教育—教材　Ⅳ．①X93　②X

中国版本图书馆CIP数据核字(2022)第015877号

安全生产与环境保护（第2版）

出版发行　冶金工业出版社　　**电　话**　(010)64027926
地　址　北京市东城区嵩祝院北巷39号　　**邮　编**　100009
网　址　www.mip1953.com　　**电子信箱**　service@mip1953.com

责任编辑　郭冬艳　美术编辑　彭子赫　版式设计　禹　蕊
责任校对　梅雨晴　责任印制　禹　蕊
三河市双峰印刷装订有限公司印刷
2010年8月第1版，2022年2月第2版，2024年6月第2次印刷
787mm×1092mm　1/16；13印张；314千字；193页
定价39.00元

投稿电话　**(010)64027932**　**投稿信箱**　**tougao@cnmip.com.cn**
营销中心电话　**(010)64044283**
冶金工业出版社天猫旗舰店　**yjgycbs.tmall.com**
（本书如有印装质量问题，本社营销中心负责退换）

第2版前言

当前，环境问题是全球面临的最大威胁之一，加强环境科学知识教育，普及环境保护知识，增强全民环境保护意识是环境保护工作的一项重要内容，在职业学校非环境专业开设概论性环境保护课是环境教育的重要组成部分。本书上篇环境保护重点阐述了有关环境保护的基本知识和原理，以及我国环境保护方针、法规、环境质量标准、控制环境污染的措施等内容。

安全生产是我国的一项重要政策，也是现代企业管理的一项重要原则。保证安全生产，对于保障劳动者在生产过程中的健康和安全，促进国家经济建设具有非常重要的意义。本书下篇安全生产不仅讲解了安全生产的内涵、安全生产法律法规、安全生产法律责任、安全生产综合管理、女职工和未成年工人的安全生产保护、系统安全分析与评价等知识，还详细介绍了各种安全生产技术、职业卫生与职业病预防等基础知识。

本书第1版自2010年问世以来，深受高等职业院校师生的欢迎。经过10年的使用，第1版中部分内容已显陈旧或过时，有必要进行修改和补充。在1版修订过程中，我们增加了相关法律法规基本知识，力争使其实用性、可读性更强，使本书不但可以作为职业教育相关专业的教科书，也可以作为相关工作者的阅读材料以及科普读物。本书紧密结合职业教育的特点，注重新知识的引用，突出实用性和可读性，也适合作为高职高专非安全、环保专业学生及相关岗位工人培训教材。

本书由唐山科技职业技术学院的张丽颖担任主编，主要负责上篇的编写。唐山创元方大电气有限公司的臧建林、唐山科技职业技术学院孙雅平、白珊、钱坤担任副主编，主要负责下篇的编写。唐山科技职业技术学院的王艳春、董欣欣、唐英利、苗梦露、薄荷、杨茜参与了本书的编写工作。全书由张丽颖老师审核统稿。

本书在编写过程中，参考了有关文献资料，在此，对文献资料的作者表示由衷的感谢！

由于编者水平有限，书中难免存在不妥之处，敬请广大读者批评指正。

编　者

2021年8月

第1版前言

当前，全球性环境问题是人类面临的最大威胁之一。加强环境科学知识教育，普及环境保护知识，增强全民环境保护意识是环境保护工作的一项重要内容，在职业学校非环境专业开设概论性环境保护课程是环境教育的重要组成部分。本书内容结合钢铁企业的特点，论述了环境保护的基本概念、基础理论和废物的基本处理方法。全书共包括环境保护和安全生产两部分。

第一部分为环境保护知识，阐述了有关环境保护的基本知识和原理以及我国环境保护方针、法规、环境质量标准以及控制环境污染的措施等内容。

第二部分为安全生产知识。安全生产是我国的一项重要政策，也是现代企业管理的一项重要原则。保证安全生产，对于保障劳动者在生产过程中的健康和安全，促进国家经济建设具有非常重要的意义。此部分不仅讲解了安全生产的内涵、安全生产法律法规、安全生产综合管理、女职工和未成年工的安全生产保护、系统安全分析与评价等知识，还详细介绍了各种安全生产技术、职业卫生与职业病预防等基础知识。

本书紧密结合职业教育的特点，注重新知识的应用，具有很强的实用性、可读性。

本书可作为高职高专非环保专业学生的教学用书，也可供岗位工人培训使用。

本书由唐山科技职业技术学院的张丽颖和贾继华担任主编，唐山创元方大电气有限公司的臧建林和首钢迁安有限责任公司炼钢分厂的李朝阳担任副主编。其中，张丽颖、贾继华编写了第1~7章、第10~13章，臧建林、李朝阳编写了第8

章和第9章，并参与编写第13章。最后由唐山科技职业技术学院陈学英、王海英和李秀华老师审核统稿。同时，唐山科技职业技术学院的万文、赵紫玉、赵静、杨丽、许红英、薄荷、白珊也参与了本书的编写，在此表示感谢。

本书在编写过程中还参考了大量的宝贵资料，在此，编者对收入书后“参考文献”中的作者表示由衷的感谢！

由于编者水平有限，书中难免存在不妥之处，敬请广大读者批评指正。

编 者

2010年4月

目 录

上篇 环境保护

下篇 安 全 生 产

上篇　环境保护

1　绪　　论

扫一扫，看微课

1.1　环　　境

1.1.1　环境的概念

环境是以人类社会为主体的外部世界的总体，主要指人类已经认识到的直接或间接影响人类生存和社会发展的周围世界。它们可分为自然环境和人工环境两种，环境的中心事物是人类的生存及活动。

自然环境是指直接或间接影响到人类的一切自然形成的物质、能量和自然现象的总体。它是人类出现之前就存在的，是人类目前赖以生存、生活和生产所必需的自然条件和资源的总称，即阳光、气温、地磁力、大气、水、岩石、土壤、动植物、微生物以及地壳的稳定性等自然因素的总和。

人工环境是指由于人类的活动而形成的环境要素，它包括人工形成的物质、能量和精神产品，以及人类活动中所形成的人与人之间的关系（或称为上层建筑）。人工环境由综合生产力（包括人）、技术进步、人工构筑物、人工产品和能量、政治体制、社会行为、宗教信仰、文化与地方因素等组成。

自然环境对人的影响是根本性的。人类要改善环境，都必须以自然环境为其大前提，谁要超越它，必然遭到大自然的报复。人工环境的好坏对人的工作与生活、对社会的进步更是影响极大。

人类生存的环境可由小到大、由近及远地分为聚落环境、地理环境、地质环境和宇宙环境，从而形成了一个庞大的系统。

（1）聚落环境。聚落环境是人类有计划、有目的地利用和改造自然环境而创造出来的生存环境，它是与人类工作和生活关系最密切、最直接的环境。人生大部分时间是在聚落环境中度过的，特别为人们所关心和重视。聚落环境的发展，为人类提供了越来越方便而舒适的工作和生活环境，但与此同时也往往因为聚落环境中人口密集、活动频繁造成环境的污染。

（2）地理环境。地理环境是自然地理环境和人文地理环境两个部分的统一体。自然地理环境是指由岩石、土壤、水、大气、生物等自然要素有机结合而成的综合体；

人文地理环境是人类的社会、文化和生产活动的地域组合，包括人口、民族、政治、社团、经济、交通、军事、社会行为等许多成分，它们在地球表面构成的圈层称为人文圈。

（3）地质环境。地质环境为人类提供了大量的生产资料丰富的矿产资源，而矿产资源是难以再生的资源。随着生产的发展，大量矿产资源被引入地理环境，是环境保护中一个不容忽视的方面。地质环境与地理环境是有区别的，地质环境是指地表以下的地壳层，可延伸到地核内部，而地理环境主要是指对人类影响较大的地表环境。

（4）宇宙环境。宇宙环境是由广漠的空间利用存在于其中的各种天体以及弥漫物质组成，几近真空。环境科学中是指地球大气圈以外的环境，或称为空间环境。宇宙环境是迄今为止人类对其认识还很不足，有待于进一步开发和利用的极其广阔的领域。

1.1.2　环境问题

环境问题主要是由于人类活动作用于周围环境所产生的环境质量变化以及这种变化反过来对人类的生产、生活和健康产生影响的问题。这类问题可分为两类，一是不合理开发利用自然资源，超出环境承载力，使生态环境质量恶化和自然资源枯竭的现象；二是人口激增、城市化和工农业高速发展引起的环境污染和破坏。总之，环境问题是人类经济社会发展与环境的关系不协调所引起的问题。

1.1.2.1　环境问题的发展

从人类诞生开始就存在着人与环境的对立统一关系。人类在改造自然环境的过程中，由于认识能力和科学水平的限制，往往会产生意料不到的后果，造成对环境的污染与破坏。

A　工业革命以前阶段

在远古时期，由于人类的生活活动，如制取火种、乱采乱捕、滥用资源等造成生活资料缺乏。随着刀耕火种，砍伐森林，盲目开荒，破坏草原，农业、牧业的发展，引起一系列水土流失、水旱灾害和沙漠化等环境问题。

B　环境的恶化阶段

从工业革命至20世纪50年代前，是环境恶化阶段。在这一阶段，生产力的迅速发展、机器的广泛使用，大幅度提高劳动生产率，增强了人类利用和改造环境的能力，大规模地改变了环境的组成和结构，也改变了生态中的物质循环系统，扩大了人类活动领域。同时，这个阶段也带来了新的环境问题，大量废弃物污染环境，如1873~1892年间，伦敦多次出现有毒烟雾事件。另外，大量矿物资源的开采利用，加大了“三废”的排放，造成环境的逐步恶化。

C　环境问题的第一次爆发

进入20世纪，特别是第二次世界大战以后，科学技术、工业生产、交通运输都发生了迅猛发展，尤其是石油工业的崛起，工业分布过分集中，城市人口过分密集，环境污染由局部逐步扩大到区域，由单一的大气污染扩大到气体、水体、土壤和食品等各方面的污染，有的已酿成震惊世界的公害事件，见表1-1。

表 1-1 世界八大公害事件

序号	公害名称	国家	时间	危害情况
1	马斯河谷烟雾事件	比利时	1930 年 12 月	马斯河谷地带分布着三个钢铁厂，四个玻璃厂，三个炼锌厂和炼焦、硫酸、化肥等许多工厂。1930 年 12 月初，在两岸耸立的 90m 高山的峡谷地区，出现了大气逆温层，浓雾覆盖河谷，工厂排到大气中的污染物被封闭在逆温层下，不易扩散，浓度急剧增加，造成大气污染事件，一周内几千人受害发热，60 人死亡，为同期死亡人数的 10.5 倍，也有大量家畜死亡。发病症状为流泪、喉痛、胸痛、咳嗽和呼吸困难等
2	多诺拉烟雾事件	美国	1948 年 10 月	多诺拉镇是一个两岸耸立着 100m 高山的马蹄形河谷，盆地中有大型炼钢厂、硫酸厂和炼锌厂。1948 年 10 月，该镇发生轰动一时的空气污染事件，这个小镇当时只有 14000 人，4 天内就有 5900 人因空气污染而患病，20 人死亡
3	伦敦烟雾事件	英国	1952 年 12 月	1952 年 12 月 5~9 日，几乎在英国全境有大雾和逆温层。伦敦上空因受冷高压影响，出现无风状态和 60~150m 低空逆温层，使从家庭和工厂排放的燃煤烟尘被封盖滞留在低空逆温层下，导致 4000 人死亡
4	洛杉矶光化学烟雾事件	美国	1955 年	洛杉矶市有 350 多万辆汽车，每天有超过 1000t 烃类、30t 氮氧化合物和 4200t 一氧化氮排入大气中，经太阳光能作用，发生光化学反应，生成一种浅蓝色光化学烟雾，在 1955 年一次事件中，仅 65 岁以上老人就死亡 400 人
5	水俣事件	日本	1953 年	熊本县俣湾地区自 1953 年以来，病人开始面部痴呆、全身麻木、口齿不清、步态不稳，进而耳聋失明，最后精神失常，全身弯曲；还出现“自杀猫”和“自杀狗”等怪现象。截至 1979 年 1 月受害人数达 1004 人，死亡 206 人。到 1969 年才揭开谜底，是某工厂排放出来的含汞废水污染了水俣海域，鱼贝类富集了水中的甲基汞，人或动物吃鱼贝后，引起中毒死亡
6	富山事件	日本	1955~1965 年	1955 年后，在日本富山通川两岸发现一种怪病，发病者开始手、脚、腰等全身关节疼痛。几年后，骨骼变形易折，全身骨髓疼痛，最后病人饮食不进，在疼痛中死去或自杀。截至 1965 年底，近 100 人因骨痛病死亡。到 1961 年才揭开谜底，是由于当地铝厂排放含镉废水，人吃了受镉污染的大米和饮用含镉的水而造成
7	四日市事件	日本	1955~1972 年	四日市是一个以“石油联合企业”为主的城市。1955 年以来，工厂每年排到大气中的粉尘和二氧化硫总量达 13 万吨，使这个城市终年烟雾弥漫。一些居民患支气管炎、支气管哮喘、肺气肿及肺癌等呼吸道疾病，称为“四日气喘病”。截至 1972 年，日本全国患这种疾病者高达 6376 人
8	米糠油事件	日本	1968 年	九州发现一种怪病，病人开始眼皮肿、手掌出汗、全身起红疙瘩，严重时恶心呕吐、肝功能降低，慢慢地全身肌肉疼痛、咳嗽不止，有的引起急性肝炎或医治无效而死。患者达 5000 人，死亡 6 人。这是由于一家工厂在生产米糠油的过程中，使载热体多氯联苯混入油中，造成食油者中毒或死亡

由于这些环境污染直接威胁着人们的生命和安全，成为重大的社会问题，激起广大人民的强烈不满，也影响了经济的顺利发展。例如，美国 1970 年 4 月 22 日爆发了 2000 万人大游行，提出不能再走“先污染、后治理”的路子，必须实行预防为主的综合防治办法。这次游行也是 1972 年斯德哥尔摩人类环境会议召开的背景，会议通过的《人类环境宣言》唤起了全世界对环境问题的注意。工业发达国家把环境问题摆上了国家议事日程，通过制

定相关法律，建立相关机构，加强管理，采用新技术，使环境污染得到了有效控制。

D　环境问题的第二次高潮

20 世纪 80 年代以后，环境污染日趋严重和大范围生态破坏，是社会环境问题的第二次高潮。人们共同关心的影响范围大和危害严重的环境问题有三类：一是全球性的大气污染，如温室效应、臭氧层破坏和酸雨；二是大面积生态破坏，如大面积森林毁坏、草场退化、土壤侵蚀和沙漠化；三是突发性的严重污染事件频繁。表 1-2 为 20 世纪 80 年代以来的典型环境公害事件。

表 1-2　20 世纪 80 年代以来的典型环境公害事件

事件名称	发生地点	时间	影响情况
塞维索化学污染事件	意大利北部塞维索地区	1976 年 7 月 10 日	该地区一家农药厂爆炸，剧毒化学品二噁英（多氯甲苯、多氯乙苯等有毒化学品的俗称）污染。许多人中毒，1.5km 范围内植物被深埋掉，几年内当地畸形儿出生率大增
三里岛核电站泄漏事件	美国三里岛	1979 年 3 月 28 日	三里岛核电站严重失火事故使周围 80km 以内约 200 万人处于不安中，停工、停课，纷纷撤离，直接损失 10 多亿美元
博帕尔农药泄漏事件	印度博帕尔市	1984 年 12 月 3 日	博帕尔市美国联合炭化公司农药厂发生异氰酸甲酯罐爆裂外泄，进入大气约 45 万吨，受害面积达 $40km^2$，受害人达 10 万~20 万，死亡 6000 多人
切尔诺贝利核电站泄漏事件	乌克兰	1986 年 4 月 26 日	切尔诺贝利核电站 4 号反应堆爆炸，引起大火，放射性物质大量扩散，周围 13 万居民被疏散，300 多万人受严重辐射，死亡 1 人，经济损失 35 亿美元
洛东江水源污染事件	韩国洛东江畔	1991 年 3 月	洛东江畔的大丘、釜山等城镇斗山电子公司擅自将 325t 含酚废料倾倒于江河中，自 1980 年起已倾倒含酚废料 4000t，洛东江有 13 支支流变成“死川”，1000 多万居民受到伤害
海湾石油污染事件	海湾地区	1991 年 3 月 17 日~4 月 28 日	历时 6 周的海湾战争使科威特境内 900 多口油井被焚或毁坏，伊拉克、科威特沿海两家输油设施被破坏，约 15 亿升原油漂流；伊拉克境内大批炼油和储油设备、军火炸药库、制造化学武器的工厂起火爆炸，有毒有害气体排入大气中，随风漂移，危害其他国家。如伊朗连降几次“黑雨”，海湾战争是有史以来使环境污染和生态破坏最严重的一次战争

从以上典型污染事件可以看出，目前环境问题的影响范围逐步扩大，不仅对某个国家、某个地区，而且对人类赖以生存的整个地球环境造成危害。环境污染不但明显损害人类健康，而且全球性的环境污染和生态破坏，阻碍着经济的持续发展。就污染源而言，以前较易通过污染源调查弄清产生环境问题的来龙去脉，但现在污染源和破坏源众多，分布广，来源复杂，既有来自人类经济生产活动，也有来自日常生活活动；既来自发达国家，也来自发展中国家。突发性事件的污染范围大、危害严重，经济损失巨大。

1.1.2.2　当前的主要环境问题

当前全球范围面临的环境问题主要是人口、资源、生态破坏和环境污染。它们之间相互关联、相互影响，是当今世界环境学科关注的主要问题。

A　人口问题

人口急剧增长是当今影响环境的最主要、最根本的因素。据统计，人类历经 100 万年，到1830年达到10亿人口，到1975年达40亿，1995年达56.8亿，2000年已超过60亿。近百年来世界人口的增长速度达到了人类历史最高峰，预计至2025年可能超过87亿。

人类为了供养如此大量人口，需要大量的自然资源来支持，如耕地、能源、矿产等资源的需求不断加大；同时在生产过程中废物排放量也加大，加重了环境污染。另外，人口的急剧增加，也加大了水资源、土地资源的污染，超过了地球环境的合理承载能力，必然造成生态破坏和环境污染。

我国在历史上一直是人口大国，1949年人口为5.4亿；到1990年7月中国人口达11.6亿，占世界人口的22%左右，目前已超过14亿。目前人口老龄化、分布不平衡、农村人口比重大及整体素质偏低等问题的更加突出，将严重阻碍我国的经济发展，进一步加重环境污染。

B　资源问题

随着全球人口的增长和经济的发展对资源的要求与日俱增，人类正遭受着某些资源短缺和耗竭的严重挑战。全球资源危机主要表现在以下几个方面：

（1）土地资源不断减少和退化。目前人类开发利用的耕地和牧草不断减少或退化，沙漠化、盐碱化问题比较严重。据联合国环境规划署的资料，1975~2000年，全球有300万平方千米（3亿公顷）耕地被侵蚀，另有300万平方千米（3亿公顷）被压在新城镇的公路之下。全世界三分之二的土地即2000万平方千米（20亿公顷）土地不同程度地受到沙漠化的影响，约有8.5亿人口生活在不毛之地和贫瘠的土地上，导致许多国家粮食不能自给，粮食供应紧张。南亚20%的人口严重发育不良，北非有2000万人、非洲南部撒哈拉地区15000人营养不良。世界各国通过开垦荒地扩大耕地面积提高粮食产量会带来水土流失、生态破坏的危险，同时化肥、农药的使用又会加大对水体、土壤的污染。

（2）森林资源及生物多样性危机。据估计，1981~1990年间全世界每年损失森林平均达16.9万平方千米（1690万公顷）。我国西双版纳的天然森林自1950年以来以每年167平方千米（1.67万公顷）的速度消失。目前我国荒漠化面积占国土面积的三分之一，华北、西北、东北西部等地区总面积达300多万公顷。1993~1995年，连续三年沙尘暴袭击宁夏地区，人畜死伤，房屋倒塌，庄稼被毁，直接损失上亿元。1996年5月30日敦煌地区沙尘暴最大风力10级。2000年3~4月间，华北地区京津一带受沙尘暴影响十几次。所有这些与森林资源的减少，生态的破坏是分不开的。

森林资源的减少和其他环境因素的恶化，使生物多样性产生了危机。目前全球濒临灭绝的动物有1000多种，植物25000种。据估计，一个森林面积减少10%，即可使继续存在的生物品种下降至50%。物种的消亡破坏了生态平衡，对人类发展是难以挽回、无法估计的损失。因为生物多样性包括数以万计的动物、植物、微生物和其拥有的基因，是人类赖以生存和发展的各种生命资源的总汇，是宝贵的自然财富。

（3）水资源严重短缺。目前，世界上有43个国家和地区严重缺水，占全球陆地面积的60%，80多个国家处于水危机状态，约有20亿人用水紧张，10亿人得不到良好的饮用水。全世界每年约有超过4200亿立方米的污水排入江河湖海，污染5500亿立方米的淡水，约占全球径流量的14%以上，因此水体污染是造成水资源危机的重要原因之一。人口急增、工农业生产将导致用水量持续增长而水资源严重短缺，这将成为许多国家经济发展的障碍。有资料表明，作为人类生命之源的水将成为人类未来争夺的焦点，谁拥有控制、储存并开发水资源技术，就如掌握世界石油资源一样，在人类未来发展过程中发挥举足轻重的作用。

我国水资源也十分短缺，全国18个省（市、区）有6620个县级以上政府所在的城镇缺水，其中地级以上城市117个，日缺水量1700万立方米，有1970万人受到缺水影响，天津、长春、烟台、唐山等大城市用水告急。至2000年9月，给天津供水的潘家口水库已到死水位，于桥水库现存水量很少，天津面临缺水的危机，直接影响到天津工业和城市居民生活正常用水。2000年10月第六次紧急引黄入津，以解燃眉之急。北京市的水供需矛盾也不容乐观，1999年官厅、密云两大水库仅供北京2.26亿立方米水，而北京正常年用水量为40亿立方米。密云水库蓄水量只有16亿立方米，不得已又恢复官厅水库的饮水功能。

与此同时，我国水体水质总体上呈恶化趋势。1990年全国城市污水排放179亿立方米，1999年为351亿立方米，其中80%未经过处理直接排入水体，75%的湖泊水域受到显著污染，全国已有90%城镇的饮用水源受到污染。表1-3为1992~1994年全国各大流域水质状况。

表1-3 1992~1994年全国大流域水质状况

流域名称	评价河段长度/km	符合1，2类标准/%			符合3类标准/%			符合4，5类标准/%		
		1992年	1993年	1994年	1992年	1993年	1994年	1992年	1993年	1994年
长江	8831	58	37	42	22	31	29	20	32	29
黄河	7057	24	13	7	6	18	27	70	69	66
珠江	5732	47	29	39	6	40	43	47	31	18
淮河	2050	13	18	16	20	16	40	67	66	44
松花江	2325	0	0	6	26	38	23	74	62	71
辽河	1329	0	0	6	14	13	23	86	87	71
海河	3161	16	0	32	10	50	24	74	50	44
内陆河流	7887	67	60	66	1	30	13	32	10	21

总之，以水资源紧张、水污染严重、洪涝灾害为主要特征的水危机已成为我国经济可持续发展的重要制约因素。

C 大气环境污染

人口的增长加剧了以矿物燃料为主的能源消耗，加快了对大气污染，形成了全球性环境问题。

（1）酸雨严重。SO_2 和 NO_x 是形成酸雨的主要物质，酸雨的危害主要是破坏森林生态系统、改变土壤性质和结构、破坏水体生态系统、腐蚀建筑物和损害人体的呼吸系统和皮肤。例如，欧洲15个国家中有7万平方千米（700万公顷）森林受到酸雨的影响；我国的酸雨面积已达国土面积的29%。广东、广西、四川、贵州等地已是十雨九酸，成为世界第三大酸雨区，每年直接经济损失在140亿元以上。

（2）臭氧层破坏。臭氧可以减少太阳紫外线对地表的辐射，减少人类白内障和皮肤癌等疾病的发生，提高人体的免疫力。由于 NO_x、CFC 等物质的大量使用，破坏了臭氧层。据新华社报道，美国宇航局利用地球观测卫星上的“全臭氧测图分光计”测定，2000 年 9 月 3 日在南极上空臭氧层空洞面积达 28.3 万平方千米（2830 万公顷），相当于美国领土面积的 3 倍。而 1998 年 9 月 19 日测得臭氧空洞面积为 27.2 万平方千米（2720 万公顷）。因此，用“天破了”来形容臭氧层的破坏并不过分，这意味着有更多的紫外线射到地面。科学家预言，2050 年，即使不考虑在南北极上空的特殊云层化学，在高纬度地区，臭氧的消耗量将达到 4%~12%，这就要求停止使用氯氟烃和其他危害臭氧层的物质刻不容缓。

1993 年 2 月，我国政府正式批准了《中国消耗臭氧层物质逐步淘汰方案》，确定在 2010 年完全淘汰消耗臭氧层物质。但与此同时，中国已从世界各地引进了数十条有氟制冷生产线，电冰箱生产能力达到 1000 万台。据有关部门预测，未来 10 年中国大部分家庭仍将使用有氟制冷。即使立即停止使用 CFC，它所造成的大气污染将存在 70 年，这期间将继续破坏臭氧层。

（3）温室效应和气候变化。由于人类大量使用矿物燃料，热带森林滥伐毁林等使大气中 CO_2 的浓度由 19 世纪中叶的 $260\sim280cm^3/m^3$ 增加到 20 世纪 80 年代的 $340cm^3/m^3$，据预测至 21 世纪中叶可能达到 $600cm^3/m^3$。CO_2 可让太阳光射入，大量吸收大气表层和地表能生热的红外辐射，从而使低层大气温度升高。当 CO_2 含量过大时，就会形成一座“玻璃温室”，即大气“温室”效应。这样，将导致地球温度升高从而造成很多影响，包括改变降雨和蒸发体系，影响农业和粮食资源，改变大气环流，进而影响海洋水流，冰川融化海平面上升，富营养区的迁移、海洋生物的再分布，在我国北方近几年还呈现出“冬暖、夏热，春来早”的气候特点。据观测，1988 年全球平均气温比 1949~1979 年每年的平均气温高 0.34℃，近年来，全球平均海平面上升了 14cm。估计今后南、北两极的冰川进一步融化，在 21 世纪海平面会再上升 1m 左右，将会造成世界沿海地区的大灾难。

D 海洋污染

随着工业化进程、海洋运输业及海洋采矿发展，经由各种途径进入海洋的生活污水、工业废水、养殖污水大量排放，废油、有毒化学品与日俱增，超过了海洋自净能力，富营养化加强，使海洋里某些浮游生物爆发性增殖，消耗大量的溶解氧，导致水生生物的死亡。这就是我国近几年来多次发生“赤潮”的原因。

我国渤海是一个内海，面积达 780 平方千米（7.8 万公顷），它只有旅顺门到长岛之间一个水口，其水体交换能力较弱。近年来，渤海每年接纳各种污水约 32 亿吨，其中石油类 2.12 万吨，氨氮类 1.19 万吨。在环渤海部分海域多次发生“赤潮”，造成大面积海洋生物死亡。在不足 1 平方千米（100 公顷）的锦州湾，众多的冶金、石油、化工、造船等大中型企业，每年排放污水 3000 万吨，十几万吨的矿物废渣每年以 10m 的速度向海洋“进军”，大量有毒物质进入海洋。据中国海洋监测中心报告，1995 年渤海海水污染超标面积由 1990 年 190 平方千米（1.9 万公顷）激增至 430 平方千米（4.3 万公顷），占渤海湾总面积的 56%。而作为内海，需 40~60 年才能完成一次完整的水体交换，因此若不采取强有力的大区域综合治理措施，渤海将会全部真正变成一个可怕的死海。

E 垃圾成灾

目前全世界排放废渣超过 30 亿吨，可谓垃圾如山。垃圾种类繁多，成分复杂。发达国家因废物越来越多、污染越来越严重，纷纷向发展中国家转嫁。世界绿色和平组织的一份调查表明，发达国家每年以5000万吨的规模向发展中国家转嫁危险废物，仅美国1995年就向海外输出了近1000万吨垃圾。有害物的转移，造成全球环境的更广泛污染。在我国，城市垃圾的影响已日渐突出，固体废物的资源化处理已经是摆在环保工作者面前的一个重要课题。

1.1.2.3 我国解决环境问题的根本途径

当前，中国的环境污染依然较严重，生活污染的比重在不断增加，农业污染问题日渐突出，生态恶化的趋势还没有得到有效控制，一些地区的环境污染和生态破坏非常严重，环境形势依然严峻。据估计，我国的环境污染造成的损失每年约2830亿元。其中，水污染500亿元，大气污染200亿元，生态环境破坏和自然灾害损失2000亿元，固体废物、噪声污染等130亿元。因此，环境保护成为人们议论越来越多的话题。

环境保护与经济发展是对立统一体，两者密不可分，既要发展经济，满足人类日益增长的基本需要，又要不超出环境的容许极限，使经济能够持续发展，提高人类的生活质量。对我国而言，要协调好这两者关系必须有效地控制人口增长，加强教育，提高人口素质，增强环境保护意识，强化环境管理要依靠强大的经济实力和科技的进步。这是我国继续解决环境问题，实现可持续发展的根本途径和关键所在。

人口增加就需要增加消耗、增加活动和居住场所，从而对环境特别是生态环境造成巨大压力，甚至引起破坏。控制人口增长就是从源头上抑制资源消耗的猛烈上升，各种废物的大量增加。与此同时，要加强教育，普遍提高群众的环境意识，树立节约和合理利用自然资源意识，促使人们在进行任何一种社会活动、生产活动、科技活动与发明创造时，要摆正人类在自然界中的位置，考虑到是否会对环境造成危害，能否采取相应的措施，使对环境的危害降到最低限度。总之，要自觉维护生态平衡，使经济建设与资源、环境相协调，实现良好循环。

解决环境问题必须要有相当的经济实力，即需要付出巨大的财力、物力，并需要经过长期的努力。据估计，要把我国目前的城市污水全部进行二级处理，按20世纪80年代中期的不变价格估算，至少需要300亿元。但1991年把内、外债461亿元的收入计算在内，财政总收入才达到3611亿元。我国用于环保的投资每年有100多亿元，是当年国民生产总值的0.7%。统计到2000年12月，过去5年内国家用于环保投资约为3460亿元，占同期国内总产值的0.9%。由此可见，有限的环保投资，对于环境污染和生态破坏的欠账十分巨大的我国来说，是远不能达到有效控制污染和生态环境破坏的目的的。因此，更有必要借助科技的进步解决环境问题。

科技进步与发展，虽然会产生各种环境问题，但也必须依靠科技进步来解决这些环境问题。例如，燃煤带来一系列环境污染，需要科技进步来改善和提高燃煤设备的性能和效率，寻找洁净能源或氟氯烃的替代物，从根本上清除污染源或降低污染源的危害程度。要以较低的或有限的环保投资获得较佳的环保效益，借助科技进步是解决环境问题的必由之路。我国在2000~2005年投资2000亿元，对1200个重点项目进行环境整治，环保产业以每年20%左右的速度增长，这充分表明了我国政府加大环境保护力度、提高环境质量的态度。

1.1.3 环境科学

人类在与环境问题做斗争的过程中，对环境问题的认识逐步深入，积累了丰富的经验和知识，促进了各学科对环境问题的研究。经过20世纪60年代的酝酿，到70年代初，才从零星、不系统的环境保护和科研工作汇集成一门独立的、应用广泛的新兴学科——环境科学。

1.1.3.1 环境科学的基本任务

环境科学是以“人类—环境”这对矛盾为对象，研究其对立统一关系的发生与发展、调节与控制以及利用与改造的科学。由人类与环境组成的对立统一体，称为“人类—环境”系统，就是以人类为主体的生态系统。

环境科学在宏观上是研究人类与环境之间相互作用、相互促进、相互制约的对立统一关系，坚持社会经济发展和环境保护协调发展的基本规律，调控人类与环境间的物质流、能量流的运行、转换过程，维护生态平衡。在微观上，研究环境中的物质尤其是污染物在有机体内迁移、转化和蓄积的过程及其运动规律，探索它对生命的影响及作用的机理等。环境科学最终达到的目的，一是可更新资源得以持续利用，不可更新的自然资源将以最佳的方式节约利用；二是使环境质量保持在人类生存、发展所必需的水平上，并趋向逐渐改善。环境科学的基本任务可概括为以下几点。

（1）探索全球范围内自然环境演化的规律；

（2）探索全球范围内人与环境相互依存的关系；

（3）协调人类的生产、消费活动同生态要求的关系；

（4）探索区域环境污染综合防治的技术与管理措施。

1.1.3.2 环境科学的内容

环境科学是综合性的新兴学科，已逐步形成多种学科相互交叉渗透的庞大的学科体系。按其性质和作用分为三部分，即基础环境学、应用环境学及环境学。

（1）基础环境学：包括环境数学、环境物理学、环境化学、环境地学、环境生物学、污染物毒理学。

（2）环境学：包括大气环境学、水体环境学、土壤环境学、城市环境学、区域环境学。

（3）应用环境学：包括环境工程学、环境管理学、环境规划、环境监测学、环境经济学、环境行为学、环境质量评价。

归纳起来，环境科学包括人类与环境的关系；污染物在环境中的迁移、转化、循环和积累的过程与规律；环境污染的危害；环境状况的调查、评价和环境预测；环境污染的控制与防治；自然资源的保护与合理利用；环境监测、分析技术与环境质量预报；环境区域规划与环境规划。

环境科学研究的核心问题是环境质量的变化和发展。通过研究人类活动影响下环境质量的发展变化规律及其对人类的反作用，提出调控环境质量的变化和改善环境质量的有效措施。

1.2 人类与环境

1.2.1 人类与环境的关系

自然环境和生活环境是人类生存的必要条件，其组成和质量好坏与人体健康的关系极为密切。

人类和环境都是由物质组成的。物质的基本单元是化学元素，它是把人体和环境联系起来的基础。地球化学家们分析发现，人类血液和地壳岩石中化学元素的含量具有相关性，有60多种化学元素在血液中和地壳中的平均含量非常近似，这种人体化学元素与环境化学元素高度统一的现象表明了人与环境的统一关系。

人与环境之间的辩证统一关系，表现在机体的新陈代谢上，即机体与环境不断进行物质交换和能量传递，使机体与周围环境之间保持着动态平衡。机体从空气、水、食物等环境中摄取生命必需的物质，如蛋白质、脂肪、糖、无机盐、维生素、氧气等，通过一系列复杂的同化过程合成细胞和组织的各种成分，并释放出热量保障生命活动的需要。机体通过异化过程进行分解代谢，经各种途径如汗、尿、粪便等排泄到外部环境（如空气、水和土壤等）中，被生态系统的其他生物作为营养成分吸收利用，并通过食物链作用逐级传递给更高级的生物，形成了生态系统中的物质循环、能量流动和信息传递。一旦机体内的某些微量元素含量偏高或偏低，就打破了人类机体与自然环境的动态平衡，人体就会生病。例如，脾虚患者血液中铁含量显著升高；肾虚患者血液中铁含量显著降低；氟含量过少会发生龋齿病，过多又会发生氟斑牙。

环境如果遭受污染，导致某些化学元素和物质增多，如汞、镉等重金属和难降解有机污染物污染空气和水体，继而污染土壤和生物，再通过食物链和食物网进入人体，在机体内积累到一定剂量时，就会对人体造成危害。为此，保护环境，防止有害、有毒等化学元素进入人体，是预防疾病、保障人体健康的关键。

人类在漫长的历史长河中，通过对自然环境的改造以及自然环境对人的反作用，形成了一种相互制约、相互作用的统一关系，使人与环境成为不可分割的对立统一体。

1.2.2 环境污染对人体的危害

人类活动排放各种污染物，使环境质量下降或恶化。污染物可以通过各种媒介侵入人体，使人体的各种器官组织功能失调，引发各种疾病，严重时导致死亡，这种状况称为“环境污染疾病”。

环境污染对人体健康的危害是极其复杂的过程，其影响具有广泛性、长期性和潜伏性等特点，具有致癌、致畸、致突变等作用，有的污染物潜伏期达十几年甚至影响到子孙后代。

环境污染对人体的危害，按时间分为急性危害、慢性危害和亚急性危害。在短时间内（或者一次性的）有害物大量侵入人体内引起的中毒称为急性中毒，如20世纪30~70年代世界几次大烟雾污染事件，都属于环境污染的急性危害，其中1952年伦敦烟雾事件死者多属于急性闭塞性换气不良，造成急性缺氧或引起心脏病恶化而死亡。少量的有害物质经过长期的侵入人体所引起的中毒，称为慢性中毒。这种慢性毒作用既是环境污染物本身在体内逐渐积累的结果，又是污染引起机体损害逐渐积累的结果，如镉污染引起的骨痛病、氟污染导致氟斑牙、氟骨病等。介于急性中毒和慢性中毒之间的称为亚急性中毒。污染物在人体内的过程包括毒物的侵入和吸收、分布和积蓄、生物转化及排泄。其对人体的危害性质和危害程度主要取决于污染物的剂量、作用时间、多种因素的联合作用、个体的敏感性等因素，主要应从以下几方面探讨污染物与疾病症状之间的相互关系：污染物对人体有无致癌作用；对人体有无致畸变作用；有无缩短寿命的作用；有无降低人体各种生理功能的作用等。

有毒污染物一般可以通过呼吸道系统、消化系统和皮肤等途径侵入人体，因此加强预防是保证人体不受污染危害的重要措施，避免它们对人体健康的影响。表 1-4 列出室内的污染物及其危害，提醒人们要避免它们对人体健康的影响。

表 1-4 室内主要污染物及其危害

污染物	来 源	危 害
石油	防火材料，绝缘材料，乙烯基地板，水泥制品	致癌
生物悬浮颗粒	藏有病菌的暖气设备、通风和空调设备	流行性感冒，产生过敏
一氧化碳	煤气灶、煤气取暖器、壁炉抽烟	引起大脑和心脏缺氧，重者死亡
甲醛	家具黏合剂，绝缘材料	引起皮肤敏感，刺激眼睛
挥发性有机物	室内装修材料，油漆，清漆，有机溶剂，炒菜油烟，空气清新剂，地毯，家具	多种刺激性或毒性，引起头疼、过敏、肝脏受损，甚至致癌
可吸入颗粒	抽烟，烤火，灰尘，烧柴	损伤呼吸道和肺
砷	抽烟，杀虫剂，鼠药，化妆品	伤害皮肤、肠道和上呼吸道
镉	抽烟，杀真菌剂	伤害上呼吸道、骨骼、肺、肝、肾
铅	户外汽车尾气	毒害神经、骨骼和肠道
汞	杀真菌剂，化妆品	伤害大脑和肾脏
二氧化氮	户外汽车尾气，煤气灶	刺激眼睛和呼吸道，诱发气管炎，致癌
二氧化硫	家庭燃煤，户外空气	损伤呼吸道
臭氧	复印机，静电空气清洁器，紫外灯	对眼睛和呼吸道有伤害
氡气	建筑材料，户外的土壤气体	诱发肺癌
杀虫剂	杀虫喷雾剂	致癌，损伤肝脏

1.3 环 境 保 护

环境保护是利用环境科学的理论和方法，协调人类与环境的关系，解决各种问题，保护和改善环境的一切人类活动的总称。其中，包括采取行政、法律、经济和科学技术等多方面的措施，合理地利用自然资源，防止环境的污染和破坏，保持和发展生态平衡，扩大自然资源的再生产，保证人类社会的发展。环境保护涉及的范围广、综合性强，它涉及自然科学和社会科学的许多领域，还有其独特的研究对象。环境保护包含至少以下三个层面的意思。

（1）对自然环境的保护：防止自然环境的恶化，包括对青山、绿水、蓝天和大海的保护。这里就涉及不能私采（矿）滥伐（树）、不能乱排（污水）乱放（污气）、不能过度放牧、不能过度开荒、不能过度开发自然资源、不能破坏自然界的生态平衡等。这个层面属于宏观的，主要依靠各级政府行使自己的职能，进行调控，才能够解决。

（2）对人类居住、生活环境的保护：环境保护使之更适合人类工作和劳动的需要。这就涉及人们衣、食、住、行、玩的方方面面，都要符合科学、卫生、健康和绿色的要求。这个层面属于微观的，既要依靠公民的自觉行动，又要依靠政府的政策法规作保证，依靠社区的组织教育来引导，要工、农、兵、学、商各行各业齐抓共管，才能解决。

（3）对地球生物的保护：是指物种的保全，植物植被的养护，动物的回归，生物多样性，转基因的合理、慎用，濒临灭绝生物的特别、特殊保护，栖息地的扩大，人类与生物的和谐共处等。

1.3.1 环境管理与环境法规

狭义的环境管理主要是指控制污染行为的各种措施。广义的环境管理是指按照经济规律和生态规律运用经济、法律、技术、行政、教育等手段，限制人类损害环境质量的行为，通过全面规划使经济发展与环境相协调，达到既要发展经济满足人类的基本需求，又不超出环境的允许极限。环境管理的目的是协调社会经济与环境的关系，最终实现可持续发展。

1.3.1.1 环境管理的内容

环境管理依据管理范围分为以下三种。

（1）资源环境管理：保护资源，可更新资源的恢复和扩大再生产，不可更新资源的合理利用，都属于资源环境管理的范畴；

（2）区域环境管理：协调区域社会经济发展目标与环境目标，进行环境影响预测，制定区域环境规划，进行环境质量管理与技术管理，按阶段实现环境目标；

（3）部门环境管理：包括能源环境管理、工业环境管理、农业环境管理、商业和医疗等部门的环境管理，以及企业环境管理。

从环境管理的性质可分为以下三种。

（1）环境计划管理：主要是通过计划协调发展与环境的关系，对环境保护加强计划指导，制定环境规划并用规划指导环境保护工作，在实践中不断调整和完善规划。

（2）环境质量管理：是为了保护人类生存与健康所必需的环境质量而进行的各项管理工作，主要是指各种环境标准和各类污染物排放标准的制定及监督检查。调查、监测和评价，报告和预测环境质量及其变化趋势。

（3）环境技术管理：主要是制定防治环境污染的技术标准、规范、路线和政策，确定环境科学技术的发展方向，组织环境保护方面的技术咨询、信息服务、学术交流，并对技术发展方向、技术路线、生产工艺和污染防治技术进行环境经济评价，以协调技术经济发展与环境的关系。

1.3.1.2 环境管理制度

从1973年召开第一次全国环境保护会议到现在，我国一直积极探索环境管理办法，出台了三大环境政策和八项环境管理制度。

三大政策是："预防为主""谁污染谁治理"和"强化环境管理"。这"三大"政策具有总体性、基础性和方向性。我国许多环境经济和技术政策，都是从这三项政策中衍生或延伸出来的。三项政策各有相对的独立性，但更有统一性和系统性。强化管理是环境政策的中心和主体，预防为主和谁污染谁治理是环境政策的两翼，是围绕强化管理这一中心展开的。

八项环境管理制度是：环境影响评价制度、三同时制度、排污收费制度、城市环境综合整治定量考核制度、环境目标责任制度、排污申报登记和排污许可证制度、环境限期治理制度和污染集中控制制度。八项管理制度把我国环境保护的大政方针具体化了，变为可以实际操作的管理措施，为中国特色环境保护奠定了制度基础。

（1）环境影响评价制度：是对可能影响环境的重大工程建设、区域开发及区域经济发展规划或其他一切可能影响环境的活动在事前进行调查研究的基础上，对活动可能引起的环境影响进行预测和评定，为防止和减少这种影响制订最佳行动方案。

（2）三同时制度：建设项目的污染治理措施必须与主体工程同时设计、同时施工、同时投产。

（3）排污收费制度：是指一切向环境排放污染物的生产经营者应当依照国家的规定和标准缴纳一定费用的制度，是运用经济手段有效地促进污染治理和新技术的发展。

（4）城市环境综合整治定量考核制度：在城市行政部门领导下以城市生态理论为指导，以发挥城市的综合功能和整体最佳效益为前提，采用系统分析的方法，综合治理城市环境。

（5）环境保护目标责任制：是一种具体落实地方各级人民政府和有污染排放的生产经营者对环境质量负责的行政制度。

（6）排污申报登记与排污许可证制度：凡是排放污染物的单位，需按规定向环保管理部门申报登记所拥有的污染物排放措施、污染物处理措施和正常作业条件下排放污染物的种类、数量和浓度。许可证制度以污染物总量控制为基础，规定排污单位许可排放的污染物的种类、总量、去向，是对污染源管理的科学化、定量化。

（7）环境限期治理制度：对污染严重的污染物、污染源和污染区域采取限定时间、内容及治理效果的强制措施，是政府对排污单位采取的法律措施。

（8）污染集中控制制度：指污染控制以集中为主的发展方向，有利于集中人力、物力和财力解决重点污染问题；有利于采用新技术提高污染治理效果；有利于提高资源利用率，加速有害废物资源化；有利于节省防治污染的总投入；有利于提高环境质量。

三大政策和八项制度把不同的管理目标、不同控制层面和不同的操作方式组成为一个比较完整的政策和管理体系，基本上把我国主要的环境问题置于这个体系的覆盖之下，建立起一个具有活力而又灵活有效的管理机制。

实践证明，三大环境政策和八项环境管理制度，在控制环境污染和保护自然生态方面发挥了积极的作用，并大多被陆续出台的环境保护法律所吸纳，以法律形式所固定，成为依法保护环境的依据。直到现在，这些政策和制度仍然是我国现行环境法律框架的主体结构，并且继续发挥着基础性作用。

1.3.1.3　环境法规

改革开放30年来，中国的环境保护事业取得积极进展，环境立法从无到有，从少到多，逐渐建立了由综合法、污染防治法、资源和生态保护法、防灾减灾法等法律组成的环境保护法律体系。目前，我国已经形成了以《中华人民共和国宪法》为基础，以《中华人民共和国环境保护法》为主体的环境法律体系。

1978年通过的《中华人民共和国宪法》第一次对环境保护做出规定，这为中国的环境保护工作和以后的环境立法提供了宪法依据。国务院及其有关部门制定的行政法规和部门规章在保护环境与资源的实践中发挥了重要作用。有了法律做基本保证，中国环保执法力度不断加强，公民环保意识逐步提高。

目前，中国的环境执法工作正在逐步形成以集中式执法检查活动为推动，以日常监督执法为基础，以环境监察执法稽查为保证，以公众和舆论监督为支持的现场监督执法工作体系。截至目前，我国已建立起国家、省、地、县四级环境执法体系，拥有环境监察机构近3000个，环境监察人员57000人。通过标准化建设，环境执法能力和水平正在不断提高。

改革开放初期，人们的环境保护意识淡薄。在经济起飞的过程中，人们普遍重视经济发展，轻视环境保护，只考虑生产，不考虑对环境的污染和破坏，过度开发和盲目发展造成环境破坏和环境污染的事例比较常见。随着中国环境保护事业的发展，环境宣传教育作为环境保护工作的一个重要组成部分不断发展，公民环境意识不断提高，特别是近些年来，环境保护宣传教育活动更加丰富多彩。

A　我国环境保护法体系

环境保护法体系是指为了调整因保护和改善环境，防治污染和其他公害而产生的各种法律规范，以及由此所形成的有机联系的统一整体。所谓环境法律体系（statutory system of environmental law），是指由一国现行的有关保护和改善环境与自然资源、防治环境污染和其他公害的各种规范性文件所组成的相互联系、相辅相成、协调一致的法律规范的统一体。1989年我国就颁布了《环境保护法》；《中华人民共和国宪法》中也有国家保护和改善生活环境和生态环境，防治污染和其他公害等条款；还建立了与环境保护相关的资源管理法律，包括《水污染防治法》《大气污染防治法》《噪声污染防治法》《固体废弃物污染防治法》《海洋环境保护法》《野生动物保护法》《水土保持法》《水法》《土地管理法》《森林法》《草原法》《渔业法》《农业法》《文物保护法》《标准化法》等；我国建立了各类国家环境标准364项，还有环境保护地方法规600多部。我国的环境保护法经过三十年的建设与实践，现已基本形成了一套完整的法律体系。

B　环境保护法的定义

环境保护法是为了协调人类与自然环境之间的关系，保护和改善环境资源，保护人民健康和保障社会经济的可持续发展，由国家制定或认可并由国家强制力保证实施的调整人们在开发利用、保护改善环境资源的活动中所产生的各种社会关系的行为规范的总称。该定义主要包括以下几个方面的含义：（1）环境保护法的目的是通过防治环境污染和生态破坏，协调人类与自然环境之间的关系，保证人类按照自然客观规律特别是生态学规律开发利用、保护改善人类赖以生存和发展的环境资源，维持生态平衡，保护人体健康和保障社会经济的可持续发展；（2）环境保护法产生的根源是人与自然环境之间的矛盾，而不是人与人之间的矛盾，其调整对象是人们在开发利用、保护改善环境资源，防治环境污染和生态破坏的生产、生活或其他活动中所产生的环境社会关系；（3）环境保护法是一部法律规范的总称，是以国家意志出现的、以国家强制力保证其实施的、以规定环境法律关系主体的权利和义务为任务的。

C 环境保护法的作用

环境保护法的作用体现在以下四个方面。

（1）环境保护法是保证环境保护工作顺利开展的法律武器。我国在1979年制定了第一部综合性环境基本法——《环境保护法（试行）》（简称“试行法”）。制定“试行法（trial law）”的一个重要的指导思想，就是要规定国家在环境保护方面（含自然环境保护）的基本方针和基本政策。为此，“试行法”在部门环境资源管理上分两章对“保护自然环境”和“防治污染和其他公害”分别做了规定。据“试行法”立法的背景材料分析，当时的考虑是将“试行法”作为环境保护基本法来制定的，在此之下还考虑再制定诸如大气保护、水质保护等环境单行法。1989年，我国对该“试行法”做了一些修改。

1989年国家颁布的《中华人民共和国环境保护法》使环境保护工作制度化、法制化，使国家机关、企事业单位、各级环保机构和每个公民都明确了各自在环境保护方面的职责、权利和义务。对污染和破坏环境、危害人民健康的，则依法分别追究行政责任、民事责任或刑事责任。环境保护法使环保工作有法可依，有章可循。

（2）环境保护法是推动环境保护领域中法制建设的动力。环境保护法是我国环境保护的基本法，为制定各种环境保护单行法规及地方环境保护条例等提供了直接的法律依据，促进了我国环境保护的法制建设，许多环境保护单行法律、条例、政令、标准等都是依据环境保护法的有关条文制定的。

（3）环境保护法增强了政府官员和公民的法制观念。环境保护法的颁布实施要求全国公民加强法制观念，严格执行环境保护法：一方面，政府领导要重视环境保护，对违反环境保护法、污染和破坏环境的行为，要依法办事；另一方面，广大公民应自觉履行保护环境的义务，积极参加监督各企事业单位的环境保护工作，敢于同违反环境保护法、破坏和污染环境的行为做斗争。

（4）环境保护法是维护我国环境权益的重要工具。具体内容详见《中华人民共和国环境保护法》第四十六条规定、《中华人民共和国海洋环境保护法》第二条第三款规定。依据我国颁布的一系列环境保护法就可以保护我国的环境权益，依法使我国领域内的环境不受来自他国的污染和破坏，这不仅维护了我国的环境权益，也保护了全球环境。

2008年是我国制定《环境保护法》30周年。2008年我国成立的环境保护部，正式成为国务院组成部门。我国在实现环境保护和发展目标方面取得了较好的进展，但还不够。如果不采取进一步的变革，很可能中国的环境改善会继续沿着线性的道路发展，而引起环境退化的因素却呈指数性发展。

我国正在寻求一种创新的方法来实现环境保护与经济发展，这一方法将为我国社会带来持久的社会、经济和环境效益，并最终惠及全世界。我国正在倡导“生态文明”建设，从广义上讲就是使生态保护成为影响社会各个方面发展的主要驱动力，我国希望通过从根本上改变环境保护与经济发展的关系来实现这些目标。

环境与发展是中国建设和谐社会的重要组成部分。目前中国在改善环境管理方面的努力将来一定会通过生活质量和人民满意度的提高而获得经济、社会领域的丰厚回报。但是，我们要意识到这些努力离实现和谐社会的要求还有很大差距，还有很多工作要做。

D 环境保护单行法律

环境保护单行法律是指针对特定的污染防治领域和特定资源保护对象而制定的单项法律，是我国环境保护法的枝干。目前，我国已颁布了5项环境保护法、9项资源保护法以及一些条例和法规。5项环境保护单行法是《大气污染防治法》《水污染防治法》《固体废物污染环境防治法》《海洋环境保护法》和《环境噪声污染防治法》；9项资源保护法是《森林法》《草原法》《煤炭法》《矿产资源法》《渔业法》《水法》《土地管理法》《野生动物保护法》和《水土保持法》，这些法律属于防治环境污染、保护自然资源等方面的专门法规。通过这些环保法律的颁布与修订完善，有力地保障和推动了我国环保事业的发展。

《中华人民共和国环境影响评价法》已由中华人民共和国第九届全国人民代表大会常务委员会第三十次会议于2002年10月28日通过，自2003年9月1日起施行。

《中华人民共和国清洁生产促进法》已由中华人民共和国第九届全国人民代表大会常务委员会第二十八次会议于2002年6月29日通过，自2003年1月1日起施行。

《排污费征收使用管理条例》已经2002年1月30日国务院第五十四次常务会议通过，自2003年7月1日起施行。

《中华人民共和国水污染防治法》已由中华人民共和国第十届全国人民代表大会常务委员会第三十二次会议于2008年2月28日修订通过，修订后的《中华人民共和国水污染防治法》自2008年6月1日起施行。

E 中国加入的国际环境公约

保护全球环境已经成为人类社会的共识，中国作为一个13亿人口的发展中大国，解决好中国的环境问题符合中国自身的发展目标。本着对国际环境与资源保护事务积极负责的态度，我国参加或者缔结了多项环境与资源保护国际公约和条约。对于许多重要的国际环境公约，我国都制定了积极可行的行动计划并积极履行在加入的国际环境公约中所承担的义务，我国的环境国际合作在不断发展。我国的国际环境合作主要有：

（1）积极参加并参与联合国等国际组织开展的环境事务。多年来，我国与联合国环境规划署、开发计划署，世行、亚行等国际组织建立了有效合作。比如，在荒漠化防治、生物多样性保护、臭氧层保护、清洁生产与循环经济、长江中上游洪水防治、防止陆源污染保护海洋全球行动计划等方面都开展了卓有成效的合作。

（2）积极参与国际环境领域合作并履行相应义务。截至目前，我国已经缔约或者签署国际环境公约50多项，仅在“十五”期间（2001~2005年），我国就参与了《生物多样性公约》《维也纳公约》《斯德哥尔摩公约》《鹿特丹公约》《核安全公约》《巴塞尔公约》《联合国气候变化框架公约》等一系列环境公约的缔约、签署以及谈判，并积极履行这些公约以及条约规定的义务。

（3）不断加强和推动了与周边国家、相关地区的环境合作，并积极开展了环境保护领域的双边合作。

F 环境标准

环境标准是由行政机关根据立法机关的授权而制定和颁布的，旨在控制环境污染、维护生态平衡和环境质量、保护人体健康和财产安全的各种法律性技术指标和规范的总称。

我国环境保护标准包括环境质量标准、污染物排放标准、环保基础标准和环保方法标准。例如，环境质量标准有《环境空气质量标准》《地面水环境质量》《城市区域环境噪声标准》等，污染物排放标准有《工业“三废”排放标准》《污水综合排放标准》《锅炉烟尘排放标准》等。环境标准是我国环境法体系中的一个重要组成部分，也是环境法制管理的基础和重要依据。中央政府有关部门和各地人民代表大会、地方人民政府依照法定权限制定了环境保护地方法规和部门规章660余件。同时环境标准体系也逐步形成，截止到2007年底，我国已经颁布了1100余项环境保护标准，北京、上海、山东、河南等省市也制定了30余项环境保护的地方标准，而且目前有3000余项环境标准正在制定过程中。

为贯彻实施中华人民共和国清洁生产促进法，进一步推动我国的清洁生产，防止生态破坏和环境污染，保护人民健康，促进经济可持续发展，并为钢铁企业开展清洁生产提供技术支持和导向，2004年国家环境保护总局发布了中华人民共和国环境保护行业标准《清洁生产标准钢铁行业》征求意见稿。该标准于2006年7月3日正式发布，10月1日施行；标准适用于钢铁联合企业和短流程电炉钢厂的清洁生产审核、清洁生产绩效评定和清洁生产绩效公告制度。其后，又相继发布了钢铁行业各主要工序的清洁生产标准。

G 我国环境保护的成就和存在的问题

经过多年努力，我国环境法规标准体系不断完善。到目前为止，我国已经有了环境保护法律9部、自然资源保护法律15部，而且还有50余项环境保护方面的行政法规已经颁布并在有效实施。环境保护总体看来取得的成效：一是环境污染和生态破坏加剧的趋势有所减缓；二是一些流域、一些城市、一些区域污染治理初见成效，环境质量有所改善。另外，工业产品的污染物排放强度在不断下降，特别明显的趋势就是中国全社会的环境意识大幅度增强。

但是，我国的经济社会发展仍然面临资源和环境的严重制约，面临着巨大的压力和严峻的挑战，主要反映在以下五个方面：

（1）资源保障存在的问题。我国占世界人口的1/5，却只有世界7%的水资源、40%的森林资源、9%的铁矿资源，这样的资源禀赋不可能支撑高投入、高消耗的发展模式。

（2）我国生态负荷、生态承载力已经严重超标。比如，污染总量在不断攀升，水、大气、土壤、固体废物、声环境问题十分严重，生态功能退化现象比较普遍。我国在全世界二氧化硫、氮氧化物、COD等一些主要污染物排放排列第一，二氧化碳也排居高位。据环保部门研究，我国COD排放量已经超过负荷600万~800万吨，二氧化硫排放量也已经超过负荷1200t。我国每年向发达地区出口的产品中所产生的二氧化碳就占我国二氧化碳排放总量的23%左右。

（3）我国环境隐患和生态灾害十分严重。一些严重的环境问题已经危及群众健康和公共安全，并造成了严重的经济损失。广大群众改善环境的呼声越来越高，近年来环境投诉都在以每年30%的速度上升，而环境问题导致的群体性事件也以每年29%的速度递增。2006年当时的环保总局和国家统计局联合发布了一份《中国绿色国民经济核算研究报告》，其结论是在2004年全国因环境污染造成的经济损失为5118亿元，占当年GDP的

3.5%，可以看出这是一笔巨大的经济损耗。

（4）目前环境问题极其复杂。我国的环境问题已经呈现出压缩型、结构型、复合型的特点，工业、农业、生活污染相互叠加。环境污染、生态破坏、自然灾害相互影响，随着经济社会的进一步发展，这些特点将会更加突出；而且，我国的跨流域、跨行政区域的环境问题也日益严重，跨国界的环境污染和生态破坏的问题也在逐步显现。同时，全球气候变化、应对外来物种与防范、基因资源保护、持久性有机污染物和新化学物质污染控制等问题也日益凸显。

（5）环境管理等环境保护的基础工作还比较薄弱。监管手段还相当缺乏，环保投入还显得不足，环境法制、环保科技、环境产业等方面都需要进一步提升。

我国经过几十年的摸索与实践，现已建立起一套较为完备的，并具有中国特色的污染防治政策法律体系和管理制度。尤其在环境法律体系的设计和建设方面，已逐步接近发达国家的水平。但是，在环境法律的实施与执行方面还有较大的差距。一些地方政府为获得短期经济效益，干预环境部门执法，对于新建项目不执行环境影响评价制度，使一些高污染、高能耗或布局不合理的新项目上马，造成生态环境边治理、边破坏，甚至治理赶不上破坏。

经济手段作为环境保护的重要手段之一，一直被各国政府重视。我国中央和地方政府近20年来一直在加大相关经济刺激政策的制定和实施，主要包括征收排污费、减免税收、加速设备折旧、环境保护项目优先贷款、建立环境保护专门基金、大气污染物排污交易、征收生态补偿费等，但多数未达到预期效果。据估算，我国环境违法成本平均不及治理成本的10%，不及危害代价的20%。以国家自1992年开始征收工业燃煤二氧化硫排污费为例，由于征收的费用远低于企业脱硫、控制二氧化硫污染的成本，致使多数企业宁愿交排污费，也不愿建设脱硫设施。

1.3.2　我国环境保护机制

机制原意是机器的构造和工作原理，现广泛应用于社会现象，是指内部组织结构、法规政策和其运行变化的规律。社会系统中的机制起着基础性、根本性的作用。理想状态下，良好的机制可以使社会系统接近于自我调整系统，当外部条件发生变化时，能自动迅速地反应，调整原来的策略和措施，从而实现优化目标。

环境保护制度所涉及的法律概念包括三个层次：企业方面，包括环境污染行为和环境污染责任；公民方面，包括损失赔偿请求权、生存权、生命健康权以及财产权；政府方面，包括监管职责、行政执法权、行政强制措施和行政处罚权。

1.3.2.1　企业的义务

环境污染行为在民法上属于侵权行为，侵权行为是指违反民事义务，侵害他人合法权益，依法应当承担民事责任的行为。侵权行为主要包括一般侵权行为和特殊侵权行为。一般侵权行为是指满足民法上的一般责任要件的行为，侵权人有过错并直接致人损害；特殊侵权行为是指满足民法上的特殊责任要件的行为，不要求侵权人主观上有过错，法律直接规定了几种特殊侵权行为。特殊侵权行为的责任主体、主观构成要件、举证责任的分配等方面不同于一般侵权行为。环境污染侵权行为属于特殊侵权行为，由特殊侵权行为引起的责任是特殊侵权责任。环境污染侵权行为属于行为的一种，行为是指一切有目的的活动，由一系列简单动作构成并在日常生活中所表现出来的一切动作的统称。行为具有目的性，环境污染侵权行为也不例外，环境污染侵权行为的目的以损害他人权利为内容，是一种违法目的。

1.3.2.2 公民的权利

环境污染往往导致他人合法权利受到侵害以及利益的损失，对他人利益的损失予以法律上的补偿就是赋予受害人损失赔偿权。损失赔偿请求权是指侵权行为的受害人向侵害人请求其对自己的损失给予赔偿的权利。民法上引起损害赔偿的原因是多种多样的，其中包括环境污染。环境污染和其他侵权的区别在于受害者具有群发性，收益损害赔偿请求的主体不只有一个人。环境污染所造成的损失既包括对人身的损失又包括对财产的损失，表现为权利形态即为人身权和财产权。人身权是指不直接具有财产内容，与人身不可分离的权利和利益。财产权是指人或者单位对其拥有的财产进行包括使用、收益、占有和处分的权利。与一般的侵权造成的损害不同，环境污染所造成对人的人身和财产的侵害具有特定性。由于环境的污染源主要表现为大气、水源和陆地污染，因此环境污染主要侵害的是人身权，现实中主要表现为对人的呼吸系统损害和重金属对机体的损害。当然，环境污染也会侵害人们的生存权，生存权是指人们在一定社会关系中和历史条件下应该享有的，维持正常生产生活所必需的基本条件的权利，不仅包括人的生命得以延续的权利，而且指一个国家及人民的生存得以保障的权利。

维持正常生产生活所必需的基本条件包括人的生命安全和基本自由不受侵犯、人格尊严不受凌辱，赖以生存的财产不遭掠夺，人们的基本生活水平和健康水平得到保障和不断提高等。人的生存需要呼吸大气，需要饮水，而大气和水源具有公共性，一般裸露在地面容易受到污染，因此环境污染直接威胁到人们的生存。与其他的危害相比，环境污染影响的范围往往是一个区域居民的生存质量。

1.3.2.3 政府的职权

环境污染侵害的往往是公共利益，政府作为公共利益代表者对环境的保护负有不可推卸的责任。法律赋予政府监管权力，对企业的排污设备、排污行为予以监管。如果政府监管不力，那么负有监管职责的人员应对其失职行为承担责任。与其说政府拥有监管权力，不如说政府拥有监管职责。环境保护部门的监管职责主要包括污染管理职责、自然生态保护职责、辐射监督管理职责以及法制宣传职责。

为了政府的监管职责落到实处，法律赋予环保部门执法权。环保部门的执法权和其他部门的执法权相比有其特殊性，环保部门执法主要针对企业单位，而其他部门的执法主要针对个人或企业。相比而言，环保部门针对的主体比较强势，行政机关在执法及监管过程中不免会查处环境侵权现象，这时，法律赋予了行政机关的行政强制措施和行政处罚权。

2 环境污染与生态平衡

扫一扫，看微课

2.1 生态学基本原理

环境科学是研究人类活动与环境质量变化基本规律的学科，而生态学则是环境科学的理论基础。

2.1.1 生态学的含义及其发展

德国生物学家黑格尔（Krnst Haeckle）于1869年提出“生态学”一词，其定义是研究动物对它的有机和无机环境的总和关系。后来有人引申为，生态学是研究生物与其生存环境之间相互关系的科学。作为生物学的主要分科之一，生态学研究的内容从植物逐渐涉及到动物。

随着人类环境问题的日趋严重和环境科学的发展，生态学扩展到人类生活和社会形态等方面，把人类这一生物种也列入生态系统中，研究并阐明整个生物圈内生态系统的相互关系问题。同时，现代科学技术的新成就也渗透到生态学的领域中，赋予它新的内容和动力，成为多学科的、当代较活跃的科学领域之一，如图2-1所示。

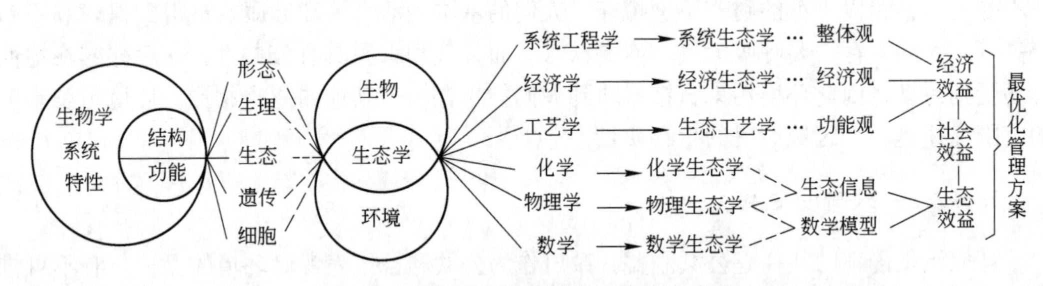

图2-1 生态学的多学科性及其相互关系

图2-1中表示，以研究生物的形态、生理、遗传、细胞的结构和功能为基础的生物学部分与环境相结合形成的生态学，又与系统工程学、经济学、工艺学、化学、物理学、数学相结合而产生相应的新兴学科。因此，我国著名生态学家马世骏给出的定义更具现代性，他认为生态学是研究生命系统和环境系统相互关系的科学。所谓生命系统就是自然界具有一定结构和调节功能的生命单元，如动物、植物和微生物。所谓环境系统就是自然界的光、热、空气、水分及各种有机物和无机元素相互作用所共同构成的空间。

生态学发展历程体现了三个特点：从定性探索生物与环境的相互作用到定量研究；从个体生态系统到复合生态系统，由单一到综合，由静态到动态的认识自然界的物质循环与转化规律；与基础科学和应用科学相结合，发展和扩大了生态学的领域。

生态学和环境科学有许多共同的地方。生态学是以一般生物为对象着重研究自然环境因素与生物的相互关系；环境科学则以人类为主要对象，把环境与人类生活的相互影响作为一个整体来研究，和社会科学有十分密切的联系。作为基础理论，生态学的许多基本原理被应用于环境科学中。

2.1.2　生态系统

某一生物物种在一定范围内所有个体的总和称为种群（population）；生活在一定区域内的所有种群组成了群落（community）；任何生物群落与其环境组成的自然综合体就是生态系统（ecosystem）。按照现代生态学的观点，生态系统就是生命和环境系统特定空间的组合。在生态系统中，各种生物彼此间以及生物与非生物的环境因素之间互相作用，关系密切，而且不断地进行着物质和能量的流动。目前，人类生活的生物圈内有无数大小不同的生态系统。在一个复杂的大生态系统中又包含无数个小的生态系统，如池塘、河流、草原和森林等。图 2-2 是一个简化了的陆地生态系统，只有当草、兔子、狼、虎等保持一定的比例，这一系统才能保持物质、能量的动态平衡。而城市、矿山、工厂等，从广义上讲是一种人为的生态系统。这些无数个各种各样的生态系统组成了统一的整体，就是人类生活的自然环境。

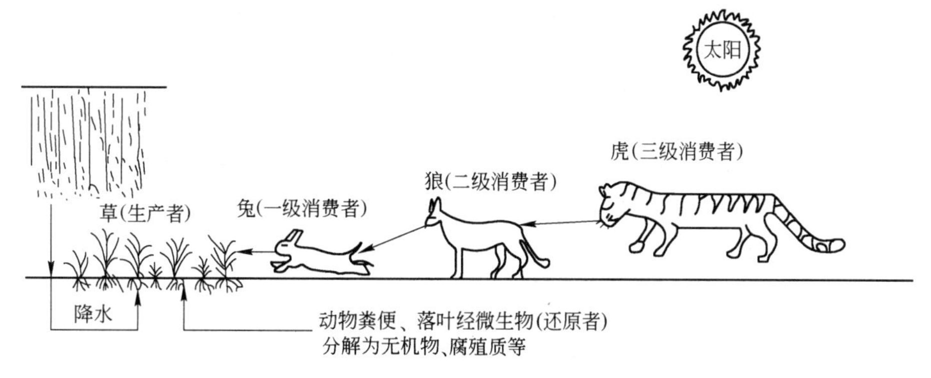

图 2-2　一个简化了的陆地生态系统

2.1.2.1　生态系统的组成

生态系统由生产者、消费者、分解者、无生命物质组成。

（1）生产者。自然界的绿色植物及凡能进行光合作用、制造有机物的生物（单细胞藻类和少数自然微生物等）均属生产者，或称为自养生物。生产者利用太阳能或化学能把无机物转化为有机物，这种转化不仅是生产者自身生长发育所必需的，同时也是满足其他生物种群及人类食物和能源所必需的，如绿色植物的光合作用过程。

$$6CO_2 + 6H_2O \longrightarrow C_6H_{12}O_6 + 6O_2$$

（2）消费者。食用植物的生物或相互食用的生物称为消费者，或称为异养生物。消费者又可分为一级消费者、二级消费者。食草动物，如牛、羊、兔等直接以植物为食是一级消费者；以草食动物为食的肉食动物是二级消费者。消费者虽不是有机物的最初生产者，但在生态系统中也是一个极重要的环节。

（3）分解者。各种具有分解能力的细菌和真菌，也包括一些原生生物，称为分解者或还原者。分解者在生态系统中的作用是把动物、植物遗体分解成简单化合物，作为养分重新供应给生产者利用。

（4）无生命物质。各种无生命的无机物、有机物和各种自然因素，如水、阳光、空气等均属无生命物质。

以上四部分构成一个有机的统一整体，相互间沿着一定的途径，不断地进行物质和能量的交换，并在一定的条件下，保持暂时的相对平衡，如图 2-3 所示。

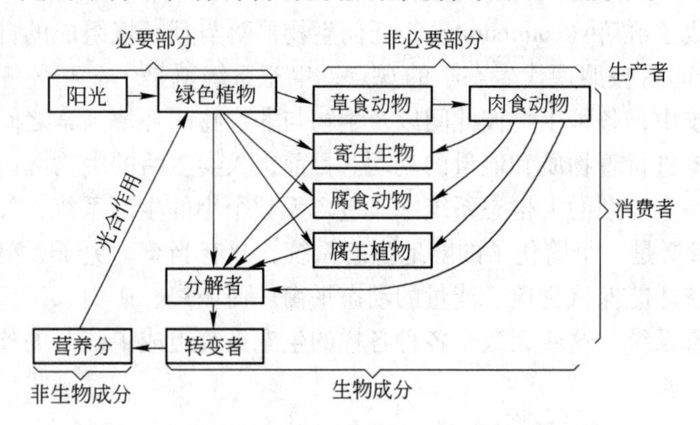

图 2-3　生态系统的组成和主要作用

腐食动物—以动物、植物的腐败尸体为食物的动物，例如秃鹰和蛆；

腐生植物—从动物、植物尸体的有机物中吸取养分的非绿色植物，例如蘑菇、蛇菇

生态系统根据其环境性质和形态特征，可以分为陆地生态系统和水域生态系统。陆地生态系统又可分为自然生态系统（如森林、草原、荒漠等）和人工生态系统（如农田、城市、工矿区等）。水域生态系统又可分为淡水生态系统（如湖泊、河流、水库等）和海洋生态系统（如海岸、河口、浅海、大洋、海底等）。

2.1.2.2　生态系统的基本功能

生态系统的基本功能是生物生产、能量流动、物质循环和信息传递，它们是通过生态系统的核心——有生命部分，即生物群落来实现的。

A　生物生产

生物生产包括植物性生产和动物性生产。绿色植物以太阳能为动力，水、二氧化碳、矿物质等为原料，通过光合作用来合成有机物。同时，把太阳能转变为化学能储存于有机物之中，这样生产出植物产品。动物采食植物后，经动物的同化作用，将采食来的物质和能量转化成自身的物质和潜能，使动物不断繁殖和生长。

B　能量流动

绿色植物通过光合作用把太阳能（光能）转变成化学能储存在这些有机物质中，并提供给消费者。

能量在生态系统中的流动是从绿色植物开始的，食物链是能量流动的渠道。能量流动有两个显著的特点：

（1）沿着生产者和各级消费者的顺序逐渐减少。能量在流动过程中大部分用于新陈代谢，在呼吸过程中，以热的形式散发到环境中去，只有一小部分用于合成新的组织或作为潜能储存起来。能量在沿着绿色植物→草食动物→一级肉食动物→二级肉食动物等逐级流

动中，后者所获得能量大于前者所含能量的十分之一，从这个意义上人类以植物为食要比以动物为食经济得多。

（2）能量的流动是单一的、不可逆的。因为能量以光能的形式进入生态系统后，不再以光能的形式回到环境中，而是以热能的形式逸散于环境中。绿色植物不能用热能进行光合作用，草食动物从绿色植物所获得的能量也不能返回到绿色植物。因此，能量只能按前进的方向一次流过生态系统，是一个不可逆的过程。

C 物质循环

生态系统中的物质是在生产者、消费者、分解者、营养库之间循环的，我们称为生物地球化学循环，如图 2-4 所示。生态系统中的物质循环过程，绿色植物不断地从环境中吸收各种化学营养元素，将简单的无机分子转化成复杂的有机分子，用以建造自身；当草食动物采食绿色植物时，植物体内的营养物质即转入草食动物体内；当植物、动物死亡后，它们的残体和尸体又被微生物（还原者）所分解，并将复杂的有机分子转化为无机分子复归于环境，以供绿色植物吸收，进行再循环。周而复始，促使我们居住的地球清新活跃，生机盎然。生态系统中的生物在生命过程中需要 30~40 种化学元素，如碳、氢、氧、氮、磷、钾、硫、钙、镁是构成生命有机体的主要元素。它们都是自然界中的主要元素，这些元素的循环是生态系统基本的物质循环。例如，大气中的二氧化碳被陆地和海洋中的植物吸收，然后通过生物或地质过程以及人类活动又以二氧化碳的形式返回大气中，这就是碳循环的基本过程，如图 2-5 所示。

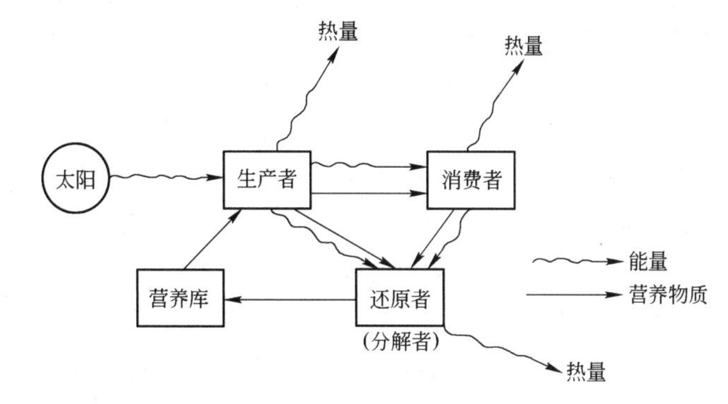

图 2-4 营养物质在生态系统中的循环运动示意图

（能量必须由太阳予以补充）

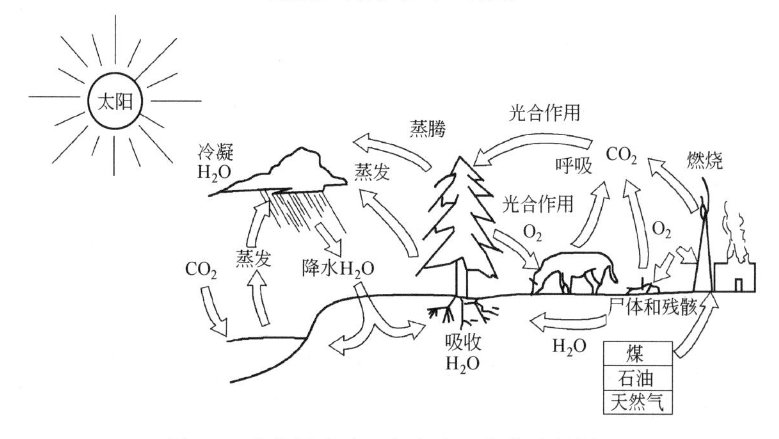

图 2-5 生物圈中水、氧气和二氧化碳的循环

D 信息传递

生态系统中的信息传递发生在生物有机体之间，起着把系统各组成部分联成一个统一整体的作用，从生物的角度看，信息的类型主要有以下四种。

（1）营养信息。在生物界的营养交换中，信息由一个种群传到另一个种群。如昆虫多的地区，啄木鸟就能迅速生长和繁殖，昆虫就成为啄木鸟的营养信息，这种通过营养关系来传递的信息叫做营养信息。

（2）化学信息。蚂蚁在爬行时留下“痕迹”，使别的蚂蚁能尾随跟踪，这种生物体分泌出某种特殊的化学物质来传递的信息叫做化学信息。

（3）物理信息。通过物理因素来传递的信息叫做物理信息。像季节、光照的变化引起动物换毛、求偶、冬眠、储粮、迁徙；大雁发现敌情时发出鸣叫声等。

（4）行为信息。通过行为和动作，在种群内或种群间传递识别、求偶和挑战等信息叫做行为信息。

2.1.3 生态系统的平衡

2.1.3.1 生态平衡的含义

在任何正常的生态系统中，能量流动和物质循环总是不断地进行着。一定时期内，生产者、消费者和还原者之间都保持着一种动态平衡。生态系统发展到成熟的阶段，它的结构和功能，包括生物种类的组成、各个种群的数量比例以及能量和物质的输入、输出等都处于相对稳定的状态，这种相对的稳定状态称为生态平衡。

平衡的生态系统通常具有四个特征：生物种类组成和数量相对稳定；能量和物质的输入和输出保持平衡；食物链结构复杂而形成食物网；生产者、消费者和还原者之间有完好的营养关系。只有满足上述特征，才说明生态系统达到平衡，系统内各种量值达到最大，而且对外部冲击和危害的承受能力或恢复能力也最大。

生态系统能够维持相对的平衡状态，主要是由于其内部具有自动调节的能力。但这种调节能力是有一定限度的，它依赖于种类成分的多样性和能量流动及物质循环途径的复杂性，同时取决于外部作用的强度和时间。如果水域中污染物的量超过水体本身的自净能力，这个水域的生态系统就会被彻底破坏。

2.1.3.2 破坏生态平衡的因素

破坏生态平衡的因素有自然因素，也有人为因素。

A 自然因素

自然因素主要是指自然界发生的异常变化或自然界本来就存在的对人类和生物的有害因素。如火山喷发、山崩、海啸、水旱灾害、地震、台风、流行病等自然灾害，都会破坏生态平衡。

B 人为因素

人为因素主要是指人类对自然资源的不合理利用、工农业发展带来的环境污染等问题，主要有以下三种情况。

（1）物种改变引起平衡的破坏。人类有意或无意地使生态系统中某一种生物消失或向系统中引进某一种生物，都可能对整个生态系统造成影响。如澳大利亚原来没有兔子，1859 年一位财主从英国带回 24 只兔子，放养在自己的庄园里供打猎用。由于没有兔子的天敌，致使兔子大量繁殖，数量惊人，遍布田野，它们在草原上每年以 113km 的速度向外蔓延，该地区大量的青草和灌木被全部吃光，牛羊失去牧场。田野一片光秃，土壤无植被保护，水土流失严重，农作物每年损失多达 1 亿美元，生态系统遭到严重破坏。

（2）环境因素改变引起平衡破坏。由于工农业的迅速发展，使大量污染物进入环境，从而改变生态系统的环境因素，影响整个生态系统。如空气污染、热污染、除草剂和杀虫剂的使用，施肥的流失、土壤侵蚀及污水进入环境引起富营养化等，改变生产者、消费者、分解者的种类和数量并破坏生态平衡而引起一系列环境问题。

（3）信息系统的破坏。当人们向环境中排放的某些污染物质与某一种动物排放的性信息接触使其失去驱赶天敌、排斥异种、繁衍后代的作用，从而改变了生物种群的组成结构，使生态平衡受到影响。

2.2 环境污染与生态平衡

2.2.1 环境污染对生态平衡的影响

随着人口不断增长，我国的一些基本自然资源的人均占有量很低。但是，为了众多人口的生存，并逐步提高人民的生活水平，需要消耗越来越多的自然资源。由于长期以来对自然保护工作重视不够，资源和环境受到了不同程度的破坏，以致影响到了生态的平衡。

2.2.1.1 土地资源的利用和保护

据统计，世界耕地总面积 1346 万平方千米（13.46 亿公顷），人均 0.0024 平方千米（0.24 公顷）。其中，澳大利亚 50.78 万平方千米（5078 万公顷），人均 0.0288 平方千米（2.88 公顷）；加拿大 45.42 万平方千米（4542 万公顷），人均 0.0157 平方千米（1.57 公顷）；美国 185.7 万平方千米（1.857 亿公顷），人均 0.0072 平方千米（0.72 公顷）；印度 166.14 平方千米（1.6614 亿公顷），人均 0.0019 平方千米（0.19 公顷）；我国耕地总面积为 95.4 平方千米（9540 万公顷），但人均只有 0.0008 平方千米（0. 08 公顷），相当于世界平均水平的 1/3、澳大利亚的 1/36、美国的 1/9、印度的 1/2.4。我国土地资源的特点是，土地类型多样，水利条件不同，地形复杂；山地面积大；农用土地资源比重小。据 1999 年公布，全国耕地占总资源的 14%，林地占 17%；天然草地占 29%，建设用地占 3%；后备耕地资源不足。我国用仅占世界 7%的耕地，解决了占世界 25%人口的吃饭问题，基本上满足了人民生活需要。但是，目前农林牧地的生产力不高，土地利用布局不合理，耕地不断减少，土壤肥力下降，土壤污染严重，沙漠化、盐渍化加剧，水土流失严重，这是土地资源开发利用中的主要问题。

针对日趋严重的土地资源问题和土壤污染，应从以下三个方面加强管理。

（1）健全法制，强化土地管理。依据 1998 年 8 月 29 日公布的《中华人民共和国土地管理法》，明确土地用途管理制度、占用耕地补偿制度、基本农田保护制度，采取有力措施保护土地资源。

（2）防止和控制土地资源的生态破坏。依据 1999 年 1 月国务院通过的《全国生态建设规划》，积极治理已退化的土地。主要搞好水土保持工作，加强对沙化土地和土壤盐渍化的治理。

（3）综合防治土壤污染。制定土壤环境质量标准，对土壤主要污染物进行总量控制；控制污染用水及农药、化肥污染；对农田中废塑料制品（农田白色污染）加强管理；积极防治土壤重金属污染。土壤中的主要污染物质见表 2-1。

表 2-1　土壤中的主要污染物质

污染物种类			主要来源
无机污染物	重金属	汞（Hg）	氯碱工业，含汞农药，汞化物生产，仪器仪表工业
		镉（Cd）	冶炼、电镀、染料等工业，肥料杂质
		铜（Cu）	冶炼，铜制品生产，含铜农药
		锌（Zn）	冶炼、镀锌、人造纤维、纺织工业，含锌农药，磷肥
		铬（Cr）	冶炼、电镀、制革、印染等工业
		铅（Pb）	颜料、冶炼等工业，农药，汽车排气
		镍（Ni）	冶炼、电镀、炼油、染料等工业
	非金属	砷（As）	硫酸、化肥、农药、医药、玻璃等工业
		硒（Se）	电子、电器、油漆、墨水等工业
	放射元素	铯（^{137}Cs）	原子能、核工业、同位素生产、核爆炸
		锶（^{90}Sr）	原子能、核工业、同位素生产、核爆炸
	其　他	氟（F）	冶炼、磷酸和磷肥、氟硅酸钠等工业
		酸、碱、盐	化工、机械、电镀、酸雨、造纸、纤维等工业
有机污染物	有机农药		农药的生产和使用
	酚		炼焦、炼油、石油化工、化肥、农药等工业
	氰化物		电镀、冶金、印染等工业
	石油		油田、炼油、输油管道漏油
	3，4-苯并芘		炼焦、炼油等工业
	有机洗涤剂		机械工业，城市污水
	一般有机物		城市污水，食品、屠宰工业，大棚、地膜所用塑料薄膜、废塑料制品
有害微生物			城市污水，医院污水，厩肥

2.2.1.2　生物资源的利用和生物多样性保护

生物资源属于可更新资源，包括动物、植物和微生物资源。当前在人口和经济的压力下，对生物资源的过度利用不仅破坏了生态环境，造成生物多样性丰富度的下降，甚至造成许多物种的灭绝或处于濒危境地。

A　森林资源的保护和利用

森林不仅为社会提供大量林木资源，而且还具有保护环境、调节气候、防风固沙、蓄水保土、涵养水源、净化大气、保护生物多样性、吸收二氧化碳、美化环境及生态旅游等功能。

我国是一个少林的国家，森林总量不足，分布不均，功能较低。由于国有森林区集中采伐、更新跟不上采伐，山区毁林开荒比较严重，火灾频繁及森林病虫害严重，造林保存率低等原因，使森林资源面积不断减少，质量日益下降，不适应国家经济持续发展和维护生态平衡的需要。

我国主要从依法保护森林资源和坚持不懈植树造林两个方面加强森林的建设和保护，主要措施有实行限额采伐，鼓励植树造林，封山育林，扩大森林覆盖面积；提倡木材综合利用和节约木材，鼓励开发利用木材代用品；建立林业基金制度，征收育林费，专门用于造林育林；强化对森林的资源意识和生态意识，实施重点生态工程；开展国际合作，吸收国外森林资源资产化管理经验，争取国外技术援助。目前，我国森林生态工程主要有“三北”防护林体系工程、太行山绿化工程、沿海防护林体系工程和长江中上游防护林体系。

B 草地资源的保护和利用

草地是一种可更新、能增殖的自然资源，它适应性强，覆盖面积大，具有调节气候、保持水土、涵养水源、防风固沙的功能，具有重要的生态学意义。

据1997年底统计，我国可利用草地面积390万平方千米（3.9亿公顷），占国土总面积的40%，人均占有量0.0033平方千米（0.33公顷），是世界人均占有量的1/2。我国草地的特点是面积大、分布广、类型多样，是节粮型畜牧业资源；草原和草地大多是黄河、长江、淮河水系的源头区和中上游区，具有生态屏障的功能。但由于人类过度放牧、开垦、占用、挖草以及环境污染，使草场质量下降，草地面积减少。到1997年底，我国90%的草地已经退化，其中130万平方千米（1.3亿公顷）达中度退化（沙化、碱化），并以每年2万平方千米（200万公顷）的速度递增。草原的建设速度赶不上退化速度，草场严重退化，促使草原土壤的营养成分锐减，致使生物资源破坏的速度加快。如塔里木盆地原有天然胡杨林约5300平方千米（53万公顷），到1978年只剩下2300平方千米（23万公顷）；甘肃、内蒙古西部一带由于大量挖掘“发菜”，造成植被破坏，草木枯死。人类活动加剧，乱捕滥猎，使野生动物的栖息地日渐缩小，不少种类面临灭绝。如双峰野骆驼在20世纪60年代还成群出没，但现在已难找到。

针对草原资源状况，我国制定了《全国草地生态环境建设规划》，以加强草地资源的利用和保护，具体措施有以下四条。

（1）治理退化草场。大力建设人工和半人工草场，改良退化草场；采取科学措施，综合防治草原的病虫鼠害；注意防止农药及“三废”对草原的污染，良好的草地资源有利于食草动物的生存。据中央电视台2000年9月2日新闻联播报道，近千匹野驴从蒙古国进入我国内蒙古草原，形成了壮观的景象。

（2）加强畜牧业的科学管理。合理放牧，合理控制牧畜数量，调整畜群结构，实行以草定牧，禁止超载放牧。

（3）实行“科技兴草”，发展草业科学。加强草业生态研究，筛选培育优良牧草。

（4）开展草地可持续利用的工程建设。一是加强自然保护区建设；二是草原退化治理工程建设；三是建设一批草地资源综合开发的示范工程。

C　生物多样性保护

生物多样性是人类赖以生存的各种有生命的自然资源的总汇，是开发并持续利用与未来农业、医学和工业发展密切相关的生命资源的基础。生物多样性的消失必然引起人类自然的生存危机以及生态环境，尤其是食品、卫生保健和工业方面的根本危机。保护生物多样性的实质就是在基因、物种、生态环境三个水平上的保护。

我国生物资源的种类和数量在世界上都占据重要地位，也是野生动物资源最丰富的国家之一。广阔的国土，多样的地貌、气候和土壤条件形成了复杂的生态环境，使我国的生物物种特有性高，如大熊猫、白鳍豚、水杉、银杉等。生物系起源不仅古老、成分复杂，而且经济物种异常丰富。

尽管我国的生物多样性十分丰富，但生物多样性的保护事业面临许多困难，受到的威胁不断增加。存在的问题是生物多样性保护的法规、法制需要健全和完善；自然保护的管理水平亟待提高，管理机构有待加强；生物多样性保护的科学研究急需加强，保护的技术还需要发展；同时，资金和技术力量不足也有待解决。

针对存在的问题，我们要转变观念，控制环境污染和生态破坏，确保生物多样性的丰富程度，实现生物资源的持续利用，保证我国国民经济和社会发展具有良好的物质基础。

2.2.1.3　矿产资源开发利用与保护

矿产资源的开采给人类创造了巨大的物质财富，人类开发矿产资源每年多达上百亿吨。近几十年来，世界矿产资源消耗急剧增加，特别是能源矿物和金属矿物消耗最大。作为不可更新的自然资源，矿产资源的大量减少以致枯竭的威胁，并带来一系列环境污染问题，导致生态环境的破坏。因此，矿产资源开发不合理会对环境和人类带来严重影响。

(1) 对土地资源的破坏。大规模矿产采掘产生的废物乱堆滥放造成占压、采空塌陷等，损坏土地资源、破坏地貌景观和植被。露天采矿后不进行回填复垦，破坏了矿产及周围地区的自然环境，造成土地资源的浪费。

(2) 对大气的污染。采矿时穿孔、爆破及矿石运输、矿石风化等产生的粉尘，矿物冶炼排放烟气等，均会造成严重的区域环境大气污染。

(3) 对地下水和地表水体的污染。由于采矿和选矿活动，固体废物的风吹雨淋，使地表水或地下水含酸性、重金属和有毒元素，形成了矿山污水。

有效地控制矿产资源的不合理开发，减少矿产资源开采的环境代价，是我国矿产资源可持续利用的紧迫任务。要提高资源的优化配置和合理利用资源的水平，最大限度地保证国民经济建设对矿产资源的需要，具体措施包括以下三个方面。

(1) 加强矿产资源的管理。加强对矿产资源的国家所有权的保护，组织制定矿产资源开发战略、资源政策和资源规划。建立统一领导、分级管理的矿产资源执法监督组织体系，建立健全有偿占有开采制度和资产化管理制度。

(2) 建立和健全矿山资源开发中的环境保护措施。制定矿山环境保护法规、依法保护矿山环境；制定适合矿山特点的环境影响评价办法，进行矿山环境质量检测；对当前矿山环境情况进行调查评价，制定保护恢复计划。

(3) 努力开展矿产综合利用的研究。研究综合开发利用的新工艺，提高矿物各组分的回收率，尽量减少尾矿，最大限度地利用矿产资源。

2.2.2 生态规律在环保中的应用

人口的迅速增长、工农业的高度发展、人类对自然改造能力的增强，使环境遭受了严重污染并引起生态平衡的破坏。生态学不仅是一门解释自然规律的科学，也是一门为国民经济服务的科学。因此，要解决世界上面临的五大环境问题——人口、粮食、资源、能源和环境污染，必须以生态学的理论为指导，按生态学的规律来办事。

2.2.2.1 生态学的一般规律

生态学所揭示或遵循的规律，对做好环境保护工作，发展农、林、牧、副、渔各业均有指导意义。

(1) 相互依存与相互制约规律。相互依存与相互制约，反映了生物间的协调关系，是构成生物群落的基础。

普遍的依存与制约，也称为“物物相关”规律。生物间的相互依存与制约关系，无论在动物、植物和微生物中，或在它们之间都是普遍存在的。在生产建设中，特别是在需要排放废物、施用农药化肥、采伐森林、开垦荒地、修建水利工程等，务必注意调查研究，即查清自然界诸事物之间的相互关系，统筹兼顾。

通过“食物”而相互联系与制约的协调关系，也称为“相生相克”规律。生态体系中各种生物个体都建立在一定数量的基础上，即它们的大小和数量都存在一定的比例关系。生物体间的这种相生相克作用，使生物保持数量上的相对稳定，这是生态平衡的一个重要方面。

(2) 物质循环转化与再生规律。生态系统中植物、动物、微生物和非生物成分，借助能量的不停流动，一方面不断地从自然界摄取物质并合成新的物质，另一方面又随时分解为原来的简单物质，即“再生”，重新被植物所吸收，进行着不停的物质循环。因此要严格防止有毒物质进入生态系统，以免有毒物质经过多次循环后富集到危及人类的程度。

(3) 物质输入输出的动态平衡规律。当一个自然生态系统不受人类活动干扰时，生物与环境之间的输入与输出是相互对立的关系，生物体进行输入时，环境必然进行输出；反之亦然。对环境系统而言，如果营养物质输入过多，环境自身吸收不了，就会出现富营养化现象，打破了原来输入输出平衡，破坏原来的生态系统。

(4) 相互适应与补偿的协同进化规律。生物给环境以影响，反过来环境也会影响生物，这就是生物与环境之间存在的作用与反作用过程。如植物从环境吸收水分和营养元素，生物体则以其排泄物和尸体把相当数量的水和营养归还给环境，最后获得协同进化的结果。经过反复地相互适应和补偿，生物从光秃秃的岩石向具有相当厚度的、适于高等植物和各种动物生存的环境演变。

(5) 环境资源的有效极限规律。任何生态系统中作为生物赖以生存的各种环境资源，在质量、数量、空间和时间等方面都有其一定的限度，不能无限制地供给，而其生物生产力也有一定的上限。因此每一个生态系统对任何外来干扰都有一定的忍耐极限，超过这个极限，生态系统就会被损伤、破坏，以致瓦解。

以上五条生态学规律也是生态平衡的基础。生态平衡以及生态系统的结构与功能又与人类当前面临的人口、食物、能源、自然资源、环境保护五大社会问题紧密相关，如图2-6所示。

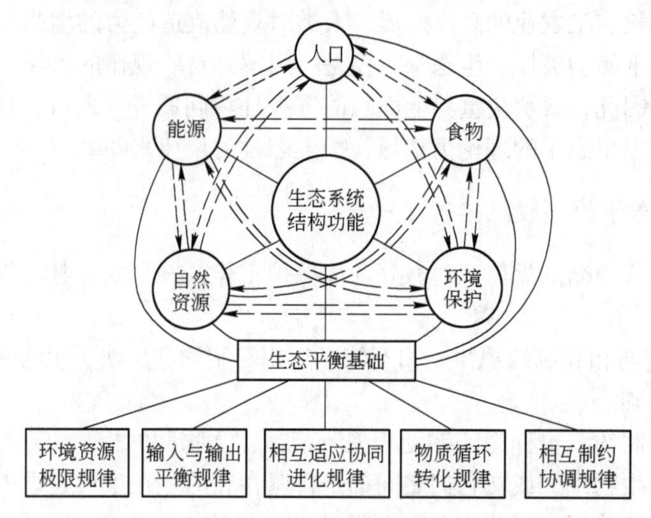

图 2-6　生态平衡与五大环境问题的关系示意图

2.2.2.2　生态规律在环境保护中的应用

由于人口的飞速增长，各个国家都在努力发展本国经济，刺激工农业生产的发展和科学技术的进步。随着人们对自然改造能力的增强，在开发利用自然资源过程中，生态系统也遭到了严重破坏，引起生态平衡的失调。大自然反过来也毫不留情地惩罚人类，如森林面积减少，沙漠面积扩大；洪、涝、旱、风、虫等灾害发生频繁；工业、生活污水未有效处理；各种大气污染物浓度上升……地球变得越来越不适合人类生存。人类终于认识到要按照生态学的规律来指导人类的生产实践和一切经济活动，要把生态学原理应用到环境保护中。

A　全面考察人类活动对环境的影响

在一定时空范围内的生态系统都有其特定的能流和物流规律。只有顺从并利用这些自然规律来改造自然，人们才能既不断发展生产又能保持一个洁净、优美和宁静的环境。

举世瞩目的三峡工程曾引起很大争议，其焦点是如何全面考察三峡工程对生态环境的影响。

长江流域的水资源、内河航运、工农业总产值等都在全国占有相当的比重。兴修三峡工程可有效地控制长江中下游洪水，减轻洪水对人民生命财产安全的威胁和对生态环境的破坏；三峡工程的年发电量相当于 4000 万吨标准煤的发电量，减轻对环境的污染。但是，兴修三峡工程，大坝蓄水 175m 的水位将淹没川、鄂两省 19 市县，移民 72 万人，淹没耕地 233 万平方千米（2. 33 万公顷）、工厂 657 家……三峡地区以奇、险为特色的自然景观有所改观，沿岸地少人多，如开发不好可能加剧水土流失，使水库淤积；一些鱼类等生物的生长繁殖将受到影响。

1992 年全国人民代表大会经过激烈讨论之后，投票通过了关于兴建三峡工程的议案。从经济效益和生态效益两方面，统筹兼顾时间和空间，贯彻了整体和全局的生态学中心思想。

B 充分利用生态系统的调节能力

生态系统的生产者、消费者和分解者在不断进行能量流动和物质循环过程中，受到自然因素或人类活动的影响时，系统具有保持其自身稳定的能力。在环境污染的防治中，这种调节能力又称为生态系统的自净能力。例如，水体自净、植树造林、土地处理系统等，都收到明显的经济效益和环境效益。

1978 年以来，我国开展了规模宏大的森林生态工程建设，横跨 13 个省区的“三北”防护林体系，森林覆盖率由 5.05%提高到 7.09%。其明显的生态效益和经济效益是：改善了局部气候；抗灾能力提高；沙化面积减少，农牧增产增收；解决了地方用木材，提高人民收入。

C 解决近代城市中的环境问题

城市人口集中，工业发达，是文化和交通的中心。但是，每个城市都存在住房、交通、能源、资源、污染、人口等尖锐的矛盾。因此编制城市生态规划，进行城市生态系统的研究是加强城市建设和环境保护的新课题。表 2-2 为城市中各子系统的特点、环境问题和解决措施。

表 2-2 城市中各子系统的特点、环境问题和解决措施

项目	生物系统	人工物质系统	环境资源系统	能源系统
环境特点	大量增加人口密度；植物生长量比例失调；野生动物稀缺；微生物活动受限制	改变原有地形地貌；大量使用资源，消耗能源，排除废物；信息提高生产率；管网输送污染物改造环境	承纳污染物，改变理化状态；大量消耗资源，造成枯竭	生物能转化后排除大量废物；自然资源属清洁能源；化石能源利用后排除废物
环境问题	环境自净能力降低；生态系统遭受破坏	改变自然界的物质平衡；人工物质大量在城市中积累；环境质量下降	破坏自然界的物质循环；降低了环境的调节功能；资源枯竭，影响系统的发展	产生大量污染物质，环境质量下降
措施	控制城市人口；绿化城市	编制城市环境规划；合理安排生产布局；合理利用资源；进行区域环境治理，改革生产工艺	建立城市系统与其他系统的联系；调动区域净化能力；合理利用资源	改革工艺设备；发展净化设备；寻找新能源

D 以生态学规律指导经济建设，综合利用资源和能源

以往的工农业生产是单一的过程，既没有考虑与自然界物质循环系统的相互关系、又往往在资源和能源的耗用方面片面强调产品的最优化问题，以致在生产过程中大量有毒的废物排出，严重破坏和污染环境。

解决这个问题较理想的办法就是应用生态系统的物质循环原理，建立闭路循环工艺，实现资源和能源的综合利用，杜绝浪费和无谓的损耗。闭路循环工艺就是把两个以上流程组合成一个闭路体系，使一个过程的废料和副产品成为另一个过程的原料。这种工艺在工业和农业上的具体应用就是生态工艺和生态农场。

（1）生态工艺：要在生产过程中输入的物质和能量获得最大限度的利用，即资源和能源的浪费最少，排出的废物最少。图 2-7 为造纸工业闭路循环工艺流程，即注意整个系统最优化，而不是分系统的最优化，这与传统的生产工艺是根本不同的。

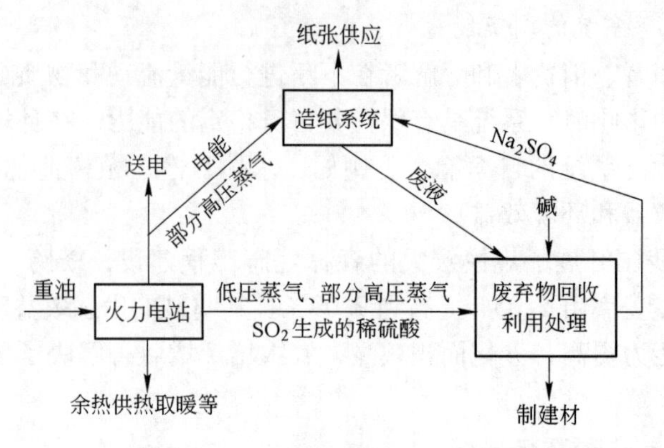

图 2-7　造纸工业闭路循环工艺流程

（2）生态农场：就是因地制宜地应用不同的技术，提高太阳能的转化率、生物能的利用率和废物的再循环率，使农、林、牧、副、渔及加工业、交通运输业、商业等获得全面发展。

图 2-8 是一个典型的生态农场示意图。它使生物能获得充分的利用；肥料等植物营养物可以还田；控制庄稼废物、人畜粪便等对大气和水体的污染，完全实现了能源和资源的综合利用以及物质和能量的闭路循环。

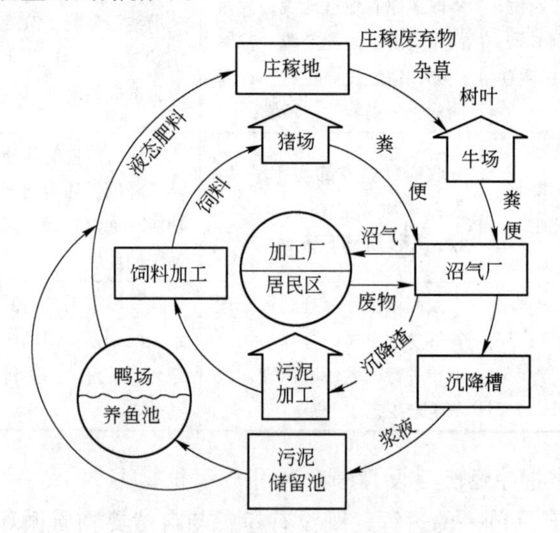

图 2-8　菲律宾玛雅农场的废物循环途径

E　对环境质量进行生物监测和评价

利用生物个体、种群和群落对环境污染或变化所产生的反应阐明污染物在环境中的迁移和转化规律；利用生物对环境中污染物的反应来判断环境污染状况，如利用植物对大气污染、水生生物对水体污染的监测和评价；利用污染物对人体健康和生态系统的影响制定环境标准。

总之，我们应该利用生态学规律，把经济因素与地球物理因素、生态因素和社会因素紧密结合在一起进行考虑，使国家和地区的发展适应环境条件，保护生态平衡，达到经济发展与人类相适应，实现持续发展的战略目标。

3 大气污染及防治

扫一扫，看微课

3.1 大气与生命

3.1.1 大气结构与组成

3.1.1.1 大气结构

地球上生命的存在，特别是人类的存在，是因为地球具备了生命存在的环境，而大气是不可缺少的因素之一。地球表面覆盖着多种气体组成大气，称为大气层。随着地球旋转的大气层称为大气圈。大气圈中空气质量的分布是不均匀的，从总体看，海平面处的空气密度最大，随着高度的增加，空气密度逐渐变小。在 1000～1400km 的高空，气体已非常稀薄。通常把从地球表面到 1000～1400km 的大气层作为大气圈的厚度。

大气在垂直方向上的温度、组成与物理性质也是不均匀的。图 3-1 是大气垂直方向上的分层。

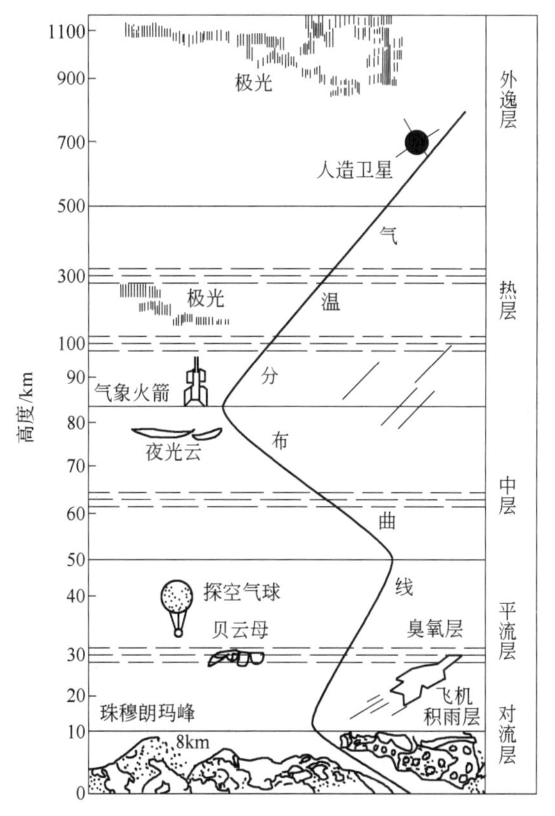

图 3-1 大气层结构示意图

3.1.1.2　大气的组成

大气是由多种成分组成的混合气体，由干洁空气、水汽、悬浮微粒组成。

A　干洁空气

干洁空气即干燥清洁空气，它的主要成分为氮、氧和氩，它们在空气中的总容积约占99.96%。此外，还有少量的其他成分，如二氧化碳、氖、氦、氪、氙、氢、臭氧等。干洁空气的组成，见表3-1。

表3-1　干洁空气的组成

气体类别	含量（体积分数）/%	气体类别	含量（体积分数）/%
氮（N_2）	18.09	氪（Kr）	1.0×10^{-4}
氧（O_2）	20.95	氢（H_2）	0.5×10^{-4}
氩（Ar）	0.93	氙（Xe）	0.08×10^{-4}
二氧化碳（CO_2）	0.03	臭氧（O_3）	0.01×10^{-4}
氖（Ne）	18×10^{-4}	干洁空气	100
氦（He）	5.24×10^{-4}		

B　水汽

水汽主要来自于水体、土壤和植物中水分的蒸发，在大气中的含量比氮、氧等成分含量低得多，它随时间、地域、气象条件的不同变化很大。干旱地区水汽含量可低到0.02%，温湿地带可高达6%。水汽含量对天气变化起着重要的作用，是大气中重要组分之一。

C　悬浮微粒

由于自然因素而生成的颗粒物，如岩石的风化、火山爆发、宇宙落物以及海浪飞逸等；工业烟尘是主要的人为因素。进入大气层中的悬浮微粒，它的含量、种类和化学成分都是变化的。

当大气中某种组分（不包括水分）的含量超过其标准时，或自然界大气中出现本来不存在的物质时，即可判定它们是大气的外来污染物。

3.1.2　大气与生命的关系

人类生活在大气圈中，大气与生命的关系非常密切。一般成年人每天需要呼吸10～12m^3的空气，它相当一天的食物质量的10倍，饮水质量的3倍。一个人可以5周不吃食物，5天不喝水，但断绝空气几分钟也不行。因此，清洁的空气是健康的重要保证。

对于人类来说，空气中的氧在肺细胞中通过细胞壁与血液中的血红蛋白结合，从而由血液输送氧至全身各部位，与身体中营养成分作用而释放出活动必需的能量。若大气中含有比氧更易与血红蛋白结合的物质，当其达到一定浓度时，则可夺取氧的地位而与血红蛋白结合，致使身体由于缺氧而生病、死亡。例如，一氧化碳和氰化物就是如此。

对植物来说，虽然它吸收二氧化碳放出氧气，但它的正常生理反应也是需要氧气的，没有氧气植物也要死亡。

空飞中的氮也是重要的生命元素。氮在空气中的含量虽大，却不能为多数生物直接利用。氮分子必须经过个别微生物吸收，而后才能作为固定的氮进入土壤，在那里被高等植物和最终被动物所吸收利用，形成生命必需的基础物质——蛋白质，如图 3-2 所示。

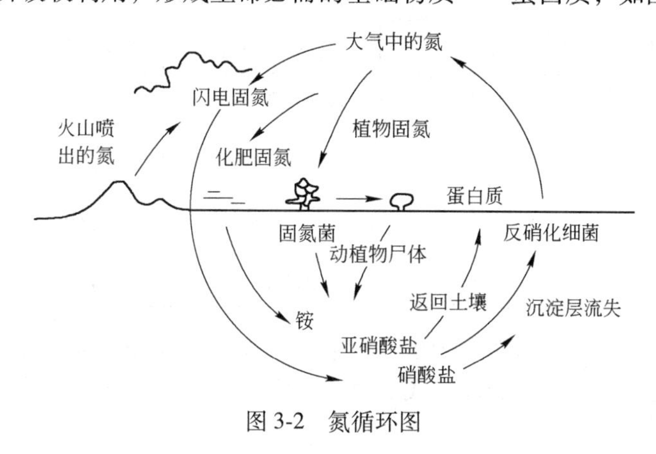

图 3-2　氮循环图

3.2　大气污染物及其危害

按照国际标准化组织（ISO）规定的定义，大气污染通常是指由于人类活动和自然过程引起某种物质进入大气中，呈现出足够的浓度，达到了足够的时间并因此而危害了人体的舒适、健康和福利或危害了环境的现象。从定义可以看出，造成大气污染的原因是人类活动（包括生活活动和生产活动，以生产活动为主）和自然过程；形成大气污染的必要条件是污染物在大气中要有足够的浓度并对人体作用足够的时间。按污染的范围由小至大，大气污染可分为以下四类。

（1）局部地区污染：如某工厂排气造成的直接影响；

（2）区域大气污染：如工矿区或整个城市的污染；

（3）广域大气污染：如酸雨，涉及地域广大；

（4）全球大气污染：如温室效应、臭氧层破坏，涉及整个地球大气层的破坏。

3.2.1　大气污染物的来源和分类

大气污染物种类繁多，主要来源于自然过程和人类活动，见表 3-2。

表 3-2　地球上自然过程及人类活动的排放源与排放量

污染物名称	自然排放		人类活动排放		大气背景浓度
	排放源	排放量/$t\cdot a^{-1}$	排放源	排放量/$t\cdot a^{-1}$	
SO_2	火山活动	未估计	煤和油的燃烧	146×10^6	0.2×10^{-9}
H_2S	火山活动、沼泽中的生物作用	100×10^6	化学过程污水处理	3×10^6	0.2×10^{-9}
CO	森林火灾、海洋、萜烯反应	33×10^6	机动车和其他燃烧过程排气	304×10^6	0.1×10^{-6}
NO-NO_2	土壤中细菌作用	NO：430×10^6 NO_2：658×10^6	燃烧过程	53×10^6	NO：$(0.2\sim4)\times10^{-6}$ NO_2：$(0.5\sim4)\times10^{-6}$

续表 3-2

污染物名称	自然排放		人类活动排放		大气背景浓度
	排放源	排放量/$t \cdot a^{-1}$	排放源	排放量/$t \cdot a^{-1}$	
NH_3	生物腐烂	1160×10^6	废物处理	4×10^6	$(6\sim20)\times10^{-9}$
N_2O	土壤中的生物作用	590×10^6	无	无	0.25×10^{-6}
C_mH_n	生物作用	CH_2：1.6×10^9 萜烯：200×10^6	燃烧和化学过程	88×10^6	CH_4：1.5×10^{-6} 非 $CH_4<1\times10^{-6}$
CO_2	生物腐烂海洋释放	10^{12}	燃烧过程	1.4×10^{19}	320×10^{-9}

由自然过程排放污染物所造成的大气污染多为暂时的和局部的，人类活动排放污染物是造成大气污染的主要根源。因此，我们对大气污染所做的研究，针对的主要是人为造成的大气污染问题。

3.2.1.1　污染源分类

为满足污染调查、环境评价、污染物治理等环境科学研究的需要，对人为污染源进行分类。

A　按污染源存在的形式分类

(1) 固定污染源：位置固定，如加工厂的排烟或排气；

(2) 移动污染源：在移动过程中排放大量废气，如汽车等。

这种分类方法，适用于进行大气质量评价时满足绘制污染源分析图的需要。

B　按污染物排放的方式分类

(1) 高架源：污染物通过高烟囱排放；

(2) 面源：许多低矮烟囱集中起来而构成的一个区域性的污染源；

(3) 线源：移动污染源在一定街道上造成的污染。

这种分类方法，适用于大气扩散计算。

C　按污染物排放的时间分类

(1) 连续源：污染物连续排放，如化工厂排气等；

(2) 间断源：时断时续排放，如取暖锅炉的烟囱；

(3) 瞬时源：短暂时间排放，如某些工厂事故性排放。

这种分类方法，适用于分析污染物排放的时间规律。

D　按污染物产生的类型分类

(1) 工业污染源：包括工业用燃料燃烧排放的污染物、生产过程排放废气、粉尘等；

(2) 农业污染源：农用燃料燃烧的废气、有机氯农药、氮肥分解产生的 NO_x 等；

(3) 生活污染源：民用炉灶、取暖锅炉、垃圾焚烧等放出的废气，具有量大、分布广、排放高度低等特点；

(4) 交通污染源：交通运输工具燃烧燃料排放废气，成分复杂、危害性大。

3.2.1.2　大气污染物来源

造成大气污染物，从产生源来看主要来自以下四个方面。

（1）燃料燃烧。火力发电厂、钢铁厂、炼焦厂等工矿企业和各种工业窑炉、民用炉灶、取暖锅炉等燃料燃烧均向大气排放大量污染物。发达国家能源以石油为主，大气污染物主要是一氧化碳、二氧化硫、氮氧化物和有机化合物。我国能源以煤为主，约占能源消费的75%，主要污染物是二氧化硫和颗粒物。

（2）工业生产过程。化工厂、炼油厂、钢铁厂、焦化厂、水泥厂等各类工业企业，在原料和产品的运输、粉碎以及各种成品生产过程中，都会有大量的污染物排入大气中。这类污染物主要有粉尘、碳氢化合物、含硫化合物、含氮化合物以及卤素化合物等。生产工艺、流程、原材料及操作管理条件和水平的不同，所排放污染物的种类、数量、组成、性质等也有很大的差异，见表3-3。

表3-3　化工主要行业废气来源及其主要污染物

行业	主要来源	废气中主要污染物
氮肥	合成氨、尿素、碳酸氢铵、硝酸铵、硝酸	NO_x、尿素粉尘，CO、Ar、NH_3、SO_2、CH_4
磷肥	磷矿石加工、普通过磷酸钙、钙镁磷肥，重过磷酸钙、磷酸铵类氮磷复合肥、磷酸、硫酸	氟化物、粉尘、SO_2、酸雾、NH_3
无机盐	铬盐、二硫化碳、钡盐、过氧化氢、黄磷	SO_2、P_2O_5、Cl_2、HCl、H_2S、CO、CS_2、As、F、S、氯化铬酰、重芳烃
氯碱	烧碱、氯气、氯产品	Cl_2、HCl、氯乙烯、汞、乙炔
有机原料及合成材料	烯类、苯类、含氧化合物、含氮化合物、卤化物、含硫化合物、芳香烃衍生物、合成树脂	SO_2、Cl_2、HCl、H_2S、NH_3、NO_2、CO、有机气体、烟尘、烃类化合物
农药	有机磷类、氨基甲酸酯类、菊酯类、有机氯类等	HCl、Cl_2、氯乙烷、氯甲烷、有机气体、H_2S、光气、硫醇、三甲醇、二硫酯、氨、硫代磷酸酯农药
染料	染料中间体、原染料、商品染料	H_2S、SO_2、NO_4、Cl_2、HCl、有机气体、苯、苯类、醇类、醛类、烷烃、硫酸雾、SO_3
涂料	涂料：树脂漆、油漆；无机颜料：钛白粉、立德粉、铬黄、氧化锌、氧化铁、红丹、黄丹、金属粉、华蓝	芳烃
炼焦	炼焦、煤气净化及化学产品加工	CO、SO_2、NO_x、H_2S、芳烃、尘、苯并［a］芘、CO

（3）农业生产过程。农药和化肥的使用可以对大气产生污染，如DDT施用后能在水面漂浮，并与水分子一起蒸发而进入大气；氮肥在施用后，可直接从土壤表面挥发成气体进入大气；以有机氮肥或无机氮进入土壤内的氮肥，在土壤微生物作用下转化为氮氧化物进入大气，从而增加了大气中氮氧化物的含量。

（4）交通运输过程。各种机动车辆、飞机、轮船等均排放有害废物到大气中，交通运输产生的污染物主要有碳氢化合物、一氧化碳、氮氧化物、含铅污染物等。这些污染物在阳光照射下，有的可经光化学反应，生成光化学烟雾，形成了二次污染物，对人类的危害更大。

3.2.1.3　大气污染物分类

按照污染物存在的形态，大气污染物可分为颗粒污染物与气态污染物。

依照与污染源的关系，可将其分为一次污染物和二次污染物。从污染源直接排出的原始物质，进入大气后其性质没有发生变化，称为一次污染物；若一次污染物与大气中原有成分，或几种一次污染物之间，发生了一系列的化学变化或光化学反应，形成了与原污染物性质不同的新污染物，称为二次污染物。

A 颗粒污染物

进入大气的固体粒子和液体粒子均属于颗粒污染物，有以下四种类型。

（1）尘粒：粒径大于75μm的颗粒物，粒径较大，易于沉降。

（2）粉尘：粒径大于10μm而小于75μm，依靠重力作用能在较短时间内沉降到地面的，称为降尘。粒径小于10μm不易沉降，能长期在大气中漂浮的，称为飘尘。粉尘一般是在固体物料的输送、粉碎、分级、研磨、装卸等机械过程或由于岩石、土壤风化等自然过程而产生的颗粒物。

（3）烟尘：粒径均小于1μm。在燃料燃烧、高温熔融和化学反应等过程中所形成的颗粒物，漂浮于大气中的称为烟尘。它既包括因升华、燃烧、氧化等过程形成的烟气，也包括燃料不完全燃烧所造成的黑烟以及由于蒸气凝结所形成的烟雾。

（4）雾尘：小液体粒子悬浮于大气中的悬浮体的总称。一般是由于蒸汽的凝结、液体的喷雾、雾化以及化学反应过程所形成的，如水雾、酸雾、碱雾、油雾等，粒子粒径小于100μm。

B 气态污染物

气态污染物种类极多，能够检出的有上百种，对我国大气环境产生危害的主要污染物有以下五种。

（1）含硫化合物：主要是指SO_2、SO_3和H_2S等，以SO_2的数量最多，危害也最大；

（2）含氮化合物：最主要的是NO、NO_2、NH_3等；

（3）碳氧化合物：CO、CO_2是主要污染大气的碳氧化合物；

（4）碳氢化合物：主要是指有机废气，有机废气中的许多组分构成了对大气的污染，如醇、酮、酯、胺等；

（5）卤素化合物：主要是指含氯化合物及含氟化合物，如HCl、HF、SiF_4等，见表3-4。

表3-4 气体状态大气污染物的种类

污染物	一次污染物	二次污染物	污染物	一次污染物	二次污染物
含硫化合物	SO_2、H_2S	SO_3、H_2SO_4、MSO_4	碳氢化合物	C_mM_n	醛、酮、过氧乙酰基硝酸酯
碳氧化合物	CO、CO_2	无			
含氮化合物	NO、NH_3	NO_2、HNO_3、MNO_3、O_3	卤素化合物	HF、HCl	无

C 二次污染物

最受人们普遍重视的二次污染物是光化学烟雾。

（1）伦敦型烟雾：大气中未燃烧的煤尘、SO_2，与空气中的水蒸气混合并发生化学反应所形成的烟雾，也称为硫酸烟雾。

（2）洛杉矶型烟雾：汽车、工厂等排入大气中的氮氧化物或碳氢化合物，经光化学作用形成的烟雾，也称为光化学烟雾。

（3）工业型光化学烟雾：如在我国兰州西固地区，氮肥厂排放的NO_x，炼油厂排放的碳氢化合物，经光化学作用所形成的光化学烟雾。

3.2.2 大气的主要污染物及其危害

大气中的污染物对环境和人体都会产生很大的影响，同时对全球环境也带来影响。如温室效应、酸雨、臭氧层破坏等，对全球的气候、生态、农业、森林等产生一系列影响。

图 3-3 为大气污染对人体及环境的影响途径。大气污染物可以通过降水、降尘等方式对水体、土壤和农作物产生影响，并通过呼吸、皮肤接触、食物、饮用水等进入人体，引起对人体健康和生态环境造成直接的近期或远期的危害。

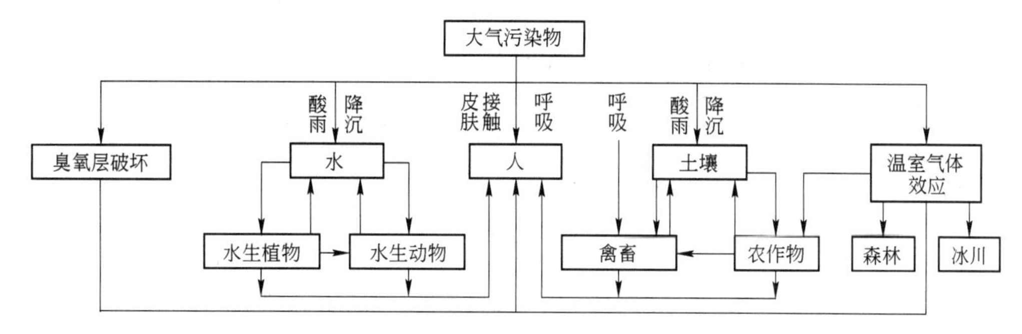

图 3-3 大气污染对人体及环境影响的途径

由于“污染（pullution）”这个词具有“毁坏”的含义，世界卫生组织（WHO）把大气中那些含量和存在时间达到一定程度，以致对人体、动植物和物品危害达到可测程度的物质，称为大气污染物。因此，当前最普遍被列入空气质量标准的污染物，除颗粒物外，主要有碳氧化物、硫氧化物、氮氧化物、碳氢化合物、臭氧等。表 3-5 为大气污染物的浓度限值。

表 3-5 大气适用于城市地区污染物的浓度限值（GB 3095—1996）

污染物名称	取值时间	浓度限值			浓度单位
		一级标准	二级标准	三级标准	
二氧化硫	年平均	0.02	0.06	0.10	mg/m³（标准状态）
	日平均	0.05	0.15	0.25	
	1h 平均	0.15	0.50	0.70	
总悬浮颗粒物	年平均	0.08	0.20	0.30	
	日平均	0.12	0.30	0.50	
可吸入颗粒物	年平均	0.04	0.10	0.15	
	日平均	0.05	0.15	0.25	
氮氧化合物	年平均	0.05	0.05	0.10	
	日平均	0.10	0.10	0.15	
	1h 平均	0.15	0.15	0.30	
二氧化氮	年平均	0.04	0.04	0.08	
	日平均	0.08	0.08	0.12	
	1h 平均	0.12	0.12	0.24	
一氧化碳	日平均	4.00	4.00	6.00	
	1h 平均	10.00	10.00	20.00	
臭氧	1h 平均	0.12	0.16	0.20	

续表 3-5

污染物名称	取值时间	浓度限值			浓度单位
		一级标准	二级标准	三级标准	
铅	季平均	1.50			$\mu g/m^3$（标准状态）
	年平均	1.00			
苯并［a］芘	日平均	0.01			
氟化物（F）	日平均	7①			
	1h 平均	20①			
	月平均	1.8②		3.0③	$\mu g/(dm^2 \cdot d)$
	植物生长季平均	1.2②		2.0③	

注：①适用于牧业区；
②适用于以牧业为主的半农半牧业区、蚕桑区；
③适用于农业和林业区。

3.2.2.1　碳氧化合物

碳与氧反应而产生碳的氧化物，如一氧化碳和二氧化碳。

$$2C + O_2 = 2CO$$
$$2CO + O_2 = 2CO_2$$
$$C + CO_2 = 2CO$$

A　一氧化碳

一氧化碳也是城市大气中数量最多的污染物，碳氢化合物燃烧不完全是 CO 的主要来源，如汽车排放尾气。其主要危害是能参与光化学烟雾的形成，以及造成全球的环境问题。

一氧化碳中毒是含碳物质燃烧不完全时的产物，经呼吸道吸入引起中毒。中毒机理是一氧化碳与血红蛋白的亲和力比氧与血红蛋白的亲和力高 200~300 倍，所以一氧化碳极易与血红蛋白结合，形成碳氧血红蛋白，使血红蛋白丧失携氧的能力和作用，造成组织窒息。空气中混有多量的一氧化碳（大于 $30mg/m^3$），即可引起中毒。对全身的组织细胞均有毒性作用，尤其对大脑皮质的影响最为严重。

一氧化碳（即煤气）中毒（carbon monoxide poisoning）大多由于煤炉没有烟囱或烟囱闭塞不通，或因大风吹进烟囱，使煤气逆流入室，或因居室无通气设备所致。冶炼车间通风不好，发动机废气和火药爆炸都含有大量一氧化碳。工业上炼钢、炼铁、炼焦等都要接触一氧化碳。

B　二氧化碳

二氧化碳是含碳物质完全燃烧的产物，也是动物呼吸排出的废气。它本身无毒，对人体无害，但其含量大于 8%时会令人窒息。近年来研究发现，现代大气中 CO_2 的浓度不断上升引起地球气候变化，这个问题称为“温室效应”。所以联合国环境决策署决议将 CO_2 列为危害全球的 6 种化学品之一，越来越受到环境科学的关注。

目前对 CO 的局部排放源的控制措施主要集中在汽车方面，如使用排气的催化反应器，加入过量空气使 CO 氧化成 CO_2。

3.2.2.2 硫的氧化物

矿物燃料燃烧、冶金、化工等都会产生 SO_2 或 SO_3。

$$S + O_2 = SO_2$$

$$2SO_2 + O_2 = 2SO_3$$

$$SO_2 \xrightarrow{\text{催化或光化氧化}} SO_3 \xrightarrow{H_2O} H_2SO_4 \xrightarrow{H_2O} (H_2SO_4)_m(H_2O)_n$$

据最新统计结果，目前世界人为排放硫的氧化物已达到 1.50 亿吨。而由煤和石油燃烧产生 SO_2 占总排放量的 88%。值得指出的是，如燃煤电厂、冶金厂等排放硫烟气是以大气量、低浓度（含 SO_2 0.1%~0.8%）的形式排放，回收净化相当困难，已成为环境化学工程中一个具有战略意义的课题。尤其像我国以煤为主要能源的发展中国家，既要以煤作能源，又要花费大量费用来除去煤中高含量的硫，从而处于进退两难之中。

SO_2 具有强烈的刺激性气味，它能刺激眼睛，损伤呼吸器官，引起呼吸道疾病。特别是 SO_2 与大气中的尘粒、水分形成气溶胶颗粒时，这三者的协同作用对人的危害更大，这种污染称为伦敦型烟雾或硫酸烟雾。其过程由 SO_2 氧化成 SO_3 是关键的一步，在大气中可能由光化学氧化、液相氧化、多相催化氧化这三个途径来实现。许多污染事件表明，SO_2 与其他物质结合会产生更大的影响。比如 1952 年 12 月的 5 天期间，伦敦上空烟尘和 SO_2 浓度很高，地面上完全处于无风状态，雾很大，从工厂和家庭排出的烟尘在空中积蓄久久不能散开，导致死亡 3500~4000 人，超过正常死亡状况。尸体解剖表明，呼吸道受到刺激，SO_2 是造成死亡率过高的祸首。

另外，SO_2 在大气中含量过高是形成酸雨污染的重要因素。如我国华中地区是全国酸雨污染最重的区域，北方的京、津、青岛等地频频出现酸性降水，见表 3-6。1982 年 12 月初美国洛杉矶经受了两天的酸雾污染，地面形成高浓度酸雾颗粒，pH 值为 1.7，导致能见度低，呼吸受到强烈刺激。

表 3-6 我国部分城市降水的 pH 值

城市	pH 值	城市	pH 值	城市	pH 值
贵阳	4.07	杭州	4.72	北京	5.96
重庆	4.14	宜宾	4.87	天津	5.96
长沙	4.30	石家庄	5.36	济南	6.10
南京	4.59	武汉	5.47		

3.2.2.3 氮氧化合物

在大气中含量多、危害大的氮氧化物（NO_x）只有一氧化氮（NO）和二氧化氮（NO_2）。人为排放主要来源于矿物燃料的燃烧过程（包括汽车及一切内燃机排放）、生产硝酸工厂排放的尾气。氮氧化物浓度高的气体呈棕黄色，从工厂烟囱排出来的氮氧化物气体称为“黄龙”。

3.2.2.4 碳氢化合物

碳氢化合物的人为排放源有汽油燃烧（38.5%）、焚烧（28.3%）、溶剂蒸发

(11.3%)、石油蒸发和运输损耗(8.8%)、提炼废物(7.1%)。美国排放碳氢化合物占总产量的比例高达34%，其中半数以上来自交通运输。汽车排放的碳氢化合物主要是两类：(1)烃类，如甲烷、乙烯、乙炔、丙烯、丁烷等；(2)酸类，如甲醛、乙醛、丙醛、丙烯醛和苯甲醛等。此外，还有少量芳烃和微量多环芳烃致癌物。

一般碳氢化合物对人的毒性不大，主要是酸类物质具有刺激性。对大气的最大影响是碳氢化合物在空气中反应形成危害较大的二次污染物，如光化学烟雾。

碳氢化合物从大气中去除的途径主要有土壤微生物活动，植被的化学反应，对流层和平流层化学反应，以及向颗粒物转化等。

3.2.2.5 粒状污染物

悬浮在大气中的微粒统称为悬浮颗粒物，简称颗粒物，这种微粒可以是固体也可以是液体。因其对生物的呼吸、环境的清洁、空气的能见度以及气候因素等造成不良影响，所以是大气中危害最明显的一类污染物。

粒状污染物的危害简单归纳为：遮挡阳光，使气温降低，或形成冷凝核心，使云雾和雨水增多，以致影响气候；使可见度降低，交通不便，航空与汽车事故增加；可见度差导致照明耗电增加，燃料消耗随之增多，空气污染也更严重，形成恶性循环。

3.3 气态污染物的治理

3.3.1 常用的气态污染物的治理方法

工农业生产、交通运输和人类生活活动中所排放的有害气态物质种类繁多，根据这些物质不同的化学性质和物理性质，采用不同的技术方法进行治理。

3.3.1.1 吸收法

吸收法是采用适当的液体作为吸收剂，使含有有害物质的废气与吸收剂接触，废气中的有害物质被吸收于吸收剂中，使气体得到净化的方法。在吸收过程中，用来吸收气体中有害物质的液体称为吸收剂，被吸收的组分称为吸收质。吸收了吸收质后的液体称为吸收液。吸收操作可分为物理吸收和化学吸收。在处理以气量大、有害组分浓度低为特点的各种废气时，化学吸收的效果要比单纯的物理吸收好得多，因此在用吸收法治理气体污染物时，多采用化学吸收法进行。例如：若去除氯化氢、氨、二氧化硫、氟化氢等可选用水作吸收剂；若去除二氧化硫、氮氧化物、硫化氢等酸性气体可选用碱液(如烧碱溶液、石灰乳、氨水等)作吸收剂；若去除氨等碱性气体可选用酸液(如硫酸溶液)作吸收剂。

3.3.1.2 吸附法

吸附法就是使废气与大表面多孔性固体物质相接触，让废气中的有害组分吸附在固体表面上，使其与气体混合物分离，从而达到净化的目的。具有吸附作用的固体物质称为吸附剂，被吸附的气体组分称为吸附质。

吸附过程是可逆的过程，在吸附质被吸附的同时，部分已被吸附的吸附质分子还可因分子的热运动而脱离固体表面回到气相中去，这种现象称为脱附。当吸附与脱附速度相等时，就达到了吸附平衡，吸附的表观过程停止，吸附剂就丧失了吸附能力，此时应当对吸附剂进行再生，即采用一定的方法使吸附质从吸附剂上解脱下来。吸附法治理气态污染物，包括吸附及吸附剂再生的全部过程。

3.3.1.3 催化法

催化法净化气态污染物是利用催化剂的催化作用，将废气中的有害物质转化为无害物质或易于去除的物质的一种废气治理技术。

催化法与吸收法、吸附法不同，在治理污染过程中，无需将污染物与主气流分离，可直接将有害物质转变为无害物质，这不仅可避免产生二次污染，而且可简化操作过程。此外，所处理的气体污染物的初始浓度都很低，反应的热效应不大。由于上述优点，可使用催化法使废气中的碳氢化合物转化为二氧化碳和水，氮氧化物转化为氮，二氧化硫转化为三氧化硫后加以回收利用，有机废气和臭气催化燃烧，以及气体尾气的催化净化等。该法的缺点是催化剂价格较高、废气预热需要一定的能量，即需添加附加的燃料使得废气催化燃烧。

3.3.1.4 燃烧法

燃烧法是对含有可燃有害组分的混合气体加热到一定温度后，组分进行燃烧，或在高温下氧化分解，从而使这些有害组分转化为无害物质。该方法主要应用于碳氢化合物、一氧化碳、沥青烟、黑烟等有害物质的净化治理。燃烧法工艺简单，操作方便，净化程度高，并可回收热能，但不能回收有害气体，有时会造成二次污染。燃烧法分类及比较，见表3-7。

表 3-7 燃烧法分类及比较

方法	使用方法	燃烧温度/℃	气体	设备	特点
直接燃烧法	含可燃烧组分浓度高或热值高的废气	>1100	CO_2、H_2O	一般窑炉或火炬管	有火焰燃烧，燃烧温度高，可燃烧掉废气中的碳粒
热力燃烧	含可燃烧组分浓度低或热值低的废气	720~820	CO_2、H_2O	热力燃烧炉	有火焰燃烧，需加辅助燃料，火焰为辅助燃料的火焰，可烧掉废气中的碳粒
催化燃烧	基本上不受可燃组分的浓度与热值限制，但废气中不许有尘粒、雾滴及催化剂毒物	300~450	CO_2、H_2O	催化燃烧炉	无火焰燃烧，燃烧温度最低，有时需电加热点火或维持反应温度

3.3.1.5 冷凝法

冷凝法是利用物质在不同温度下具有不同饱和蒸气压这一性质，采用降低废气温度或提高废气压力的方法，使处于蒸气状态的污染物冷凝并从废气中分离出来的过程。该法特别适用于处理污染物浓度在10000cm^3/m^3以上的高浓度有机废气。冷凝法不宜处理低浓度的废气，常作为吸附、燃烧等净化高浓度废气的前处理，以便减轻这些方法的负荷。如炼油厂、油毡厂的氧化沥青生产中的尾气，先用冷凝法回收，然后送去燃烧净化；氯碱及炼金厂中，常用冷凝法使汞蒸气成为液体而加以回收；此外，高湿度废气也用冷凝法使水蒸气冷凝下来，大大减少气体量，便于下步操作。

3.3.2 钢铁冶炼过程中的废气来源、特点

钢铁工业废气主要来源于：(1) 原料、燃料的运输、装卸及加工等过程产生大量的含尘废气；(2) 钢铁厂的各种窑炉在生产过程中能产生大量的含尘及有害气体的废气；(3) 生产工艺过程化学反应排放的废气，如冶炼、烧焦、化工产品和钢材酸洗过程中产生的废气。

钢铁企业废气的排放量非常大，污染面广；年产100万吨钢的钢厂，每小时要净化的烟气量（标米）为$14.3\times10^6m^3$。烟气中的主要污染物是烟尘和SO_2，2002年我国吨钢SO_2排放量是3.34kg，厂区降尘量是35.07t/(月·km^2)。冶金窑炉排放的废气温度高，一般为400~1000℃，转炉烟气高达1400~1600℃，对设备有特殊要求，冷却很重要。钢铁冶炼过程中排放的多为氧化铁烟尘，其粒度小（多小于1μm）、吸附力强，加大了废气的治理难度；在高炉出铁、出渣等以及炼钢过程中的一些工序，其产生的烟气具有挥发性，且又以无组织排放多，烟气波动量大。含有CO的烟气有毒，易燃，电炉烟气中含有ZnO等重金属粉尘，增加了处理难度。钢铁工业生产废气具有回收的价值，如温度高的废气余热回收，炼焦及炼铁、炼钢过程中产生的煤气的利用，以及含氧化铁粉尘的回收利用。

3.3.2.1 焦化厂废气的来源及特点

2004年2月，我国共有700家焦化厂，2003年我国共生产焦炭1.77亿吨，出口1472万吨，占世界焦炭贸易量的65.44%。自1993年以来，我国已经成为世界最大的焦炭生产和出口地。在炼焦过程中，煤中有30%~35%的硫转化成H_2S等硫化物，与NH_3和HCN等一起形成煤气中的杂质，焦炉煤气中H_2S的含量一般为$5\sim88g/m^3$，HCN的含量为$1\sim2.5g/m^3$。空气中有0.1%的H_2S就能使人致死，所以焦化煤气的泄漏对环境危害极大，一些技术和管理达不到环保要求的小型焦化厂已经对环境造成了恶劣影响。

3.3.2.2 烧结厂废气的来源及特点

烧结厂的生产工艺中，在如下的生产环节产生废气。

(1) 烧结原料在装卸、破碎、筛分和储运的过程中产生含尘废气。

(2) 在混合料系统中产生水汽-粉尘的共生废气。

(3) 混合料在烧结时，产生含有粉尘、烟气、SO_2和NO_x，的高温废气。

(4) 烧结矿在破碎、筛分、冷却、储存和转运的过程中也将产生含尘废气。烧结厂产生废气的气量很大，含尘和含SO_2的浓度较高，所以对大气的污染较严重。

3.3.2.3 炼铁厂废气的来源及特点

炼铁厂的废气主要来源于以下的工艺环节：

(1) 高炉原料、燃料及辅助原料的运输、筛分、转运过程中产生粉尘；

(2) 在高炉出铁时产生一些有害废气，该废气主要包括粉尘、一氧化碳、二氧化硫和硫化氢等污染物；

（3）高炉煤气的放散以及铸铁机铁水浇注时产生含尘和石墨炭的废气。

3.3.2.4 炼钢厂废气的来源及特点

炼钢厂废气主要来源于冶炼过程，特别是在吹氧冶炼期产生大量的废气。该废气中含尘浓度高，含 CO 等有毒气态物的浓度也很高。

3.4 颗粒污染物的净化方法

随着工业的不断发展，人为排放的气溶胶粒子所占的比例逐渐增加。据估计，2000 年人为活动所造成的气溶胶粒子的排放量是 1968 年的两倍，城市大气首要污染物主要是悬浮颗粒物。在化学工业排放的废气中，粉尘物质主要含有硅、铁、镍、钒、钙等氧化物及粒度在 10^3μm 以下的浮游物质。抑制这些粉尘污染物的排放数量，是大气保护的重要内容。

3.4.1 粉尘的控制与防治

从不同的角度进行粉尘的控制与防治工作，主要有以下四个工程技术领域。

（1）防尘规划与管理：主要内容包括园林绿化的规划管理、对有粉状物料加工过程和生产中产生粉尘的过程实现密封化和自动化。园林绿化带具有阻滞粉尘和收集粉尘的作用，尽量将生产粉尘的单位尽量用园林绿化带保护起来或隔开，可使粉尘向外扩散减少到最低限度；而在生产过程中需要对物料进行破碎、研磨等工序时，要使生产过程在采用密闭技术的自动化技术装置中进行。

（2）通风技术：对工作场所引进清洁空气，以替换浓度较高的污染空气。通风技术分为自然通风和人工通风两大类。人工通风又包括单纯换气技术及带有气体净化措施的换气技术。

（3）除尘技术：包括对悬浮在气体中的粉尘进行捕集分离，以及对已落到地面或物体表面上的粉尘进行清除。前者可采用干式除尘和湿式除尘等不同方法；后者采用各种除（吸）尘设备进行处理。

（4）防护技术：包括个人使用的防尘面罩及整个车间的防护措施。

3.4.2 除尘装置

3.4.2.1 分类

根据各种除尘装置作用原理的不同，可以分为机械除尘器、湿式除尘器、电除尘器和过滤除尘器等四大类。另外，声波除尘器除依靠机械原理除尘外，还利用了声波的作用使粉尘凝集，故有时将声波除尘器分为另一类。机械除尘器还可分为重力除尘器、惯性力除尘器和离心除尘器。

近年来，为提高对微粒的捕集效率，还出现了综合几种除尘机制的新型除尘器，如声凝聚器、热凝聚器、高梯度磁分离器等。但目前大多仍处于试验研究阶段，还有些新型除尘器由于性能、经济效果等原因不能推广应用。

3.4.2.2　除尘器的防尘机理及使用范围

常用除尘器的除尘机理及适用范围，见表 3-8。

表 3-8　常用除尘器的除尘机理及适用范围

除尘装置	除尘机理								适用范围
	沉降作用	离心作用	静电作用	过滤	碰撞	声波吸引	折流	凝集	
沉降室	○								烟气除剂、磷酸盐、石膏、氧化铝、石油精制催化剂回收
挡板式除尘器					○		△	△	
旋风式除尘器		○			△			△	
湿式除尘器		△			○		△	△	硫铁矿焙烧、硫酸、磷酸、硝酸生产等
电除尘器			○						除酸雾、石油裂化催化剂回收、氧化铝加工等
过滤式除尘器				○	△		△	△	喷雾干燥、炭黑生产、二氧化钛加工等
声波式除尘器					△	○	△	△	尚未普及应用

注：○指主要机理；△指次要机理。

表 3-9 列出了各种主要除尘设备的优缺点和性能，便于比较和选择。

表 3-9　各种主要除尘设备优缺点比较

除尘器	原理	适用粒径/μm	除尘效率 η/%	优点	缺点
沉降式	重力	100~50	40~60	造价低；结构简单；压力损失小；磨损小；维修容易；节省运转费用	不能除小颗粒粉尘；效率较低
挡板式	惯性力	100~10	50~70	造价低；结构简单；处理高温气体；几乎不用运转费用	不能除小颗粒粉尘；效率较低
旋风式分离器	离心式	>5	50~80	设备较便宜；占地小；处理高温气体；效率较高；适用于高浓度烟气	压力损失大；不利于湿、黏性气体；不适于腐蚀性气体
		>3	10~40		
湿式除尘器	湿式	约为 1	80~99	除尘效率高；设备便宜；不受温度湿度影响	压力损失大，费用较高；用水量大，有污水需要处理；容易堵塞
过滤除尘器（袋式除尘器）	过滤	20~1	90~99	效率高；使用方便；适用于低浓度气体	容易堵塞，滤布需要替换；操作费用高
电除尘器	静电	20~0.05	80~99	效率低，适用于处理高温、低浓度气体；压力损失小	设备费用高；粉尘黏附在电极上时，对除尘有影响，效率降低；需要维修费用

3.5 大气污染的综合防治

在20世纪70年代中期以前，对大气污染的治理主要采用尾气的治理方法。随着人口的增加、生产的发展以及多种类型污染源的出现，大气中污染物总量不仅没有减少，反而不断增加，空气质量仍在不断恶化。特别是在20世纪80年代以后，大面积生态破坏、酸雨区的扩大、城市空气质量继续恶化及全球性污染的出现，使大气污染呈现了范围大、危害严重、持续恶化等特点。因此，只依靠单项治理或末端治理解决不了大气污染问题，必须从城市和区域的整体出发，统一规划并综合运用各种手段及措施，才可能有效地控制大气污染。

大气污染综合防治应坚持以下原则：

（1）以源头控制为主，实施全过程控制的原则；

（2）合理利用大气自净能力与人为措施相结合的原则；

（3）分散治理与综合防治相结合的原则；

（4）按功能区实行总量控制与浓度控制相结合的原则；

（5）技术措施与管理措施相结合的原则。

3.5.1 控制大气污染源

3.5.1.1 改革能源结构

目前全国的能源主要以煤为主，能耗大，浪费严重，而汽车尾气的污染又日益突出，要有效地解决城市大气污染问题，必须改善能源结构并大力节能，可采取如下措施。

（1）集中供热。城市集中供热可分为热电厂供热系统和锅炉房集中供热系统两种。集中供热可节约30%~35%的燃煤，且便于提高除尘效率和采取脱硫措施，减少粉尘和SO_2的排放。

（2）城市煤气化。气态燃料是清洁燃料，燃烧完全，使用方便，是节约能源和减轻大气污染的较好燃料型天然燃气（如天然气、煤制气等），均可作为城市燃气的气源。大力发展和普及城市煤气是当前和今后解决煤烟型大气污染的有效措施。

（3）普及民用型煤。烧型煤比烧散煤可节煤20%，减少烟尘排放量50%~60%。如在煤中加入固硫剂还可减少SO_2排放量30%~50%，因此普及民用型煤是解决分散的生活污染以及小城镇煤烟型大气污染的可行的有效措施。

（4）积极开发清洁能源。除了大力普及和推广城市煤气外，应因地制宜地开发水电、地热、风能、海洋能、核能以及利用太阳能等。如《环境导报》1999年第6期报道，在澳大利亚新威尔士州附近海域已建成了海浪发电技术试验场，其发电成本比风力、太阳能发电更具竞争力，几十厘米高的海浪就足供上千万人的生活用电。

3.5.1.2 实行全过程控制

在经济目标一定的前提下，加快改变技术设备落后、产业结构及管理不完善的局面，实行全过程控制，以提高资源利用率和减少污染物的产生量与排放量。《国家环境保护

"九五"计划和2010年远景目标》规定，城市环境保护应实现"一控""双达标"，"一控"就是实施污染物排放总量控制；"双达标"是指所有工业污染源都达标排放；城市环境空气和地面水环境质量按功能分区分别达到国家标准。实行清洁生产（即源削减法）可体现两个全过程控制：一个是从原料到成品的全过程，即"清洁的原料、清洁的生产过程、清洁的产品"；另一个是从产品进入市场、到使用价值丧失这个全过程控制。通过清洁生产，不但可以提高原料、能源利用率，还可通过原料控制、综合利用、净化处理等手段，将污染消灭在生产过程中，有效地减少污染排放量。

3.5.2 提高大气自净能力

3.5.2.1 完善城市绿化系统

完善的城市绿化系统不仅可以美化环境，而且对改善城市大气质量有着不可低估的作用。绿化可以调节水循环和"碳—氧"循环，调节城市小气候；可以防风沙、滞尘，降低地面扬尘；可以增大大气环境容量，且可吸收有害气体，具有净化作用。

在城市绿化系统的完善配置上，应注意以下三个方面的改善。

（1）应使各类绿地保持合理比例。城市中的公共绿地、防护绿地、专用绿地、街道绿地、风景游览、自然保护绿地以及生产绿地等，功能不同，应具有合理的面积比例。

（2）应改变城市植物群落的结构和组成。不同城市的地理位置，气候条件不同，生物群落构成的特点也不同。如果生物群落结构单一，存在明显缺陷，抗干扰和冲击的能力差，则绿化系统就难以在生态系统中发挥应有的作用。改善生物群落的结构和组成，主要是确定骨干树种，优化乔、灌、草的组合，因地制宜地选择抗污树种。

（3）应制定并实施改善绿化系统的规划。改善城市绿化系统，要确保切实可行的、可操作的绿化规划的实施。

3.5.2.2 合理利用大气自净能力、废气高空排放技术和净化装置

对于那些难以除去的有毒物质，要降到很低的浓度（如每升小于几毫克），其净化费用可能是相当高的，而以净化脱除为主，辅之以烟囱排放稀释，在经济上是合理的。烟囱越高烟气上升力越强；高空风速大，有利于污染物的扩散稀释，减少地面污染，同时可改善燃料燃烧状态。

3.5.3 加强大气环境质量管理

3.5.3.1 搞好城镇规划和环境功能分区

在城乡规划及企业布局时，应充分分析、研究地形及气象条件对大气污染物扩散能力的影响，考虑生产规模和性质、回收利用技术及净化处理效率等因素，做出合理规划布局和调整，进行合理功能分区。对不同的功能区要有各自明确的环境目标，强化大气环境质量管理，提高环境效益。

（1）大气环境质量管理首先要强化对大气污染源的监控，对污染源管理的目标分三个层次：

1）控制污染源，污染物的排放必须达到国家或地方规定的浓度标准；

2）在污染物排放浓度达标基础上的污染物排放总量控制；

3）环境容量所允许的污染物排放总量控制。

（2）对城市空气质量现状进行报告，1998 年 6 月我国已有 46 个城市开展了这项工作。

（3）对可能出现的大气污染状况进行预报，这是为了更好地反映环境污染变化的态势。针对可能出现的空气污染情况采取必要的应对措施，同时还可为环境管理决策提供及时、准确、全面的环境质量信息。

3.5.3.2 加强污染源治理

实践证明，即使采取了污染源削减及综合利用措施，也无法避免废气的排放。通过末端治理使污染源排放达到规定的排放标准，对防治大气污染仍是一个积极而有效的措施。尤其是化工生产所排废气，更应坚持“增产节约、化害为利、变废为宝、消除污染”的原则，加强治理的力度。

4 水污染及防治

扫一扫，看微课

4.1 概 述

水污染是指水资源在使用过程中由于丧失了使用价值而被废弃排放，并以各种形式使受纳水体受到影响的现象。水体的概念包括两方面的含义，一方面是指海洋、湖泊、河流、沼泽、水库、地下水的总称；另一方面在环境领域中，则把水体中的悬浮物、溶解性物质、水生生物和底泥等作为一个完整的生态系统或完整的自然综合体来看。

4.1.1 水体污染物的来源

水体污染源于人类的生产和生活活动，我们把向水体排放或释放污染物的来源和场所称为水体的污染源。根据来源不同分类，可分为工业污染源、生活污染源、农业污染源三大类。

4.1.1.1 工业污染源

各种工业生产中所产生的废水排入水体就成了工业污染源，不同工业所产生的工业废水中所含污染物的成分有很大差异。

(1) 冶金工业（包括黑色冶金工业、有色冶金工业）所产生的废水主要有冷却水、洗涤水和冲洗水等。冷却水（分直接冷却水和循环冷却水）中的直接冷却水由于与产品接触，其中含有油和铁的氧化物、悬浮物等；洗涤水为除尘和净化煤气、烟气用水，其中含有酚、氰、硫化氰酸盐、硫化物、钾盐、焦油悬浮物、氧化铁、石灰、氟化物、硫酸等；冲洗水中含有酸、碱、油脂、悬浮物和锌、锡、铬等。在上述废水中，含氰、酚的废水危害最大。

(2) 化学工业废水的成分很复杂，常含有多种有害、有毒，甚至剧毒物质，如氰、酚、砷、汞等。虽然有的物质可以降解，但通过食物链在生物体内富集，仍可造成危害，如 DDT、多氯联苯等。此外，化工废水中有的具有较强的硬度，有的则显较强的碱性，pH 值不稳定，对水体的生态环境、建筑设施和农作物都有危害。一些废水中含氯、磷均很高，易造成水体富营养化。

(3) 电力工业中，电厂的冷却水则是热污染源。

(4) 炼油工业中大量含油废水排出，由于排放量大，超出水体的自净能力，形成油污染。

由此可见，工业污染源向水体排放的废水具有量大、面广、成分复杂、毒性大、不易净化、处理难的特点，是需要重点解决的污染源。

4.1.1.2 生活污染源

生活污染源主要是指城市居民聚集地区所产生的生活污水。这种污染源排放的多为洗涤水、冲刷物所产生的污水。因此，主要由一些无毒有机物如糖类、淀粉、纤维素、油脂、蛋白质、尿素等组成，其中含氮、磷、硫较高。在生活污水中，还含有相当数量的微生物，其中一些病原体如病菌、病毒、寄生虫等，对人的健康有较大危害。

4.1.1.3 农业污染源

农业污染源包括农业牲畜粪便、污水、污物、农药、化肥、用于灌溉的城市污水、工业污水等。由于农田施用化学农药和化肥，灌溉后经雨水将农药和化肥带入水体造成农药污染或富营养化，使灌溉区、河流、水库、地下水出现污染。此外，由于地质溶解作用以及降水淋洗也会使诸多污染物进入水体。农业污染源的主要特点是面广、分散、难以收集、难以治理，含有机质、植物营养素及病原微生物较高。

4.1.2 水体污染物的分类及其危害

水体污染物是指造成水体的水质、生物质、底质质量恶化的各种物质或能量。水体中的污染物大致分类见表4-1。

表4-1 水体中的污染物

分类	主要污染物
无机有害物	水溶性氯化物、硫酸盐、酸、碱、盐中无毒物质、硫化物
无机有毒物	铅、汞、砷、镉、铬、氟化物、氰化物等重金属元素及无机有毒化合物
好氧有机物	碳水化合物、蛋白质、油脂、氨基酸等
植物营养物	铵盐、磷酸盐和磷、钾等
有机有毒物	酚类、有机磷农药、有机氯农药、多环芳烃、苯等
病原微生物	病菌、病毒、寄生虫
放射性污染	铀、钍、锶、铯等
热污染	含热废水

4.1.2.1 无毒污染物

A 无机无毒污染物

废水中的无机无毒污染物，大致可分为以下三种类型。

（1）悬浮状污染物：是指砂粒、土粒及纤维一类的悬浮状污染物质。对水体的直接影响是：大大地降低了光的穿透能力，减少了水的光合作用并妨碍水体的自净作用；水中悬浮物的存在，对鱼类的生存产生危害，可能堵塞鱼鳃，导致鱼的死亡。以制浆造纸废水中的纤维最为明显，水中的悬浮物又可能是各种污染物的载体，它可能吸附一部分水中的污染物并随水流动迁移。

（2）酸、碱、无机盐类污染物：污染水体中的酸主要来自化工厂、矿山、金属酸洗工艺等排出的废水；水体中的碱主要来源于制碱厂、碱法造纸厂、漂染厂、化纤厂、制革及炼油等工业废水。酸性废水与碱性废水相互中和产生各种盐类，它们与地表物质相互反应，也可能生成无机盐类，因此酸和碱的污染必然伴随着无机盐类的污染。

酸、碱进入水体后会使水体的pH值发生变化，抑制或杀灭细菌和其他微生物的生长，妨碍水体的自净作用。水中无机盐的存在能增加水的渗透压，对淡水生物和植物生长不利。

酸、碱污染物造成水体的硬度增加，对地下水的影响尤为显著。如水的硬度增加，易结垢使能源消耗增大；水垢传热系数是金属的1/50，水垢厚度为1~5mm，铜炉耗煤量将增加2%~20%。据北京统计，用于降低硬度而软化水，每年要耗资两亿多元。

（3）氮、磷等植物营养物：所谓营养物质是指促使水中植物生长并加速水体富营养化的各种物质，如氮、磷等。天然水体中过量的植物营养物质主要来自农田施肥、植物秸秆、牲畜粪便、城市生活污水（粪便、洗涤剂等）和某些工业废水。氮、磷等植物营养物质大量而连续地进入湖泊、水库及海湾等缓流水体，将促进各种水生生物的活性，刺激它们异常繁殖。特别是藻类，它们在水体中占据的空间越来越大，使鱼类活动的空间越来越少，藻类的呼吸作用和死亡的藻类的分解作用消耗大量的氧，有可能在一定时间内使水体处于严重缺氧状态，严重影响鱼类生存。

目前在欧、美及日本，由植物营养物污染而引起的水体富营养化已成为极其严重的问题。我国天津的海河、昆明的滇池、济南的大明湖等都曾发生“水体富营养（水华）”现象。

B 有机无毒污染物

有机无毒污染物多属于碳水化合物、蛋白质、脂肪等自然生成的有机物，它们易于生物降解，向稳定的无机物转化。在有氧条件下，在好氧微生物作用下进行转化，这一转化进程快，产物一般为CO_2、H_2O等稳定物质。在无氧条件下，则在厌氧微生物的作用下进行转化，这一进程较慢，而且分两个阶段进行。首先在产酸菌的作用下，形成脂肪酸、醇等中间产物，继之在甲烷菌的作用下形成H_2O、CH_4、CO_2等稳定物质，同时放出硫化氢、硫醇、粪臭素等具有恶臭的气体。在一般情况下，该过程进行的都是好氧微生物起作用的好氧转化。由于好氧微生物的呼吸要消耗水中的溶解氧，因此这类物质可称为耗氧物质或需氧污染物。

有机传染物对水体污染的危害主要是对渔业水产资源的破坏。水中含有充足的溶解氧是保证鱼类生长、繁殖的必要条件之一。一旦水中溶解氧下降，各种鱼类就要产生不同的反应。某些鱼类，如鳟鱼对溶解氧的要求特别严格，必须达8~12mg/L，鲤鱼为6~8mg/L。当溶解氧不能满足这些鱼类的要求时，它们即将力图游离这个缺氧地区，而当溶解氧降至1mg/L时，大部分的鱼类就要窒息而死。当水中溶解氧消失时，水中厌氧菌大量繁殖，在厌氧菌的作用下有机物可能分解放出甲烷和硫化氢等有毒气体，更不适于鱼类生存。

C 热污染

因能源的消费而引起环境增温效应的污染称热污染。水体热污染主要来源于工矿企业向江河排放的冷却水，其中以电力工业为主，其次是冶金、化工、石油、造纸、建材和机械等工业。热污染致使水体水温升高，增加水体中化学反应速率，使水体中有毒物质对生物的毒性提高。如当水温从8℃升高到18℃时，氰化钾对鱼类的毒性将提高1倍；鲤鱼的48h致死剂量，水温7~8℃时为0.14mg/L，当水温升到27~28℃时仅为0.005mg/L。水温升高会降低水生生物的繁殖率。此外，水温增高可使一些藻类繁殖增快，加速水体“富营养化”的过程，使水体中溶解氧下降，破坏水体的生态和影响水体的使用价值。

4.1.2.2 有毒污染物

A 无机有毒污染物

根据毒性发作的情况，无机有毒污染物可分为以下两大类：

a 非重金属的无机毒性物质

（1）氰化物（CN^-）。水体氰化物主要来自于电镀废水、焦炉和高炉的煤气洗涤冷却水、某些化工厂的含氰废水及金、银选矿废水等。氰化物排入水体后，可在水体的自净作用下去除，一般有以下两个途径：

一是氰化物易挥发逸散。氰化物与水体中的 CO_2 作用生成氰化氢气体逸入大气，反应式为：

$$CN^- + CO_2 + H_2O \longrightarrow HCN\uparrow + HCO_3^-$$

水体中的氰化物主要是通过这一途径而得到去除的，其数量可达 90%以上。

二是氰化物易氧化分解。氰化物与水中的溶解氧作用生成铵离子和碳酸根离子，反应式为：

$$2CN^- + O_2 \longrightarrow 2CNO^-$$

$$CNO^- + H_2O \longrightarrow NH_4^+ + CO_3^{2-}$$

氰化物的毒害是极其严重的。作为剧毒物质它只要进入人体就会引起急性中毒，抑制细胞呼吸，造成人体组织严重缺氧，人只要口服 0.3~0.5mg 就会致死。氰对许多生物有害，只要 0.1mg/L 就能杀死虫类；0.3mg/L 能杀死水体赖以自净的微生物。

（2）砷（As）。砷也是常见的水体污染物质，工业生产排放含砷废水的有化工、有色冶金、炼焦、火电、造纸、皮革等，其中以冶金、化工排放量较高。

砷对人体的毒性作用十分严重，三价砷的毒性大大高于五价砷。对人体来说，亚砷酸盐的毒性作用比砷酸盐大 60 倍，因为亚砷酸盐能够和蛋白质中的硫基反应，耐三甲基砷的毒性比亚砷酸盐更大。砷也是累积性中毒的毒物，当饮用水中砷含量大于 0.05mg/L 时，就会导致累积，近年来发现砷也是致癌元素（主要是皮肤癌）。

b 重金属毒性物质

重金属与一般耗氧有机物不同，在水体中不能为微生物所降解，只能产生各种形态之间的相互转化以及分散和富集，这个过程称为重金属的迁移。重金属在水体中的迁移主要与沉淀、配位、螯合、吸附和氧化还原等作用有关。

从毒性和对生物体的危害来看，重金属污染的特点有如下几点：

（1）在天然水体中只要有微量浓度即可产生毒性效应，一般重金属产生毒性的浓度在 1~10mg/L 之间，毒性较强的如汞、镉等，产生毒性的浓度在 0.01~0.001mg/L 以下。

（2）微生物不能降解重金属，相反地某些重金属有可能在微生物作用下转化为金属有机化合物，产生更大的毒性。例如，汞在厌氧微生物作用下，转化为毒性更大的有机汞（甲基汞、二甲基汞）。

（3）金属离子在水体中的转移或转化与水体的酸、碱条件有关，如六价铬在碱性条件下的转化能力强于酸性条件；在酸性条件下二价镉离子易于随水迁移，并易为植物吸收。镉是累积富集型毒物，进入人体后主要累积在肾脏和骨骼中，引起肾功能失调，使骨骼软化。

重金属进入人体后能够和生理高分子物质（如蛋白质和酶等）发生强烈的相互作用，使它们失去活性，也可能累积在人体的某些器官中，造成慢性累积性中毒，最终造成危害。

B　有机有毒污染物

有机有毒物质多属于人工合成的有机物质，如农药（DDT、六六六等有机氯农药）、醛、酮、酚以及聚氯联苯、芳香族氨基化合物、高分子合成聚合物（塑料、合成橡胶、人造纤维）、染料等。它们主要来源于石油化工的合成生产过程及有关的产品使用过程中排放出的污水，这些污水不经处理排入水体后造成严重污染并引起危害。

有机有毒物质种类繁多，其中危害最大的有以下两类：

（1）有机氯化物。目前人们使用的有机氯化物有几千种，但其中污染广泛、引起普遍注意的是多氯联苯（PCB）和有机氯农药。

多氯联苯，流入水体后只微溶于水（每升水中最多只溶 1mg），大部分以浑浊状态存在，或吸附在微粒物质上；它化学性质稳定，不易氧化、水解并难以生化分解，所以多氯联苯可长期保存在水中。多氯联苯可通过水体中生物的食物链富集作用，在鱼、贝体内浓度累积到几万甚至几十万倍，然后在人体脂肪组织和器官中蓄积，影响皮肤、神经、肝脏，破坏钙的代谢，导致骨骼、牙齿的损害，并有亚急性、慢性致癌和致遗传变异等可能性。

有机氯农药是疏水性亲油物质，能够为胶体颗粒和油粒所吸附并随其在水中扩散。水生生物对有机氯农药同样有很强的富集能力，在水生生物体内的有机氯农药含量可比水中的含量高几千到几百万倍，通过食物链进入人体，累积在脂肪含量高的组织中；达到一定浓度后，即将显示出对人体的毒害作用。

（2）多环有机化合物。它是指含有多个苯环的有机化合物，一般具有很强的毒性。例如，多环芳烃可能有致遗传变异性，其中 3，4-苯并芘和 1，2-苯并蒽等具有强致癌性。多环芳烃存在于石油和煤焦油中，能够通过废油、含油废水、煤气站废水、柏油路面排水以及淋洗了空气中煤的雨水而径流入水体中，造成污染。

4.1.3　水体污染的水质指标

水体污染主要表现为水质在物理、化学、生物学等方面的变化特征。为了更好地对水体进行准确监测、评价、利用以及对其污染治理，我们在考虑和研究废水处理流程及其最终处置方法时，必须要全面掌握水体污染的水质指标。所谓水质指标就是指水中杂质具体衡量的尺度。水质指标的类别及含义见表 4-2。

表 4-2　水质指标的类别和含义

类别	含　义
色度	水的感官性状指标之一。水中存在着某物质时，可使水着色，表现出一定的颜色，即色度。规定 1mg/L 以氯铂酸离子形式存在的铂所产生的颜色，称为 1 度
浊度	表示水含悬浮物而呈浑浊状态，即对光线透过时所发生阻碍的程度。水的浊度大小不仅与颗粒的数量和形状有关，而且与光散射性有关。我国采用 1L 蒸馏水中含 1mg 二氧化硅为一个浑浊度单位，即 1 度

续表 4-2

类别	含 义
硬度	水的硬度是由水中的钙盐和镁盐形成的。硬度分别为暂时硬度（碳酸盐）和永久硬度（非碳酸盐），两者之和称为总硬度。水中的硬度以“度”表示，1L 水中的钙盐和镁盐的含量相当于 1mg/L 的 CaO 时，叫做 1 度
溶解氧（DO）	溶解在水中的分子态氧，叫做溶解氧。20℃时，0.1MPa 下，饱和溶解氧含量为 9×10^{-6}。它来自大气和水中化学、生物化学反应生成的分子态氧
化学需氧量（COD）	表示水中可氧化的物质，用氧化剂高锰酸钾氧化时所需的氧量，以 mg/L 表示，它是水质污染程度的重要指标，但两种氧化剂都不能氧化稳定的苯等有机化合物
生化需氧量（BOD）	在好氧条件下，微生物分解水中有机物质的生物化学过程中所需要的氧量。目前，国内外普遍采用在 20℃下，以五昼夜的生化耗氧量作为指标，即用 BOD_5表示。单位以 mg/L 表示
总有机碳（TOC）	水体中所含有机物的全部有机碳的数量。其测定方法是，将所有的有机物全部氧化成 CO_2 和 H_2O，然后测定所生成的 CO_2
总需氧量（TOD）	氧化水体中总的碳、氢、氮和硫等元素所需的氧量。测定全部氧化所生成的 CO_2、H_2O、NO 和 SO_2 等的总需氧量
残渣和悬浮物	在一定温度下，将水样蒸干后所留物质称为残渣。它包括过滤性残渣（水中溶解物）和非过滤性物质（沉降物和悬浮物）两大类。悬浮物就是非过滤性残渣
电导率（EC）	电导率是截面 $1cm^2$，高度为 1cm 的水柱所具有的电导。它随水中溶解盐的增大而增大，电导率的单位为 S/cm
pH 值	pH 值是指水溶液中，氢离子（H^+）浓度的负对数，即：pH 值 $=-\lg[H^+]$。pH 值等于 7 时表示中性，小于 7 时表示酸性，大于 7 时，则为碱性

4.2 钢铁废水分类及污染特征

2013 年，重点统计钢铁企业累计用水总量同比增加 29.18 亿立方米，增长 4.23%。其中，累计取新水量同比增加 522.77 万立方米，增长 0.31%；累计重复用水量同比增加 29.13 亿立方米，增长 4.33%；水重复利用率同比提高 0.09 个百分点；吨钢耗新水同比减少 0.20m^3/t，下降 5.40%。钢铁工业用水量很大，每炼 1t 钢，约用水 5.5t。钢铁废水主要包括矿山废水、选矿厂废水、烧结厂废水、焦化厂废水、炼铁厂废水、炼钢厂废水、轧钢厂废水等，上述废水中主要含有酸、碱、酚、氰化物、石油类及重金属等有害物质，若不经处理外排，将会加重环境污染负荷，导致环境恶化。

4.2.1 钢铁企业废水的分类

钢铁企业废水，按所含的主要污染物性质通常可分为：含有机污染物为主的有机废水、含无机污染物（主要为悬浮物）为主的无机废水以及仅受热污染的冷却水。例如，焦化厂的含酚氰污水是有机废水，炼钢厂的转炉烟气除尘污水是无机废水。

按所含污染物的主要成分分类为：含酚氰污水、含油废水、含铬废水、酸性废水、碱性废水和含氟废水等。

按生产和加工对象分类为：烧结厂废水、焦化厂废水、炼钢厂废水、轧钢厂废水等。

（1）焦化废水。焦化厂产生的废水，其特点是含有高浓度酚。焦化废水中酚可回收利用，常用溶剂萃取法和气提法，对蒸氨后废水进行冷却，作为洗氨补充水循环使用。对生化系统产生的外排水可将其稀释用于焦炉熄焦补充水。

（2）高炉煤气洗涤水。高炉煤气洗涤水是炼铁厂的主要污水，其特点是含有大量的固态悬浮物和杂质，这类废水需进行悬浮物去除、水质稳定、冷却处理以达到水的循环使用。目前大型炼钢厂在污水中投加混凝剂，沉淀池采用轴流式，沉淀污泥经浓缩和过滤脱水为滤饼，可作为烧结原料，处理后废水可循环使用。

（3）转炉烟气废水。转炉烟气废水是炼钢厂的主要污水，含有大量悬浮物。这类废水主要采用自然沉降、絮凝沉淀和磁力分离，处理后废水可以进入循环水系统。

（4）轧钢废水。热轧废水主要污染物为氧化铁皮、悬浮物和油类；热轧废水主要采用药剂混凝沉淀以去除悬浮物和油类，经冷却后循环使用。冷轧废水主要污染物为悬浮油、乳化油等，悬浮油需用刮油机除去，含乳化油废水必须破乳，然后浮选除去油。另外，还有钢材酸洗废水，其中主要含酸和铁盐。

4.2.2　钢铁企业废水污染的特征

钢铁企业废水的水质，因生产工艺和生产方式不同而有很大的差异，有的即使采用同一种工艺，水质也有很大变化。如氧气顶吹转炉除尘污水，在同一炉钢的不同吹炼期，废水的 pH 值可在 4~13 之间，悬浮物可在 250~25000mg/mL 之间变化。间接冷却水在使用过程中仅受热污染，经冷却后即可回用。直接冷却水与产品物料等直接接触，含有与原料、燃料、产品等成分有关的多种物质。归纳起来，钢铁工业废水造成的污染主要有：无机固体悬浮物污染、有机需氧物污染、化学毒物污染、重金属污染、酸污染、热污染等，其污染特征和废水中的主要污染物列于表 4-3 中。

表 4-3　钢铁工业废水的污染特征和主要污染源

排放废水车间	污染特征					主要污染物																
	浑浊	臭味	颜色	有机污染物	无机污染物	热污染	酚	苯	硫化物	氟化物	氰化物	油	酸	碱	锌	镉	砷	铅	镍	铜	锰	矾
烧结			●		●																	
焦化		●	●	●	●	●	●	●	●		●	●	●	●			●					
炼铁			●		●	●	●		●		●				●			●			●	
炼钢			●		●	●				●	●											
轧钢			●		●	●					●											
酸洗			●		●					●		●	●	●	●			●	●	●		
铁合金			●		●	●	●		●							●					●	●

钢铁企业在从原料准备到钢铁冶炼以至成品轧制的生产过程中，几乎所有工序都要用水，都有废水排放，其特点是废水量大、污染面广。我国水资源缺乏，钢铁企业又是用水大户，为确保资源充分合理利用，钢铁工业用水存在的问题急需解决。

4.3　废水治理技术

废水治理，就是采用各种方法将废水中所含的污染物质分离出来，或将其转化为无害和稳定的物质，从而使废水得以净化。根据其作用原理可划分为四大类别，即物理法、化学法、物理化学法和生物化学处理法。

4.3.1　物理法

通过物理作用和机械力分离或回收废水中不溶解悬浮污染物质（包括油膜和油珠），并且处理过程中不改变其化学性质的方法称为物理处理法。

物理处理法一般较为简单，多用于废水的一级处理中，以保护后续处理工序的正常进行并降低其他处理设施的处理负荷。

4.3.1.1　均衡与调节

多数废水（如工业企业排出的废水）的水质、水量常常是不稳定的，具有很强的随机性，尤其是当操作不正常或设备产生泄漏时，废水的水质就会急剧恶化，水量也大大增加，往往会超出废水处理设备的处理能力。这时，就要进行水量的调节与水质的均衡，调节和均衡主要通过设在废水处理系统之前的调节池来实现。

图 4-1 是长方形调节池的一种，它的特点是在池内设有若干折流隔墙，使废水在池内来回折流。配水槽设在调节池上，废水通过配水孔口溢流到池内前后各位置而得以均匀混合。起端入口流量一般为总流量的 1/4，其余通过各投配孔口流入池内。

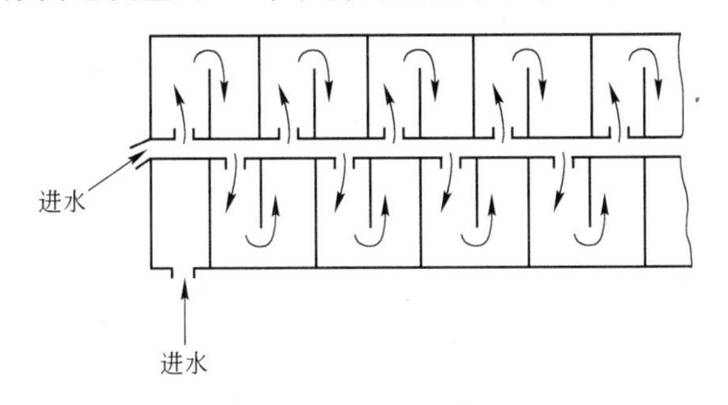

图 4-1　折流式调节池

4.3.1.2　沉淀

沉淀是利用废水中悬浮物密度比水大，可借助重力作用下沉的原理而达到固液分离目的的一种处理方法。可分为四种类型，即自由沉淀、絮凝沉淀、拥挤沉淀和压缩沉淀，它们均是通过沉淀池来进行沉淀的。

沉淀池是一种分离悬浮颗粒的构筑物，根据构造不同可分为普通沉淀池和斜板斜管沉淀池。普通沉淀池应用较为广泛，按其水流方向的不同，可分为平流式、竖流式和辐射式三种。

图 4-2 所示的是一种带有刮泥机的平流式沉淀池。废水由进水槽通过进水孔流入池

中，进口流速一般应低于25mm/s。进水孔后设有挡板能稳流使废水均匀分布，沿水平力方向缓缓流动，水中的悬浮物沉至池底，由刮泥机刮入污泥斗，经排泥管借助静水压力排出。沉淀池出水处设置浮渣收集槽及挡板以收集浮渣，清水溢过沉淀池末端的溢流堰，经出水槽排出池外。

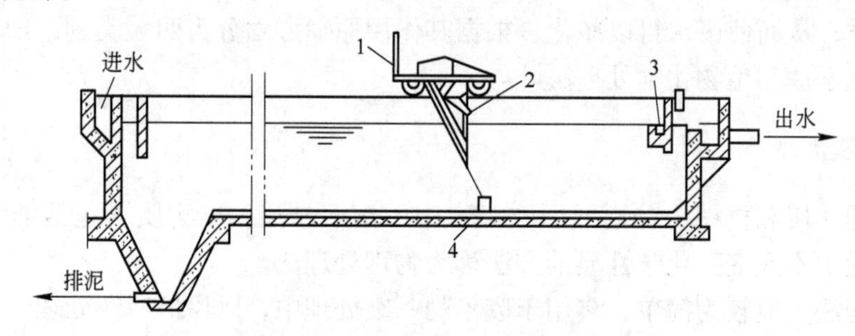

图 4-2　设行车刮泥机的平流式沉淀池

1—行车；2—浮渣刮板；3—浮渣槽；4—刮泥板

为了防止已沉淀的污泥被水流冲起，在有效水深下面和污泥区之间还设一缓冲区。

平流式沉淀池的优点是构造简单、沉淀效果好、性能稳定，缺点是排泥困难、占地面积大。

4.3.1.3　筛除与过滤

利用过滤介质截留废水中的悬浮物，也叫作筛滤截留法。这种方法有时用于废水处理，有时作为最终处理，出水供循环使用或循序使用。筛滤截留法的实质是让废水通过一层带孔眼的道滤装置或介质，尺寸大于孔眼尺寸的悬浮颗粒则被截留。当使用到一定时间后，过水阻力增大，就需将截留物从过滤介质中除去，一般常用反洗法来实现。过滤介质有钢条、筛网、滤布、石英砂、无烟煤、合成纤维、微孔管等，常用的过滤设备有格栅、栅网、微滤机、砂滤器、真空滤机、压滤机等（后两种滤机多用于污泥脱水）。

A　格栅

格栅是由一组平行钢质栅条制成的框架，缝隙宽度一般在15~20mm之间，倾斜架设在废水处理构筑物前或泵站集水池进口处的渠道中，用以拦截废水中大块的漂浮物，以防阻塞构筑物的孔洞、闸门和管道，或损坏水泵的机械设备。因此，格栅实际上是一种起保护作用的安全设施。

格栅的栅条多用圆钢或扁钢制成。扁钢断面多采用50mm×10mm或40mm×10mm，其特点是强度大，不易弯曲变形，但水头损失较大；圆钢直径多用10mm，其特点恰好与扁钢相反。被拦截在栅条上的栅渣有人工和机械两种清除方法。

图4-3是一种移动伸缩臂式格栅除污机，主要用于粗、中格栅和深度中等的宽大格栅。其优点是设备全部在水面上，钢绳在水面上运行，寿命长，可不停水检修；缺点是移动较复杂，移动时耙齿与栅条间隙对位困难。

B　筛网

筛网用金属丝或纤维丝编制而成。与格栅相比，筛网主要用来截留尺寸较小的悬浮固体，尤其适宜于分离和回收废水中细碎的纤维类悬浮物（如羊毛、棉布毛、纸浆纤维和化

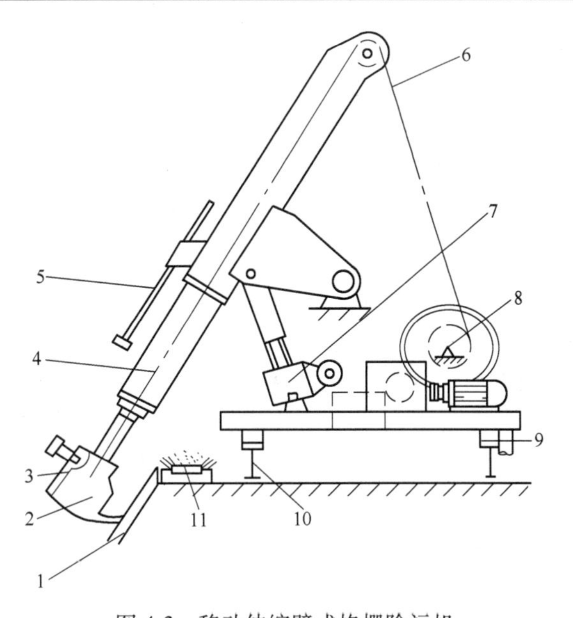

图 4-3 移动伸缩臂式格栅除污机

1—格栅；2—耙斗；3—卸污板；4—伸缩臂；5—卸污调整杆；6—钢丝绳；
7—臂角调整机构；8—卷扬机构；9—行走轮；10—轨道；11—皮带运输机

学纤维等），也可用作城市污水和工业废水的预处理以降低悬浮固体含量。

筛网可以做成多种形式，如固定式、圆筒式、板框式等。表 4-4 是几种常用筛网除渣机的比较。

表 4-4 常用筛网除渣机的比较

类型		适用范围	优 点	缺 点
筛网	固定式	从废水中去除低浓度固体杂质及毛和纤维类，安装在水面以上时，水头落差或水泵提升	水面筛网构造简单，造价低；梯形筛丝筛面，不易堵塞，不易磨损	平面筛网易磨损，易堵塞，不易清洗；梯形筛丝筛面构造复杂
	圆筒式	从废水中去除中低浓度杂质及毛和纤维类，进水深度一般 < 1.5m	水力驱动式构造简单，造价低；电动梯形筛丝转筒筛，不易堵塞	水力驱动式易堵塞；电动梯形筛丝转筒筛构造复杂，造价高
	板框式	常用深度 1~4m，可用深度 10~30m	驱动部分在水上，维护管理方便	造价高，板框网更换较麻烦；构造较复杂，易堵塞

4.3.1.4 隔油

隔油主要用于对废水中浮油的处理，它是利用水中油品和水密度的差异与水分离并加以清除的过程。隔油过程在隔油池中进行，目前常用的隔油池有两类：平流式隔油池与斜流式隔油池。

平流式隔油池除油率一般为 60%~80%，粒径在 150μm 以上的油珠均可除去。它的优点是构造简单，运行管理方便，除油效果稳定；缺点是体积大、占地面积大、处理能力低、排泥难，出水中仍含有乳化油和吸附在悬浮物上的油分，一般很难达到排放要求。

4.3.1.5　离心分离

废水中的悬浮物借助离心设备的高速旋转，在离心力作用下与水分离的过程叫做离心分离。

按离心力产生的方式不同，离心分离设备可分为水力旋流器和高速离心机两种类型。水力旋流器有压力式（见图 4-4）和重力式两种，其设备固定，液体靠水泵压力或重力（进出水头差）由切线方向进入设备，造成旋转运动产生离心力。高速离心机依靠转鼓高速旋转，使液体产生离心力。压力式水力旋流器，可以将废水中所含的粒径在 5μm 以上的颗粒分离出去。进水的流速一般应在 6~10m/s，进水管稍向下倾 3°~5°，这样有利于水流向下旋转运动。

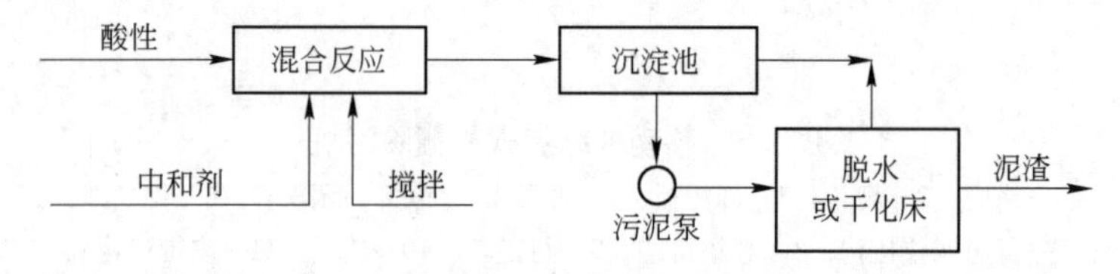

图 4-4　酸性废水投药中和流程

压力式水力旋流器具有一些优点，即体积小，单位容积的处理能力高，构造简单，使用方便，易于安装维护；缺点是水泵和设备易磨损，所以设备费用高，耗电较多。一般只用于小批量的，有特殊要求的废水处理。

4.3.2　化学法

化学法（或化学处理法）是利用化学作用处理废水中的溶解物质或胶体物质，可用来去除废水中的金属离子、细小的胶体有机物、无机物、植物营养素（氮、磷）、乳化油、色度、臭味、酸、碱等，对于废水的深度处理也有着重要作用。

化学法包括中和法、混凝法、氧化还原法、电化学法等。在此主要介绍中和法和混凝法。

4.3.2.1　中和法

中和法就是酸碱相互作用生成盐和水，也即 pH 值调整或称为酸碱度调整。酸、碱废水的中和方法有酸、碱废水互相中和、投药中和及过滤中和。

A　酸、碱废水互相中和

酸、碱废水互相中和是一种以废治废、既简便又经济的办法。如果酸、碱废水互相中和后仍达不到处理要求时，还可以补加药剂进行中和。

酸、碱废水互相中和的结果，应该使混合后的废水达到中性。若酸性废水的物质的量浓度为 $c(B_1)$、水量为 Q_1，碱性废水的物质的量浓度为 $c(B_2)$、水量为 Q_2，则两者完全中和的条件，根据化学反应基本定律——等物质的量规则就为：

$$c(B_1)Q_1 = c(B_2)Q_2 \tag{4-1}$$

酸、碱废水如果不加以控制，一般情况下不一定能完全中和，则混合后的水仍具有一定的酸性或碱性，其酸度或碱度为 $c(P)$，则有

$$c(P) = \frac{|c(B_1)Q_1 + c(B_2)Q_2|}{Q_1 + Q_2} \tag{4-2}$$

若 $c(P)$ 值仍高，则需用其他方法再进行处理。

B　投药中和

投药中和可以处理任何浓度、任何性质的酸碱废水，可以进行废水的 pH 值调整，是应用最广泛的一种中和方法。

a　酸性废水投药中和

酸性废水投药中和的一般流程如图 4-4 所示，中和反应一般都设沉淀池，沉淀时间为 1~1.5h。

酸性废水的中和剂有石灰（CaO）、石灰石（$CaCO_3$）、碳酸钠（Na_2CO_3）、苛性钠（NaOH）等，石灰是最常用的中和剂。采用石灰可以中和任何浓度的酸性废水，且氢氧化钙对废水中的杂质具有凝聚作用，有利于废水处理。

酸碱中和的反应速率很快，因此，混合与反应一般在一个设有搅拌设备的池内完成。混合反应时间一般情况下应根据废水水质及中和剂种类来确定，然后再确定反应器容积，其计算公式是

$$V = Qt \tag{4-3}$$

式中　t——混合反应时间，min；

V——混合反应池的容积，cm^3；

Q——废水实际流量，m^3/h。

中和药剂的理论计算用量可以根据化学反应式及等物质的量规则求得。然而，考虑所用药剂产品或工业废料的纯度及反应效率，综合确定实际投加量。

如果酸性废水中只含某一类酸时，中和药剂的消耗量可按式（4-4）计算

$$G = \frac{Q\rho_s \alpha_s K}{1000\alpha} \tag{4-4}$$

式中　G——中和药剂的消耗量，kg/L；

Q——废水流量，m^3/h；

ρ_s——废水中酸的质量浓度，mg/L；

α_s——中和剂的比耗量，由表 4-5 查得；

K——反应不均匀系数（反应效率的倒数），一般采用 1.1~1.2（但以石灰中和时，干投采用 1.4~1.5，湿投采用 1.05~1.10；中和盐酸、硝酸时采用 1.05）；

α——药品纯度，以%计（一般生石灰中含有效 CaO 为 60%~80%，熟石灰中 $Ca(OH)_2$ 为 65%~75%）。

表 4-5　中和剂的比耗量

酸的名称	中和酸所需碱性物质的质量/g				
	CaO	$CaCO_3$	$MgCO_3$	$Ca(OH)_2$	$CaCO_3 \cdot MgCO_3$
H_2SO_4	0.57	1.02	0.86	0.755	0.946
HCl	0.77	1.38	1.15	1.01	1.27
HNO_3	0.445	0.795	0.668	0.590	0.735
CH_3COOH	0.466	0.840	0.702	0.616	—

在实际情况下，工业废水中所含酸的成分可能比较复杂，并不只是单纯一种，不能直接应用化学反应式计算。这时需要测定废水的酸度，然后根据等物质的量原理进行计算。

b　碱性废水投药中和

碱性废水的中和剂有硫酸、盐酸、硝酸，常用的为工业硫酸。烟道中含有一定量的 CO_2、SO_2、H_2S 等酸性气体，也可以用作碱性废水的中和剂，但其缺点是杂质太多，易引起二次污染。

4.3.2.2　混凝法

混凝法处理的对象是废水中利用自然沉淀法难以沉淀除去的细小悬浮物及胶体微粒，可以用来降低废水的浊度和色度，去除多种高分子有机物、某些重金属和放射性物质；此外，混凝法还能改善污泥的脱水性能。因此，混凝法在废水处理中获得广泛应用。

混凝法优点是设备简单，操作易于掌握，处理效果好，间歇或连续运行均可以；缺点是运行费用高，沉渣量大，且脱水较困难。

4.3.3　物理化学法

废水经过物理法处理后，仍会含有某些细小的悬浮物以及溶解的有机物。为了进一步去除残存在水中的污染物，可以采用物理化学法进行处理，常用的物理化学法有吸附、浮选、萃取、电渗析、反渗透、超过滤等。

4.3.3.1　吸附法

A　吸附过程原理

吸附是利用多孔性固体吸附剂的表面活性，吸附废水中的一种或多种污染物，达到废水净化的目的。根据固体表面吸附力的不同，吸附可分为以下三种类型。

(1) 物理吸附：吸附剂和吸附质之间通过分子间力产生的吸附称为物理吸附。被吸附的分子由于热运动还会离开吸附剂表面，这种现象称为解吸，它是吸附的逆过程。降温有利于吸附，升温有利于解吸。

(2) 化学吸附：吸附剂和吸附质之间发生由化学键力引起的吸附称为化学吸附。化学吸附一般在较高温度下进行，吸附热较大。一种吸附剂只能对某种或几种吸附质发生化学吸附，因此化学吸附具有选择性。化学吸附比较稳定，当化学键力大时，化学吸附是不可逆的。

(3) 离子交换吸附：离子交换吸附就是通常所指的离子交换。

B　活性炭吸附

活性炭是一种非极性吸附剂，是由含碳为主的物质做原料，经高温炭化和活化制得的疏水性吸附剂。其外观是暗黑色，有粒状和粉状两种，目前工业上大量采用的是粒状活性炭。

活性炭主要成分除碳以外，还有少量的氧、氢、硫等元素，以及含有水分、灰分。它具有良好的吸附性能和稳定的化学性质，可以耐强酸、强碱，能经受水浸、高温、高压作用，不易破碎。

与其他吸附剂相比，活性炭具有巨大的比表面积，通常可达500~1700m^2/g，因而形成了强大的吸附能力。但是，比表面积相同的活性炭，其吸附容量并不一定相同，因为吸附容量不仅与比表面积有关，而且还与微孔结构、微孔分布、表面化学性质有关。

活性炭是目前废水处理中普遍采用的吸附剂，已广泛用于化工行业（如印染、氯丁橡胶腈纶、二硝基甲苯等）的废水处理和水厂的污染水源净化处理。

4.3.3.2　萃取法

萃取法是利用与水不相溶解或极少溶解的特定溶剂与废水充分混合接触，使溶于废水中的某些污染物质重新进行分配而转入溶剂，然后将溶剂与除去污染物质后的废水分离，从而达到废水净化和回收有用物质的目的。采用的溶剂称为萃取剂，被萃取的物质称为溶质，萃取后的萃取剂称萃取液（萃取相），残液称为萃余液（萃余相）。萃取法具有处理水量大，设备简单，便于自动控制，操作安全、快速、成本低等优点，因而该法具有广阔的应用前景。

萃取工艺包括混合、分离和回收三个主要工序。根据萃取剂与废水的接触方式不同，萃取操作有间歇式和连续式两种。连续逆流萃取设备常用的有填料塔、筛板塔、脉冲塔、转盘塔和离心萃取机。

（1）往复叶片式脉冲筛板塔：往复叶片式脉冲筛板塔分为三段，废水与萃取剂在塔中逆流接触。在萃取段内有一纵轴，轴上装有若干块钻有圆孔的圆盘形筛板，纵轴由塔顶的偏心轮装置带动，做上下往复运动，既强化了传质又防止了返混，如图4-5所示。

（2）离心萃取机：离心萃取机转鼓的外形为圆形卧式转鼓，转鼓内有许多层同心圆筒，每层都有许多孔口相通。轻液由外层的同心圆筒进入，重液由内层的同心圆筒进入。转鼓高速旋转（500~5000r/min）产生离心力，重液由里向外、轻液由外向里流动，进行连续的逆流接触，最后由外层排出萃余相，由内层排出萃取相。

离心萃取机的结构紧凑，分离效率高，停留时间短，特别适用于密度较小、易产生乳化及变质的物系分离；但缺点是构造复杂，制造困难，电耗大。

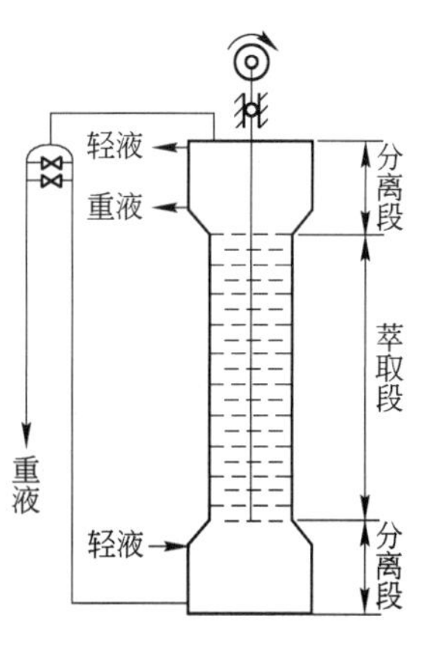

图4-5　往复叶片式脉冲筛板塔示意图

4.3.3.3　浮选法

浮选法就是利用高度分散的微小气泡作为载体去黏附废水

中的污染物，使其密度小于水而上浮到水面，实现固液或液液分离的过程。在废水处理中，浮选法已广泛应用于：（1）分离地面水中的细小悬浮物、藻类及微絮体；（2）回收工业废水中的有用物质，如造纸厂废水中的纸浆纤维及填料等；（3）代替二次沉淀池，分离和浓缩剩余活性污泥，特别适用于那些易于产生污泥膨胀的生化处理工艺中；（4）分离回收油废水中的可浮油和乳化油；（5）分离回收以分子或离子状态存在的目的物，如表面活性剂和金属离子等。

浮选法是根据炭面张力的作用原理。当液体和空气相接触时，在接触面上的液体分子与液体内部液体分子的引力，使之趋向于被拉向液体的内部，引起液体表面收缩至最小，使得液珠总是呈圆球形存在。这种企图缩小表面面积的力，称为液体的表面张力。

浮选剂的种类很多，如松香油、石油及煤油产品、脂肪酸及其盐类、表面活性剂等。

浮选法的形式比较多，常用的浮选方法有加压溶气浮选、曝气浮选、真空浮选、电解浮选和生物浮选等。

加压浮选法在国内应用比较广泛。其操作原理是，在加压的情况下将空气通入废水中，使空气在废水中溶解达饱和状态，然后由加压状态突然减至常压，这时水中空气迅速以微小的气泡析出，并不断向水面上升。气泡在上升过程中，将废水中的悬浮颗粒黏附带出水面，然后在水面上将其加以去除。

4.3.3.4　其他方法

物理化学法还包括电渗析、反渗透、超过滤法，具体方法如下：

（1）电渗析。电渗析是在直流电场的作用下，利用阴、阳离厂交换膜对溶液中阴、阳离子的选择透过性（即阳膜只允许阳离子通过，阴膜只允许阴离子通过），而使溶液中的溶质与水分离的一种物理化学过程。此方法应用在废水处理已取得良好的效果，但是由于其耗电量很高，多数还仅限于在以回收为目的的情况下使用。

（2）反渗透。反渗透是利用半渗透膜进行分子过滤来处理废水的一种新的方法，又称为膜分离技术。因为在较高的压力作用下，这种膜可以使水分子通过，而不能使水中溶质通过，可以除去水中比水分子大的溶解固体、溶解性有机物和胶状物质。近年来反渗透法的应用范围在不断扩大，多用于海水淡化、高纯水制造及苦咸水淡化等方面。

（3）超过滤法。超过滤法也称为超滤法，是利用半透膜对溶质分子大小的选择透过性而进行的膜分离过程。因化工废水中含有各种各样的溶质物质，所以只采用单一的超滤方法，不可能去除不同分子量的各类溶质，一般是与反渗透法或者其他处理法联合使用，多用于物料浓缩。

4.3.4　生物化学处理法

生物化学处理法简称为生化法，这种方法是利用自然界大量存在的各种微生物，在微生物酶的催化作用下，依靠微生物的新陈代谢使废水中的有机物氧化分解，最终转化为稳定无毒的无机物而除去。生化法处理废水可分为好氧生物处理和厌氧生物处理两种方法，前者主要有活性污泥法、生物膜法、氧化塘法、污水灌溉等。

（1）厌氧生物处理法是利用厌氧微生物以降解废水中的有机污染物，使废水净化的方法。其机理是在厌氧细菌的作用下将污泥中的有机物分解，最后产生甲烷和二氧化碳等气体。

完全厌氧消化过程可分三个阶段：（1）污泥中的固态有机化合物借助于从厌氧菌分泌出的细胞外水解酶得到溶解，并通过细胞壁进入细胞，在水解酶的催化下，将多糖、蛋白质、脂肪分别水解为单糖、氨基酸、脂肪酸等；（2）在产酸菌的作用下，将（1）阶段的产物进一步降解为较简单的挥发性有机酸，如乙酸、丙酸、丁酸等；（3）在甲烷菌的作用下，将（2）阶段产生的挥发酸转化成甲烷和二氧化碳。影响因素有温度、pH 值、养料、有机毒物、厌氧环境等。厌氧生物处理的优点：处理过程消耗的能量少，有机物的去除率高，沉淀的污泥少且易脱水，可杀死病原菌，不需投加氮、磷等营养物质。但是，厌氧菌繁殖较慢，对毒物敏感，对环境条件要求严格，最终产物尚需需氧生物处理。近年来，它常应用于高浓度有机废水的处理。厌氧生物处理是在无氧的条件下，利用厌氧微生物作用，主要是厌氧菌的作用，将有机物分解为低分子有机酸、CH_4、H_2O、NH_4^+等。生化法主要用于去除废水中溶解的、胶体的有机污染物。

（2）需氧生物处理法是利用需氧微生物（主要是需氧细菌）分解废水中的有机污染物，使废水无害化的处理方法。其机理是，当废水与微生物接触后，水中的可溶性有机物透过细菌的细胞壁和细胞膜而被吸收进入菌体内；胶体和悬浮性有机物则被吸附在菌体表面，由细菌的外酶分解为溶解性的物质后，也进入菌体内。这些有机物在菌体内通过分解代谢过程被氧化降解，产生的能量供细菌生命活动的需要；一部分氧化中间产物通过合成代谢成为新的细胞物质，使细菌得以生长繁殖；处理的最终产物是二氧化碳、水、氨、硫酸盐和磷酸盐等稳定的无机物。处理时，要供给微生物以充足的氧和各种必要的营养源，如碳、氮、磷以及钾、镁、钙、硫、钠等元素；同时应控制微生物的生存条件，如 pH 值宜为 6. 5~9，水温宜为 10~35℃等，主要方法有活性污染法、生物膜法、氧化塘法等。

下面以活性污泥法为例说明污水处理工艺。

活性污泥法是利用活性污泥中的好氧菌及其他原生动物对污水中的酚、氰等有机质进行吸附和分解以满足其生存的特点，把有机物最终变成二氧化碳和水。活性污泥法的发展与应用已有近百年的历史，发展了许多行之有效的运行方式和工艺，但其基本流程是一样的。目前，国内多数焦化厂和气化站采用这种方法净化废水。图 4-6 为活性污泥法处理污水的工艺流程图。

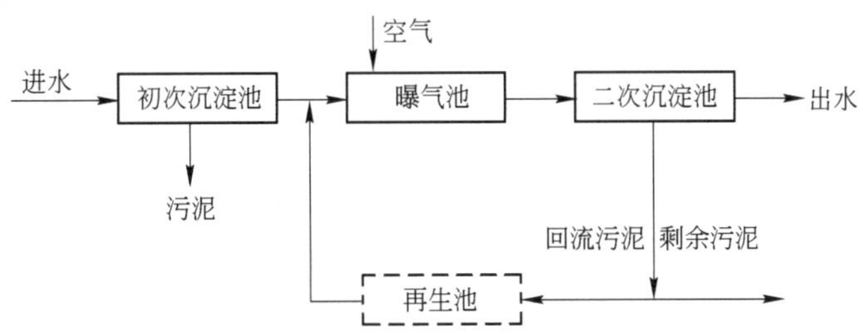

图 4-6 活性污泥法处理污水的工艺流程

图 4-6 流程中的主体构筑物是曝气池，废水经过适当预处理后，进入曝气池与池内活性污泥混合成混合液，并在池内充分曝气，一方面使活性污泥处于悬浮状态，废水与活性污泥充分接触；另一方面，通过曝气，向活性污泥供氧，保持好氧条件，保证微生物的正常生长与繁殖。废水中有机物在曝气池内被活性污泥吸附、吸收和氧化分解后，混合液进

入二次沉淀池，进行固液分离，净化的废水排出。大部分二次沉淀池的沉淀污泥回流入曝气池保持足够数量的活性污泥。通常，参与分解废水中有机物的微生物的增殖速度，都慢于微生物在曝气池内的平均停留时间。因此，如果不将浓缩的活性污泥回流到曝气池，则具有净化功能的微生物将会逐渐减少。污泥回流后，净增殖的细胞物质将作为剩余污泥排入污泥处理系统。

另外，为提高 COD 及 NH_3-N 去除率，人们在活性污泥法的基础上研究开发了强化好氧生物处理法（强化活性污泥法），包括生物铁法、粉末活性炭活性污泥法、生长剂活性污泥法、两级活性污泥法等。

4.4 钢铁企业废水“零排放”

我国是缺水国家，钢铁企业是高耗水行业之一，节水是钢铁行业需要及早解决的一大课题。由于个别钢铁企业向江河湖泊水体排水，造成水体污染，影响钢铁企业环保形象。鉴于这种现状，国家必将通过环保减排等倒逼机制，淘汰落后产能，促使其可持续发展。合理控制钢铁企业生产废水的排放，成为钢铁行业发展的必由之路。

“零排放”是指无限地减少污染物排放直至为零的活动，包括资源、能源和环境的过程控制和再生利用等。从 20 世纪 90 年代初日本有人提出“零排放”的概念至今，这一通俗的称谓已风靡世界。

水资源是一种有限的、可再生的自然资源，也是一种有限的环境资源，水资源利用不仅要适应水资源量再生能力的要求，还要适应水体生态环境的自净能力的要求。随着我国城市化进程加快，钢铁产业规模的扩张，钢铁企业对区域水资源和水环境的影响有所增加，国家社会对其环境影响关注度增强。为缓解区域水资源供需矛盾和改善水环境生态状况，使企业经济和社会环境效益相协调，赢得良好的生存空间，企业节水和水环境改善需求逐渐增强，而废水零排放正是满足这一需求的最有效途径。

在这一大背景下，近年来，我国钢铁行业对废水零排放进行了广泛研究和实践，如干熄焦、环保熄焦、环保冲渣、水雾喷淋和设备风冷等不用水或少用水生产工艺技术；煤气和烟气的干式除尘净化等节水环保技术；循环用水、串接用水、废水再生利用等水处理技术得到广泛应用，成效显著。

冶金废水治理的原则：

（1）压缩用水量，积极研究采用不排污或少排污的工艺；

（2）要重复利用，实施清浊分流，一水多用，提高循环率，回收余热；

（3）把生产过程排出的废水及其污染物作为有用资源加以回收利用，并实行高度循环或闭路循环。

目前钢铁企业的现状是各用水单位建有自己的水处理系统（如软水循环系统、净循环水系统、浊循环水系统等），尽可能避免外排，部分废水中浓缩的钙、镁等结垢离子及其他腐蚀性离子不能回用，一般废水经物理方式处理后外排到江河湖泊等水体，如图 4-7 所示。

钢铁企业梯级补排水、系统大循环工艺就是采用分质补水，将高水质用户的排水作为低水质用户的补水并进行系统大循环（将炼钢余热锅炉、轧钢气化冷却、炼铁软水循环系统等的软水排入各分厂净循环水系统作为补充水，将各分厂的净循环水系统的排水作为各

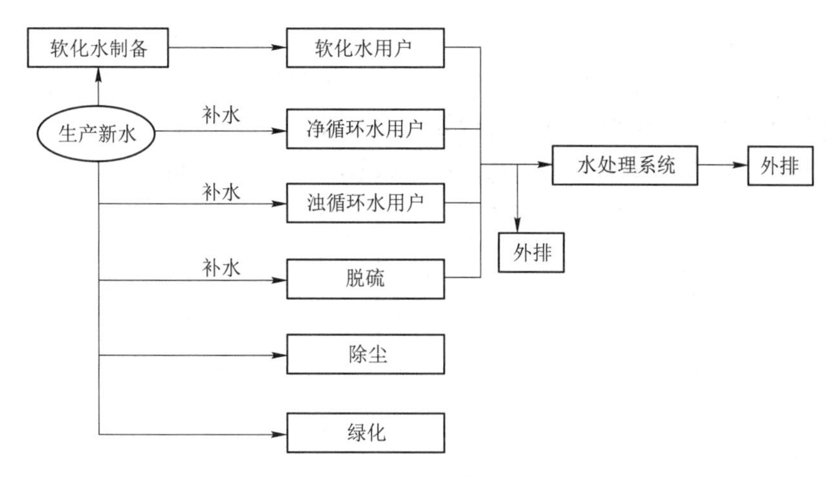

图 4-7　钢铁企业常规直补、排水流程

分厂浊循环水系统的补充水，各分厂浊循环水系统的排水排入废水处理系统，经处理后用于双膜法除盐水制备系统，将制备的除盐水用于余热锅炉、气化冷却、软水循环系统等高水质用户的补水，完成一个大循环)，生产新水只作为大循环的补充水。采用双膜法除盐水工艺分离出的浓盐水用于浇洒道路、绿化、除尘、渣处理等杂用水消耗掉。经废水处理后的回用水也可直接用于对水质要求不高的浊循环水和杂用水。本工艺可以收集雨水，经废水工艺处理后加入大循环，从而实现废水零排放和节约用水的目标，再配合干法除尘等节水工艺。采用梯级补排水，系统大循环工艺，优化水系统运行模式，采用恒压变频供水技术、量身定制供水设备等方式，不仅节约了水资源，而且降低水系统运行成本。因此，梯级补排水、系统大循环工艺是一种系统解决目前高水耗、高排放、高成本运行的措施，是低水耗（节水）、废水零排放（环保）、低成本运行（节能）的有效系统解决工艺，如图 4-8 所示。

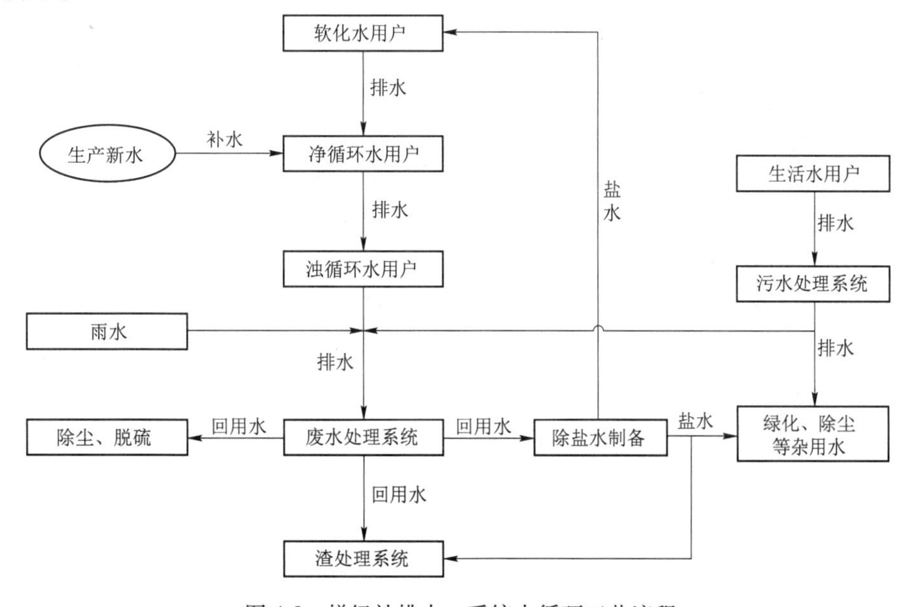

图 4-8　梯级补排水，系统大循环工艺流程

例如，为解决水源问题，太钢通过采取节水措施及废水处理提质回用的方式，将外排的生活污水全部回用。目前，太钢每天的废水外排主要是浓盐水。太钢工业废水“零排放”方案就是将这部分浓盐水收集并进行处理，不再外排。太钢工业废水“零排放”采用“预处理+膜处理+浓缩结晶”的工艺方案，工艺流程如图 4-9 所示。

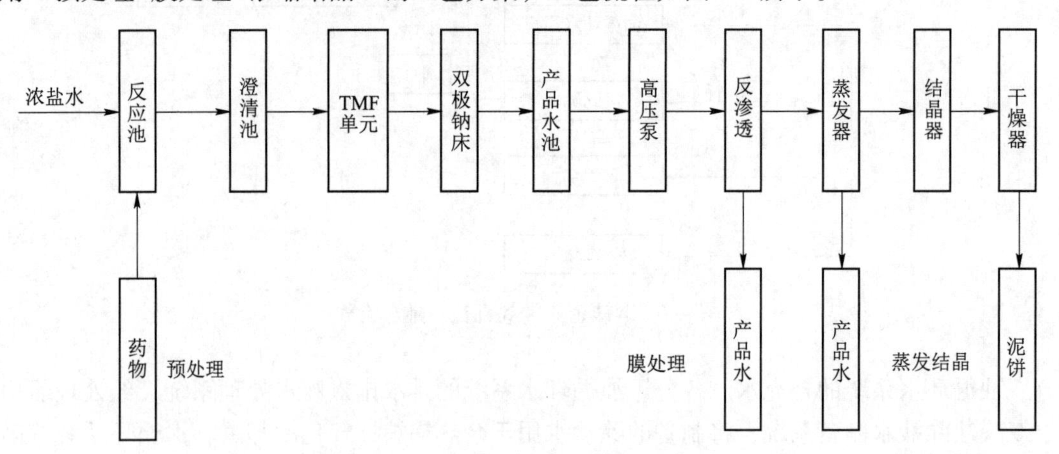

图 4-9　工业废水“零排放”方案工艺流程

钢铁企业要想实现生产废水“零排放”，通常需要做好以下几方面的工作：

（1）制定和完善用水定额指标体系，减少用水；改变用多少给多少的保生产的落后供水模式，从生产源头上加以控制，促使后续流程改进工艺或挖掘生产工艺潜能，这是最经济的办法。

（2）分质供水，建立完善的分质供水管网，满足生产工艺需要，如建设原水、软水、除盐水、水等不同的管网，满足不同工艺需求。

（3）科学合理实现一水多用，串级使用保证水系统的高效运用，以最大限度减少生产单元排水量。

（4）积极推广应用少用水或不用水的工艺技术装备，如高炉干法除尘技术、转炉干法除尘技术、加热炉汽化冷却技术、干熄焦技术等。

（5）清污分流，分别处理，最大限度减少药剂等处理费用。

（6）建设综合废水处理厂，对生产废水进行再次处理回收利用，加强废水处理站的建设，充分利用处理后的废水，用于冲厕、洗车、道路洒水、绿化等。

（7）积极采用新技术、新工艺，多渠道解决焦化废水、冷轧酸洗废水、钢渣粒化（闷渣）排水、高炉冲渣排水等废水处理回用等问题。

钢铁企业从原材料进厂、生产粗钢直至加工成钢铁产品，都需要水资源。钢铁企业必须科学运用废水回收利用技术，不断提升生产工艺中水资源的重复利用效率，实现生产废水的“零排放”才能实现可持续、健康发展。

5 固体废物的综合利用和处置

扫一扫，看微课

人类在生产和生活过程中所排出的固体废弃物质，简称为固体废物。如工矿业生产过程中排放的废渣、尾矿、粉煤灰等，产品经过使用和消费后形成的生活垃圾以及农业固体废物等。这些固体废物虽不像工业废气、废水那样到处流失扩散，但它们对环境的危害是不能低估的。许多有害固体废物通过不同途径污染大气、水体、土壤等环境，危害人群健康。

5.1 固体废物的种类

5.1.1 矿业固体废物

矿业固体废物来自矿物开采和矿物洗选过程，如废石、尾矿、砂石等。废石是指各种金属、非金属矿石开采过程中从主矿石剥离下的，从工业角度看利用价值不大的各种岩石。这类废物量大，多在采矿现场就近排放。

尾矿是指选矿过程中，经提取精矿以后剩余的尾渣。这类废物排放量也相当大，多弃置于选矿工场附近。

5.1.2 工业固体废物

工业固体废物来自各类工业部门生产和加工过程，如各种废渣、粉尘、废屑、污泥等，主要有下列三种。

（1）冶金固体废物：主要是指各种金属冶炼过程中排出的残渣，如钢渣、高炉炉渣、有色金属渣、铁合金渣等。

（2）煤炭电力固体废物：包括煤矸石，煤炭燃烧所排出的粉煤灰，以及炉渣、烟道灰等。

（3）其他工业固体废物：包括机械加工的金属碎屑，木材加工的边角料、木屑、刨花，粮食加工的谷屑、下脚料、渣滓，以及化工、造纸等的废渣、泥渣等。其中，以化工废渣毒性最大，污染最严重。

5.1.3 城市垃圾

城市垃圾包括来自人们日常生活所丢弃的各种废物，如炊事杂物、废纸、废织物、家用杂具、玻璃陶瓷碎物、废旧塑料制品、炉灰；还包括来自城市建设和维护的建筑垃圾（废砖、废瓦等），以及污泥、废土碎石和粪便等。

5.1.4 农业废物

农业废物包括耕作业和畜牧业等农业生产和禽畜饲养产生的动物粪便、尸骸、作物枝叶、秸秆、壳屑等。

5.1.5　放射性固体废物

放射性废物主要来自核工业生产、放射性医疗、科学研究等，还包括核武器试验所产生的具有放射性的各种碎片、弹壳、尘埃等。

此外，为了管理上的需要，将固体废物有害的那一部分列为有害固体废物，作为工业废物的细类。例如，美国《资源保护和回收法》将具有毒性、易燃性、腐蚀性、传染性、反应性和放射性的固体废物都归入有害固体废物。

5.2　固体废物的危害

5.2.1　我国固体废物排放状况

固体废物的数量在近百年来迅猛增加，几乎每个国家都堆积如山。新中国成立以来，随着国民经济的发展，固体废物的排放量也在逐年大幅度地增加，据不完全统计，我国工业和矿业固体废物排放量为 4.05 亿吨，全国城市每年排放的生活垃圾粪便为 1.46 亿吨。

我国固体废物的现状是排量大，占地多，危害重，处置和利用少，与国外先进水平相距悬殊。工业废渣利用率为 24%，不及国际先进水平的一半；还有 76%工业废渣堆弃城郊或排入江河湖海，成为环境的重要污染源。1997 年全国工业固体废弃物产生量为 10.6 亿吨，危险废物产生量为 1077 万吨，约占 1%。全国工业固体废弃物的累积存量已达到 65 亿吨，占地 516.8 平方千米（51680 公顷），其中危险废物约占 5%。目前，城市生活垃圾产生量约 1.4 亿吨，塑料包装用量迅速增加，“白色污染问题”日益突出。

对于钢铁工业固体废物来说，其产生量约占全国工业固体废物的 15%，所产生的废物主要有高炉渣、钢渣、含铁尘泥等。据初步测算，每年钢铁工业固废产生量达 5 亿吨。

5.2.2　固体废物对水体的污染

固体废物主要通过以下四种途径污染水体。

（1）固体废物直接倾入江河湖海：一些国家把海洋投弃作为对固体废物处置的一种方法。美国 1968 年投入太平洋和大西洋的固体废物达 4800 多万吨，我国江湖面积，20 世纪 80 年代比 50 年代减少 13.33 多平方千米（2000 多万亩），除围海造田外，主要是由于大量固体废物的侵入造成的。

（2）固体废物随地面径流进入江河湖泊：许多河流成为污水沟。联邦德国埃森附近的净水设施，每年可收集 60 万吨沉积物。美国俄亥俄州的废渣随雨水流入江河，使 1.6 万千米的河域中鱼类大量死亡。

（3）粉状和尘粉状固体废物随风飘入地面水，造成地面水污染。

（4）我国某钢企的尾矿积存量达 15000 万吨，因尾矿含氟，致使地面水、土壤和地下水中氟浓度相当高。某铁合金厂的渣露天堆积，经雨水渗入土壤，厂区下游 10 多平方千米范围内地下水污染，水中六价铬超标 1000 多倍。

5.2.3 固体废物对大气的污染

固体废物中的尘粒会随风飘入大气，遇到大风，会刮到很远的地方。垃圾、废渣中的某些有机物质在生物分解过程中产生恶臭和有害气体污染大气。固体废物露天焚烧或用没有净化装置的焚化炉焚烧时，也会排出大量有害气体。据美国统计，大气污染物中，来自固废处理的占5%左右。我国包头市的粉煤灰堆场，遇4级以上风力时，可剥离1~1.5cm，灰尘飞扬高度达20~50m，平均可视度降低30%~70%，形成“黑风口”，车辆行人难以通行。

5.2.4 固体废物对土壤和生物的污染

固体废物的有害物质会改变土质成分和土壤结构，有毒废物还能杀伤土壤里的微生物和动物，破坏土壤生态平衡，影响农作物生长。某些有毒物质，特别是重金属和农药，会在土壤中累积并迁移到农作物中去。联邦德国某冶金厂附近的土壤污染后，使该地生长的农作物含铅量为一般作物的80~260倍，含锌量为一般作物的26~80倍。英国威尔士北部康维盆地某铅锌尾矿场，由于雨水冲刷，废渣覆盖地面，使土壤中含铅量超过极限值100多倍，严重地危害了草场和牲畜，使草原不能放牧。辽宁铁岭柴河铅锌矿废水含镉量超标，使附近水稻中镉的含量达到$24.34\times10^{-4}\%$（24.34ppm），超过日本骨痛病的镉含量$15.26\times10^{4}\%$（15.26ppm）指标。

5.2.5 固体废物对人群健康的危害

固体废物中的病原体和有毒物质，经大气、水体、生物为媒介传播和扩散，危害人群健康。许多种传染病，如鼠疫等都与固体废物处置不当有关。固体废物对人群健康的危害，潜伏期长，往往短期内反映不出来，需要相当长时间才能表现出危害。例如，20世纪40年代美国胡克化学公司在尼亚瀑市城附近的腊夫运河堆放数以百计的废渣桶。1953年该废运河河道被废渣填满后，在此修建中学和运动场，建起住宅区，后来发现这里的孩子皮疹患者增多。1978年，许多建筑物渗进了各种剧毒化学物质。经纽约州环境保护部门对当地空气、地下水和土壤监测，发现有六六六、氯苯等82种有毒化学物质，其中有11种是致癌物质。卫生部门对居民健康做了调查，发现该地区新生儿生理缺陷、早产、癫痫、肝障碍、直肠出血、头痛等症状发病率都高。

5.2.6 固体废物的其他危害

固体废物的堆弃占用大量土地，不但污染环境，还浪费土地资源。我国仅工业废渣和尾矿堆积占地400平方千米（60万亩），苏联固体废物占地约1万平方千米（100万公顷）。固体废物堆置不当，还可能发生塌方、滑坡和泥石流，造成生命财产损失。

5.3 有害废物的处置

目前，固体废物中危害较大的是工业生产排出的有害固体废物，它可分为有害、易燃、有腐蚀性和有较强化学反应性等几类。处理这些废物的方法有焚化法、固化法、海洋投弃法、化学处理法和生物处理法等。

5.3.1　焚化法

焚化法适用于有机有毒固体废物，通过焚化使其转化成二氧化碳、水和灰分，以及少量含硫、氮、磷和卤素的化合物等。这种方法效果好，占地少，对环境影响小；但设备和操作较为复杂，费用大，同时还需处理焚烧过程中产生的有害气体和剩余的有害成分。因此，如果有害固体废物的毒性是由所含元素造成的，则不宜采用这种方法。沈阳环科所建立一座焚烧多氯联苯等有害废物的中心，将难以处理的有害、有毒废物集中焚烧处理。

5.3.2　固化法

固化法是采用物理的或化学的固化剂，使有害废物形成基本不溶解或溶解度较低的物质，或将它们包封在惰性固化体中的处理技术。通过这种处理，有害废物的渗透性和浸出性都可大大降低，有利于进一步处置和运输，达到无害化或低害化的目的。最常用的方法是用水泥固化和沥青固化。

（1）水泥固化法：是把工业有害废物按一定的水灰比直接与水泥混合时，还可加入一定的添加剂，经过养护形成水泥固化块。这种方法适用于处理有毒无机物、金属污泥、洗涤塔污泥等。尤其是对含硫化物的污泥，水泥固化能特别有效地抑制汞的浸出，但此法不能用来处理有机物和有毒阴离子。这种方法的工艺和设备简单，不需热源，无尾气处理；固化体强度高，抗渗性强，耐久性好，适于向海洋投放。但固化体如不进行涂覆时，其中的污染物易于在酸性溶液中浸出，处理过程中会影响水泥的凝结和硬化的废物，需要进行预处理。

（2）沥青固化法：是为处理放射性废物而发展起来的固体废物处理方法，对于工业废物的处置也很适用。如核工业系统使用过的离子交换树脂、其他工业的有害金属污泥的处理，都可以采用此法。沥青固化法一般要求先将废物干燥脱水，然后与沥青在高温下混合，也可将废物与沥青放在一起加热脱水并混合、冷却成固态混合物，通常需要有沥青废物包装容器。对于沥青有溶解作用的有机化合物和强氧化剂如硝酸盐等废物，不宜采用此法。

5.3.3　海洋投弃法

将有害固体废物直接或经过处理以后投入海洋的方法称为海洋投弃法。投弃的废物主要是放射性废物或其他剧毒的工业废物。向海洋投弃废物历史较久，且各国投弃废物的种类也不同，如美国每年向海洋投弃的废物，以污泥数量为最大，其次是工业废物。废物入海造成的海洋污染，正在引起人们的重视。目前虽然在应用，但人们呼吁应予以取缔，或至少先作无害处理后再投弃。1974 年曾召开国际大会，防止海洋因倾倒废物遭受污染，并通过了一项国际协议，禁止把超过一定限量的污染物泄入海洋。1983 年在伦敦召开的一次国际原子能机构会议上，也通过了一项决议，禁止把放射性废物投入海洋。

5.3.4　化学处理法

化学处理法是利用有害固体废物的化学性质，将有害物质转化为无害的最终产物的方法，最常用的是酸碱中和法、氧化还原法、化学沉淀法等。酸碱中和法可采用弱酸或弱碱就地中和；氧化还原法常用于处理氰化物和铬酸盐类有害废物，需用强氧剂和还原剂，通常需用一个运转反应池；化学沉淀法是利用沉淀作用使溶解度低的水合氧化物和硫化物沉淀下来，以减少毒性。

5.3.5 生物处理法

生物处理法利用生物技术和特性，通过生化过程，使废物经生物的降解而降低或解除毒性。常用的方法有堆肥法等，这些方法主要是降解有害有机物，使之无害化。

5.4 城市垃圾的回收和处理

5.4.1 城市垃圾的回收

城市垃圾的回收包括两方面：一是材料回收；二是能源回收。

5.4.1.1 材料回收

我国大中小城市都有废旧物资回收系统。经加工处理可利用的废旧物资，如废纸张、旧衣物、坏器具及旧塑料制品、金属制品均在回收之列。

收购的废旧物品可以作为资源重新利用。过去在利用这些废旧物品时多用手工分类、挑选、处理，费事、费时、费力。现在正在逐渐改进和提高，走机械分选和自动分选之路。根据废物密度、电磁性、导电性、块状大小以及物理、化学特性和成分的不同，分成几道工序分别选出。例如，利用电磁性把钢铁废品选出，利用导电性把各种金属选出，利用密度的大小把沉淀与漂浮的废品分开等，回收物再重新利用。从城市垃圾中回收各种材料资源，具有既处理废物，又开发资源两大特点。因此，引起人们的重视。

5.4.1.2 能源回收

从总的趋势看，城市垃圾中有机成分的比例占60%以上，所以通过焚烧垃圾回收能源逐渐提到议事日程上来。垃圾中的废纸、塑料、旧衣物发热量都很大，一般在8kJ/kg以上。以垃圾作为煤的辅助燃料，可以生产蒸汽，也可以发电。小型焚烧垃圾炉可以用来烧开水，蒸饭。

我国城市垃圾中有机成分较低，这是由于我国城市居民以煤为燃料，垃圾中煤渣、炉灰密度大形成的。为了回收能源，机关、学校、医院、工厂等部门的垃圾，应把有机成分和无机成分大致分开，而后用有机成分代替燃料，无机成分另做处理。

5.4.2 城市垃圾处理方法

5.4.2.1 焚化法

最简单的焚化法是垃圾的露天焚化，此法容易造成大气污染，目前多采用焚化炉。

5.4.2.2 填埋法

填埋法是将垃圾填入预备好的坑洼地或土沟内，压实盖土，使其发生化学、生物、物理等变化，使垃圾中有机质分解，从而达到无害化的目的。采用此法，首先要选好场地，可挑选废矿坑、废黏土坑、废采石场等作为填埋场地；将垃圾回填这些人工坑洞，有利于恢复地貌，维持生态平衡。其次，要防止垃圾溶液渗漏以及地面雨水径流对水源的污染，一般填埋场地的最低处应高出地下水位 3m 以上。若回填地下部为透水层，则要铺黏土、沥青或塑料薄膜作为隔水层。填埋地段最好还应有排气设施，使厌氧微生物分解出的甲烷、二氧化碳等气体能及时排出，避免长期积聚气体而引起爆炸。

5.4.2.3　堆肥法

堆肥法是利用微生物对垃圾和粪便中的有机物分解作用及其产生的热量来杀灭垃圾中的病菌和寄生虫卵等，从而使垃圾达到无害化、腐熟化。该法主要分厌氧分解和好氧分解两种。

（1）厌氧分解是在无空气供应的情况下，利用厌氧微生物将垃圾中的有机物分解，产生甲烷、二氧化碳、硫化氢等气体。采用厌氧分解的堆肥周期长，常需要几个月时间，无害效果差，且生成热量少，一般为 35℃左右，如果管理不善，将有害卫生。

（2）堆肥法的好氧分解是在供给充足空气的条件下，利用好氧微生物分解垃圾中的有机物质。好氧处理法效果较前者好，温度高达 60℃，可以杀灭致病菌。无害处理只需 7~10 天，然后进行二次腐熟，前后三周就可完成堆肥工作。堆肥法消纳的固体量（即能转化为肥料的量）为 80%以上，垃圾处理后的产品是一般堆肥或有机复合肥。

当前，城市垃圾的处理对各国来说都是个大问题，究竟采用哪种方法适宜，应根据各地的具体条件，如地质、成分、产量等做全面考虑。目前，我国城市垃圾问题还没有得到很好解决。

5.5　固体废物的综合利用

目前，就国内外研究进展而言，在世界范围内取得共识的技术对策是所谓“3C”原则，即 Clean（清洁）、Cycle（循环）、Control（控制）。我国根据国情制定出近期以“无害化”“减量化”“资源化”作为控制固体废物污染的技术政策；确定今后较长一段时间内以“无害化”为主，以“无害化”向“资源化”过度，“无害化”和“减量化”应以“资源化”为条件。

（1）固体废物“无害化”处理的基本任务是，将固体废物通过工程处理，使之不损害人体健康，不污染周围的自然环境。如垃圾的焚烧、卫生填埋、堆肥，粪便的厌氧发酵，有害废物的热处理和解毒处理等。

（2）固体废物“减量化”处理的基本任务是通过适宜的手段，减少和减小固体废物的数量和容积。这一任务的实现，需从两个方面着手，一是对固体废物进行处理利用，二是减少固体废物的产生，做到清洁生产。例如，将城市垃圾进行焚烧法处理后，体积减小 80%~90%，余烬则便于运输和处置。

（3）固体废物“资源化”的基本任务是，采取工艺措施从固体废物中回收有用的物质和能源，固体废物“资源化”是固体废物的主要归宿。相对于自然资源来说，固体废物属于“二次资源”和“再生资源”范畴，虽然它一般不再具有原使用价值，但是通过回收、加工等途径可以获得新的使用价值。

固体废物是指相对某一过程或某一方面没有使用价值的物质，并不是在一切过程或一切方面都没有使用价值。实际上，某一过程所产生的废物，往往是另一过程的原料。实践证明，处理固体废物的最好办法是综合利用，变废为宝；而消极的埋藏、填坑、填海或者焚烧都可能造成二次污染。随着现代科学技术的发展，综合利用固体废物的方法越来越多，许多国家设立专门机构，研究固体废物的处置、回收、利用技术，使固体废物逐步资源化。

下面介绍尾矿、煤矸石、粉煤灰和钢渣的综合利用。

5.5.1 矿业废物的处理和利用

废石和尾矿的无害化处理和综合利用是处理利用矿业废物的首要问题和发展方向。

5.5.1.1 无害化处理

为了防止废石风化和尾矿被水冲刷污染大气和水体，往往将它们稳定处理，避免危害。常用的稳定处理方法有物理法、化学法和植物法。

（1）物理法：是向废石和尾矿上覆盖以石灰、泥土或草根、树皮等物，避免废物受风吹、雨淋、日晒而污染环境。

（2）化学法：是应用某些化学反应剂与尾矿反应，生成硬结物质来抵御水和空气侵蚀的。用这种方法选择反应剂要得当，并注意购买方便，价格便宜的化学反应剂，如水泥、石灰等。

（3）植物法：是在废物堆场上种植各种永久性植物，如苇草、牛毛草、禾草及某些灌木等，植物长出后一般能起到良好的稳定和保护作用。为了帮助植物长势，施加一些化肥或化学药品效果会更好。

5.5.1.2 矿业废物的综合利用

矿业废物的综合利用像工业废物一样，有着巨大的潜力和前途。表5-1所列是其主要用途。

表 5-1 矿业废物的主要用途

废物名称	主要用途
重金属尾矿	制作砖瓦和回填矿坑
轻金属尾矿和废石	制作建筑材料和水泥
多种金属共生矿的废石和尾矿	回收有价值的金属
含二氧化硫大于70%的尾矿	作加气混凝土的配料
无毒无害废石和尾矿	铺路、填坑造地、建筑骨料
大部分废石和尾矿	作矿坑回填材料
煤矸石	燃料、建筑材料和化工材料

多数矿山开采剩下的废石和矿石洗选剩下的尾矿可以作为天然的建筑材料，或人工制成的建筑材料，广泛用于建筑材料工业。例如，含石灰石成分多的废石可制成水泥，化学

成分及体积稳定的各种废石可直接作为混凝土的骨料或铺路材料。铁和铜的尾矿粉可用来蒸制或烧制砖瓦、水泥原料或制成加气混凝土等。

从废石和尾矿提炼金属或其他有用物质，是综合利用的良好途径。因为许多种废石和尾矿都含有一定数量有用的金属和非金属元素，回收后用于生产，有显著的经济效果。例如，铜、铅、锌矿体多是共生的，采取综合冶炼工艺可以提取多种金属并减少尾矿排量。以铁为主的铁钒钛共生矿，从废石或尾矿中可提取钒钛金属。从世界范围看，从废石、尾矿中回收金属，在技术或数量上都是不够的。

在煤矿开采、选洗过程排出煤矸石，我国每年的排出量上亿吨。煤矸石的综合利用潜力很大。通过简单洗选工艺，仍可选出好煤，作为动力锅炉的燃料。有些取暖锅炉，也可以直接以煤矸石为燃料，从而增加能源。例如，用沸腾炉烧煤矸石其效果很好。

从煤矸石及其他尾矿中提取化工原料目前已有成功经验。例如，焙烧煤矸石可使无化学活性的高岭土转变为有活性的高岭土（$Al_2O_3 \cdot 2SiO_2$）再用盐酸浸取可制得结晶氯化铝。

5.5.2 煤矸石的利用

煤矸石是煤矿开采中产生的废渣。它包括掘进时产生的矸石及洗煤过程中排出的洗矸石，一般每采1t原煤排矸石0.2t左右（包括掘进矸石时，平均排矸石1t）。

煤矸石是成煤过程中与煤层伴生的一种含碳量低、比较坚硬、黑色岩石。它是由含碳物和岩石组成的混合物，发热量一般为1000~3000kcal/kg，是一种值得回收利用的资源。

5.5.2.1 煤矸石的化学成分和矿物组成

（1）煤矸石的化学成分：国内几种煤矸石化学成分见表5-2。

表5-2 煤矸石化学成分（质量分数，%）

名称	SiO_2	Al_2O_3	Fe_2O_3	CaO	MgO	SO_3	烧失量
样品1	59.50	22.40	3.22	0.46	0.74	0.12	10.49
样品2	57.24	25.14	1.86	0.96	0.53	1.78	12.75
样品3	52.47	15.28	5.94	7.07	3.51	1.99	13.27

（2）煤矸石的矿物组成：煤矸石主要由高岭土、石英、蒙脱石、长石、伊利石、石灰石、硫化铁、氧化铝和少量的稀有金属的氧化物组成。

5.5.2.2 煤矸石的处理方法

煤矸石的处理方法如下：

（1）难以综合利用的某些煤矸石可充填矿井，荒山沟谷和塌陷区或覆土造田；

（2）暂时不能利用的矸石山可覆土、植树；

（3）自燃矸石山可浇石灰水，利用酸碱中和制止自燃。

5.5.2.3 煤矸石的利用

含碳量较高的煤矸石可作燃料；含碳量较低的和自燃后的煤矸石可生产砖瓦、水泥和轻骨料；含碳量很少的煤矸石可用于填坑造地、回填露天矿和用作路基材料。另外，一些煤矸石粉还可用来改良土壤或作肥料。

煤矸石含有一定数量的固定碳和挥发分，一般烧失量为10%~30%，发热量达1000~3000kcal/kg，可用来代替燃料。如铸造时，可用焦炭和煤矸石的混合物作燃料化铁；用煤矸石代替煤炭烧石灰，也可用作生活炉灶燃料等。

A 煤矸石生产砖、瓦

煤矸石经过配料、粉碎、成型、干燥和焙烧等工序可制成砖、瓦。除煤矸石必须破碎外，其他工艺与普通黏土砖、瓦基本相同。

（1）煤矸石内燃砖：利用煤矸石本身的发热量作为内燃料，将煤矸石掺入黏土内压制成型，经焙烧而成。这种砖比一般单靠外部燃烧的砖可节约用煤量50%~60%。

（2）微孔吸音砖：用煤矸石、石膏、白云石、锯末、硫酸做原料可生产微孔吸音砖，其参考配比见表5-3。

表5-3 微孔吸音砖参考配比（质量分数，%）

煤矸石	石膏	白云石	锯末	硫酸
100	20	4	20	2

微孔吸音砖的生产工艺是，将破碎后的煤矸石、晒干锯末与白云石、半水石膏混合，送入硫酸溶液中混拌。白云石与硫酸反应产生气泡，使混合料膨胀，然后浇注入模，经干燥、焙烧而制成。微孔吸音砖具有隔热、保温、隔音、防潮、防火、防冻等性能。

（3）煤矸石瓦：生产工艺流程如图5-1。生产煤矸石瓦最好采用自燃煤矸石（含水量不超过3%，粒径10mm以下）。在瓦坯成型过程中，其泥料水分保持21%~24%，瓦坯干燥1~2天可入窑焙烧，温度为1050~1100℃。煤矸石瓦是一种新型的屋面材料，其质量符合黏土瓦的标准。

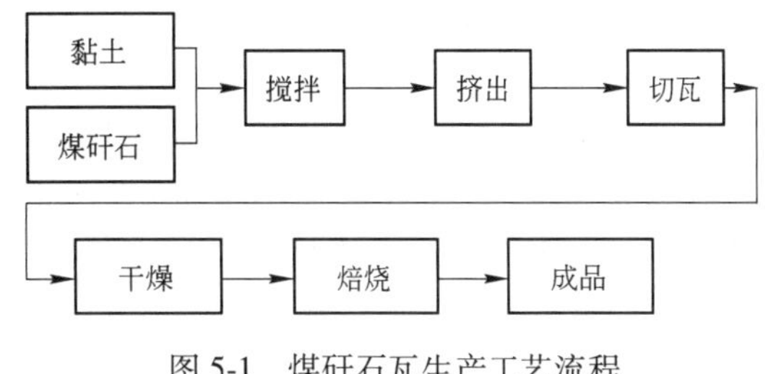

图5-1 煤矸石瓦生产工艺流程

B 煤矸石生产快硬硅酸盐水泥

煤矸石中二氧化硅、氧化铝及氧化铁的总含量在80%以上，是一种天然黏土质原料，可代替黏土配料，烧制普通硅酸盐水泥、快硬硅酸盐水泥、煤矸石炉渣水泥等。

（1）煤矸石快硬硅酸盐水泥：利用氧化铝含量高的煤矸石与石灰石、铁粉混合磨成生料，与无烟煤混拌，加水制成生球后煅烧（温度1400~1450℃），将烧成熟料与石膏磨细即成快硬硅酸盐水泥。煤矸石快硬硅酸盐熟料参考配比为石灰石82%、煤矸石13%、无烟煤13%、铁粉5%、水16%~18%。煤矸石快硬硅酸盐水泥具有早期强度高、凝结硬化快等特点。

（2）煤矸石炉渣水泥：将煤矸石与粒径10mm以下烟煤混合喷入沸腾炉内，在900~1000℃下煅烧。燃烧后的炉渣与生石灰、石膏混合磨细即成煤矸石炉渣水泥，其参考配比为煤矸石炉渣66%~77%，渣、生石灰15%~25%，石膏8%。

生产该水泥时，要求生石灰中氧化钙含量在60%以上，用低含碳量的煤矸石，制成的水泥构件需蒸汽养护。

（3）煤矸石无熟料水泥：由自燃煤矸石或经 800℃煅烧的煤矸石与石灰、石膏（也可加入适量高炉水渣）混合磨细而成。

C　用煤矸石生产预制构件

利用煤矸石中所含可燃物，经 800℃煅烧成为熟煤矸石，加入适量磨细生石灰、石膏经轮碾、振动成型、蒸汽养护，可生产矿井支架、水沟盖板等预制构件。

D　利用煤矸石生产空心砌块

煤矸石空心砌块是以煤矸石无熟料水泥作胶结料，自燃煤矸石作粗细骨料，加水搅拌，配制成半干硬性混凝土，经振动成型。煤矸石空心砌块参考配比见表 5-4。

表 5-4　煤矸石空心砌块参考配比

煤矸石空心砌块混凝土质量配比			水灰比	煤矸石空心砌块用料量/kg · m^{-3}		
煤矸石无熟料水泥	粗骨料	细骨料		煤矸石无熟料水泥	粗骨料	细骨料
1	2.7	0.8	0.5	302	815	242

E　用煤矸石生产轻骨料

用煤矸石生产轻骨料的工艺可分两种：一种用烧结机生产烧结型的煤矸石多孔烧料；一种是用回转窑生产膨胀型的煤矸石陶粒。

F　从煤矸石中提取化工产品

从煤矸石中提取化工产品，目前比较多的是从铝量较高、含铁量低的煤矸石中经过高温焙烧，再用盐酸浸渍以后提取结晶氯化铝。结晶氯化铝经过热解、聚合等工艺，可得到固体聚合氯化铝。经过盐酸处理后的煤矸石，渣中的二氧化硅的活性提高了，在常压下与液体烧碱反应即可生成水玻璃，又可用水玻璃进一步制成白炭黑。

从煤矸石中提取的上述化工产品，其性能都比较好。例如，结晶氯化铝是一种净水剂，性能比硫酸铝好，而用量比硫酸铝少，还可以代替硫酸铝作造纸橡胶剂；聚合氯化铝是一种新型无机高分子混凝剂，广泛用于生活饮用水和污水处理，还可以代替硅酸乙酯应用于陶瓷精密铸造；湿法水玻璃则广泛用于纸制品、铸造、电焊条和建筑部门等；白炭黑则是一种橡胶补强剂。

煤矸石的利用途径还有不少。例如，可以从中提取煤炭和黄铁矿、用煤矸石可制作矸石棉，还可以用来制作矿井支架（通过制成矸石混凝土），以及生产高效复合絮凝剂等。

5.5.3　粉煤灰的综合利用

粉煤灰是煤燃烧所产生的烟气中的细灰，一般多指燃煤电厂从烟道气中收集的细灰。煤灰有许多有用成分，对煤灰综合利用，目前已有几十种用途，随着科学技术的发展，其综合利用的前途是非常广阔的。我国是以煤为主要能源的国家，粉煤灰排出量很大，更应当重视对它的综合利用。

5.5.3.1　从粉煤灰中提取炭和铁

粉煤灰中含有多种化学成分，如二氧化硅、三氧化二铁、二氧化钛和炭等，可以采用适当的方法提取其有用成分。例如，利用煤炭和煤灰与水的亲疏关系不同的特点，煤灰亲水疏油，煤炭则亲油疏水，采用浮选的方法，用油（一般用煤油和柴油）作为辅收剂来收集煤，这种方法浮选收回煤可达90%以上。又如，粉煤灰中的铁，可采用磁选方法加以回收。经过磁选的铁精矿粉，品位一般在50%左右，含硫量较低，主要为四氧化三铁，还有少量固定碳。经过磁选从粉煤灰提取的铁精矿，完全可以产出高质量的铸造生铁。

5.5.3.2 粉煤灰水泥

凡由硅酸盐水泥熟料，粉煤质和加入适量石膏磨细制成的水硬胶凝材料称为粉煤质硅酸盐水泥（简称粉煤灰水泥）。水泥粉煤质掺加量按质量分数计为20%~40%。

5.5.3.3 粉煤灰砖

利用粉煤灰可生产蒸养粉煤灰砖、烧结粉煤灰砖、碳化粉煤灰砖等，我国已建成许多粉煤灰砖厂，年产量达16亿块，年处理粉煤灰500万吨。

5.5.3.4 粉煤灰砌块与板材

利用粉煤灰生产的各种砌块有蒸养粉煤灰硅酸盐砌块、蒸压粉煤灰泡沫混凝土砌块和粉煤灰混凝土大型墙板等。

（1）蒸养粉煤灰硅酸盐砌块（简称硅酸盐砌块）：是以煤渣为骨料，以粉煤灰、磨细石灰和石膏为胶结料，加水搅拌、振动成型、蒸汽养护而成的一种墙体材料。粉煤灰硅酸盐砌块的参考配比见表5-5。

表5-5 蒸养粉煤灰硅酸盐砌块参考配比 （%）

粉煤灰	石灰	石膏	煤渣	用水量
35	8	2	55	30~33

（2）蒸压粉煤灰泡沫混凝土砌块：是一种轻质多孔墙体材料。采用粉煤灰、磨细石灰、石膏与泡沫剂拌合成型，经蒸压养护而成。

（3）粉煤灰墙板：目前生产的粉煤灰墙板有粉煤灰硅酸盐大板、粉煤灰矿渣混凝土墙板、粉煤灰炉渣大型墙板等。

粉煤灰墙板是以粉煤灰、磨细生石灰和石膏为胶结料，以矿渣碎石或炉渣等为骨料配制而成。粉煤灰矿渣混凝土墙板参考配比见表5-6。粉煤灰墙板已在我国工业与民用建筑中使用，效果良好。

表5-6 粉煤灰墙板参考配比

名称	胶结料/%			水灰比	胶骨比	砂率/%	工作度/s
	粉煤灰	石灰	石膏				
内墙板	65	35	5	0.75~0.85	1∶(3.8~4.2)	36	6~9
外墙板	65	35	5	0.8~0.9	1∶(3.2~3.3)	40	5~7

5.5.3.5　粉煤灰生产其他建筑材料

（1）粉煤灰陶粒。以粉煤灰为主要原料，掺部分黏土及无烟煤混合成球，在1200~1300℃高温下烧结而成的一种人造轻骨料，可以采用回转窑、烧结机、立波尔窑等焙烧。

（2）粉煤灰作混凝土掺合料及细骨料。在配制混凝土混合料时，加入一定量的粉煤灰（或磨细粉煤灰），可有效地节约水泥，改善混凝土和易性，提高混凝土质量。该工艺已在我国一些大型水电工程的混凝土中使用，取得了良好经济效果。国外对粉煤灰作混凝土掺合料也很重视，在泵送混凝土、压浆、灌缝混凝土中都广泛应用。粉煤灰还可用做细骨料，代替轻砂配制轻质混凝土。

（3）粉煤灰加气混凝土。采用粉煤灰、磨细生石灰、石膏及少量水泥配料，并加入适量加气剂（铝粉），经搅拌注模、静停切割，入窑蒸养即成粉煤灰加气混凝土。

（4）制轻质耐热混凝土。用425号硅酸盐水泥为胶结料，粉煤灰做填充料，可生产使用温度在1100℃以下的轻质耐热混凝土。粉煤灰轻质耐热混凝土适用于一般机械、化工业使用的窑炉中。

5.5.3.6　粉煤灰筑路

用粉煤灰可代替砂石做公路路基材料的承重层。采用粉煤灰和石灰的混合料作路面，强度比砂石材料高1.5~3倍，路面造价降低10%，路基不但能防冻、防翻浆和龟裂，而且板体性好，后期强度高。

5.5.3.7　粉煤灰在农业上的应用

利用粉煤灰可生产肥料和不经处理直接施用于农田。粉煤灰中一般含一定量的钙和镁，只要加适量的磷矿粉，并利用白云石作助熔剂，以增加钙和镁的含量，就可达到钙镁磷肥的质量要求。利用粉煤灰可以生产高效低污染的直接用于农田的化肥。

利用电厂旋风炉附烧钙镁磷肥，可使灰渣全部变成磷肥。这是发电厂粉煤灰综合利用的途径之一，但对锅炉排烟中的氟化物等要采取措施。

粉煤灰还可直接施用于农田，以利用其中有营养价值的元素（如钾、磷、铁、钙、锰、硼等），作为农作物的刺激剂。粉煤灰对水稻的稻瘟病、苹果的黄叶病均有抑制作用。

5.5.3.8　粉煤灰制分子筛

分子筛是用碱、铝、硅酸钠等人工合成的一种泡沸石晶体，其中含有大量的水。当把它加热到一定温度时，水分被脱去而形成一定大小的孔洞。它具有很强的吸附能力，能把小于孔洞的分子吸进孔内，而把大于孔洞的分子挡在孔外，这样就把大小不同的分子过筛。

用粉煤灰制成的分子筛主要用于各种气体与液体的脱水、干燥以及气体的分离和净化等方面，利用粉煤灰制分子筛工艺简单、质量好。

5.5.4 钢渣的综合利用

5.5.4.1 钢渣作为水泥原料

以钢渣和铁渣为主要原料，掺入少量激发剂（水泥熟料、石膏等）经磨细后即可制成钢渣水泥，钢渣水泥的质量与钢渣、铁渣所含成分、原材料的配比和工艺过程有关。目前生产的钢渣水泥有两种，一种是用石膏作激发剂生产的水泥，这种水泥早期强度较低，可能对钢筋有锈蚀作用，一般用于无筋混凝土构件；另一种是用熟料和石膏做复合激发剂的水泥，性能比前一类好，又无锈蚀钢筋的缺点。

5.5.4.2 钢渣砖

利用钢渣制砖，原材料与钢渣水泥相似，都要掺入高炉水渣和激发剂，不同的是用石灰和石膏作激发剂。

原材料的配比（质量分数）对砖的质量和成本都有很大影响。通常为增加砖的强度，改变钢渣活性低、颗粒坚硬、胶结量过少的缺点，一般要加高炉水渣或粉煤灰，且水渣或粉煤灰的掺量不宜少于30%。

5.5.4.3 钢渣磷肥

钢渣含有较多的五氧化二磷及其他几种对农作物有益的元素如铁、铝、镁、锰、钙、硅等，可作为生产磷肥的原料。

钢渣磷肥的肥效显著，成本低，所含硅、钙、锰等养分对植物生长的早期和晚期都有肥效，是一种复合矿质肥料。钢渣磷肥不但对当季有效，而且对第二、三茬作物也有一定的增产效果。

总之，随着技术进步，将钢铁企业固体废物中的不同资源进行回收利用成了其中的一种处理方式。资料显示，钢铁生产过程中产生的高炉渣、钢渣等主要用于生产矿渣微粉、水泥熟料、混凝土添加剂和砖块等，目前高炉渣综合利用率在95%以上，钢渣综合利用率约为30%。含铁尘泥主要在钢铁厂内部返生产利用，其他部分低价固体废物主要为金属含量低的固废，一般在厂内堆存或委托外部企业处理。由此可见，含铁类固废、含碳类固废的回收价值都比较高。

这既是一种处理方法，也是未来钢铁工业固废处理应该提高的一个重点。当前，钢铁行业固废资源化利用存在技术单一、产品附加值低、低成本、高效化固废利用技术紧缺等问题，面对巨大存量固体废物，应注重新技术的研发与使用，加强高水平的固体废物综合利用技术研究、淘汰落后工艺、发展深度回用才能突破技术瓶颈。

目前，我国探索钢铁行业固体废物处置的行动越来越密集。2019年4月，在河北唐山召开“京津冀冶金工业固体废物治理及铅锌资源综合利用高峰论坛”会议中，提出钢铁、有色协同处置思路。

推动区域内废弃物协同处理，把大量的高炉渣、钢渣、铁合金渣、含铁尘泥等钢铁冶炼渣以及铜渣、铅渣、锌渣等各类有色冶炼废渣充分利用起来，有效解决固体废物带来的突出环境问题。

钢铁企业和有色再生企业联手处理固废行得通吗？对此，业内专家普遍认为，推进钢铁、有色协同处置固废，公开透明的市场机制，互惠互利的分配方式和多方共赢的合作模式，会让跨界联手迸发出璀璨的火花。

根据《工业绿色发展规划(2016~2020年)》要求，2020年，工业固体废物综合利用率达到73%，主要再生资源回收利用量达到3.5亿吨。目标验收之年，在“无废城市”建设的加持下，不久将会在全国形成一批可复制、可推广的建设示范模式，为其他城市工业固废处理提供参考。

6 其他污染与防治

扫一扫，看微课

6.1 噪　　声

凡是干扰人们休息、学习和工作的声音，即人们不需要的声音如机器的轰鸣声、车辆的鸣笛声等，统称为噪声。

从物理学角度来说，声音强度和频率变化没有规律、杂乱无章的声音叫做噪声，研究的是声音的质量。从环境保护来说，确定一种声音是不是噪声，着重看它是否干扰人们的休息、学习和工作，研究的是声音对人的健康影响。在日常生活中，人们需要有一定的声音背景，才能保持头脑清醒、神志正常。任何人在消声室内停留一会儿，他就会体会到人一点儿也不能在完全无声的环境中生活，人们并不要求周围没有一点儿声音。人们需要的是安静，而不是完全听不到声音。

可以这样认为：在特定环境条件下，凡是超过噪声标准的声音，都是噪声。20 世纪 50 年代以来，噪声污染被公认为是一种严重的社会公害。

6.1.1 噪声污染的来源

噪声的来源有两大方面：一是自然界里的噪声；二是人类活动产生的噪声。自然界噪声，如火山爆发、地震、雷电、风雨以及各种动物所发出的声音。目前人类对这类噪声还没有能力控制，我们暂不作研究。人类活动产生的噪声主要有交通噪声、工业噪声、施工噪声和社会噪声。

6.1.1.1 交通噪声

交通噪声是城市环境噪声的主要来源，它包括各类交通运输工具发出的噪声，有地面噪声、航空噪声、火车噪声和船舶噪声等。其中，危害最大的是地面道路交通噪声，最主要的噪声污染源是汽车。目前，城市白天交通干线道路两侧的等效连续 A 声级在 70～80dB（A）之间，我国城市交通噪声相当严重。此外，飞机噪声也是当前国际上特别注意的噪声源，已对周围环境和居民构成极大的影响和危害。

6.1.1.2 工业噪声

与交通噪声不同，工业噪声是固定噪声源。它主要是工厂进行生产产品时产生的噪声，由于这个特点，工业噪声常常成为环境纠纷诉讼案中最主要的构成因素。工业噪声影响最大的是空气动力性噪声和机械噪声，如纺织厂的各种织布机，工业和民用锅炉鼓风机、各种机床、球磨机、空压机、电动机、汽锤等，这些噪声强度均超过 80dB（A）。在所有噪声污染源中，各式风机（主要是鼓、引风机）占 70%，机械噪声是工业噪声的重要构成部分。此外，杂散于居民区中的小型五金作坊，特别是冲床、冲压机的噪声，常常导致群众上访。

6.1.1.3　建筑施工噪声

建筑施工噪声是一种临时性的噪声污染，施工完毕，污染解除。但其声音强度很高，又属于露天作业，污染十分严重。建筑机械，如打桩机、电锯、铆枪、破路机等噪声对居民干扰比较大，特别是夜间施工，严重地干扰人们的休息与睡眠。

6.1.1.4　社会噪声

社会活动和家庭生活噪声也普遍存在，如高音喇叭，家庭收音机、电视机、洗衣机、厨房切菜声、敲击墙壁、地板声等都会对人产生干扰。如果住房隔音效果差，将会导致邻居之间的不和，影响各自的生活和工作情绪。

6.1.2　噪声的危害

6.1.2.1　听力损伤

噪声对听力的损害是人们认识最早的一种影响。早在1886年，英国格拉斯哥的一名医生托马斯巴尔曾就噪声对人听力的影响进行过著名的对照研究。近30年来，关于噪声对听力影响的研究有了很大的进展。一般噪声对听力的损害可分为两种，一种是暂时性的，一种是职业性（永久性）的。

当人进入较强噪声的环境中时，会感到刺耳难受，听力下降；但当离开噪声场所在安静处待一段时间后，听觉又逐步恢复原状，这种现象叫做暂时听阈偏移，也叫作听觉疲劳，它是暂时性的生理现象，内耳听觉器官并未受到损害。

长期在噪声环境中工作的人，由于持续不断地受到噪声的刺激，或者说是一种慢性刺激，日积月累，那种听觉疲劳现象不但逐渐加深，而且不能复原内耳感受器已经发生的器质性病变，其听力发生不可恢复的永久性阈位移，这就是噪声性耳聋，又称为职业性听力损失。

一般地讲，在85dB（A）以上的噪声环境中长期工作，就会发生噪声性耳聋。另外，还有一种噪声性耳聋，这就是爆震性耳聋。当人们突然听到强烈噪声时，比如爆破、爆炸等，可使人的听觉器官发生急性外伤，引起鼓膜破裂流血，爆震性耳聋多发生在噪声强度高达130~150dB（A）的特殊场合。

6.1.2.2　噪声可引发多种疾病

噪声作用于人的中枢神经系统，使人的基本生理过程如大脑皮层的兴奋和抑制平衡失调，导致条件反射异常，使人们脑血管张力遭到损害，神经细胞边缘出现染色质的溶解，严重的可以引起渗出性出血灶，脑电图电位改变。这些生理学变化，早期24h是可以复原的，但如果得不到及时恢复，久而久之，就会形成牢固的兴奋灶，产生神经衰弱症候群。噪声作用于中枢神经系统，还会影响到人的整个器官。例如，引起肠胃机能阻滞，消化液分泌异常，胃酸度降低，胃收缩减退，造成消化不良，食欲不振，恶心呕吐，从而导致胃病及胃溃疡的发病率增高。噪声对内分泌机能也有较大影响。

噪声对心血管系统的影响也很大。研究表明，噪声可以使交感神经紧张，从而使人的心跳加快、心律不齐、血管痉挛、血压升高等，由此导致心脏病。同时，噪声还可以引起心室组织缺氧、心肌损害，并引起血中胆固醇含量增高，从而导致冠心病和动脉硬化。

此外，强噪声会刺激耳腔的前庭，使人眩晕、恶心、呕吐。超过140dB（A）的噪声会引起眼球的振动，视觉模糊，呼吸、脉搏、血压都会发生波动，甚至会使全身血管收缩，供血减少，说话能力受到影响。

6.1.2.3 噪声影响睡眠

适当睡眠是保证人体健康的重要因素，但是噪声会影响人的睡眠，老年人和病人对噪声干扰更敏感。当睡眠受到噪声干扰后，工作效率和健康都受到影响。研究表明，连续噪声可以加快熟睡到轻睡的回转，使人多梦，熟睡的时间缩短；突发的噪声可使人惊醒。

6.1.2.4 噪声对交谈、通信、思考的干扰

在噪声环境下，妨碍人们之间的交谈以及通信联络是常见的。同时，影响人们的思维活动和语言信息交流，对生产和生活造成一定的影响和损失。

6.1.2.5 噪声对心理的影响

噪声引起的心理影响主要是使人烦恼激动、易怒，甚至失去理智。噪声也容易使人疲劳，往往会影响精力集中和工作效率，尤其是对那些要求注意力高度集中的复杂作业和从事脑力劳动的人，影响更大。

另外，由于噪声的心理作用，分散了人们的注意力，容易引起工伤事故。特别是在能够遮蔽危险警报信号和行车信号的强噪声下，更容易发生事故。

6.1.2.6 噪声对儿童和胎儿的影响

噪声会影响少年儿童的智力发展。在噪声环境下，老师讲课听不清，会造成儿童对讲授内容不理解，长期下去，将会影响智力的发展。调查显示，吵闹环境下生长的儿童智力发育比安静环境中的低20%。

此外，噪声对胎儿也会造成有害影响。研究表明，噪声会使母体产生紧张反应，引起子宫血管收缩，以致影响供给胎儿发育所必需的养料和氧气。

6.1.3 噪声污染的控制

噪声污染的控制可分为加强行政监督管理和采取工程控制措施两方面。

6.1.3.1 加强行政监督管理

加强行政监督管理的措施如下：

（1）合理调整城市工业布局，制定环境噪声区划。对现有的噪声污染严重、群众反映强烈而短期内又无法治理的企业，应坚决实行关停并转迁。新建企业必须考虑所在地的环境功能，不得在文教、旅游、居住区内增加新的噪声污染源，在建筑布局上除考虑噪声源的位置外，还要考虑利用地形和已有建筑物作屏蔽。

（2）加强立法和行政监督。实行噪声超标收费或罚款等管理制度，用法律手段促进企业治理噪声污染。

（3）对新建的改造建设项目。认真抓好“三同时”，在环境影响评价中不能忽视噪声污染的影响，避免产生新的噪声污染源。

（4）解决好噪声治理的资金落实。疏通资金渠道，企业缴纳的排污费可返回一部分作为噪声治理专项资金，对噪声污染严重的企业限期治理，并按标准对治理项目认真验收。

6.1.3.2　采取工程控制措施

A　噪声源的控制

对噪声源的控制措施如下：

（1）工艺改革：利用改变工艺，减少噪声产生的条件，来降低噪声。如金属铆接时，把撞击铆接改为挤压铆接后，能明显降低噪声。

（2）降低产生噪声的激发力：如提高旋转部件的动平衡精度，降低各种气流噪声源的流速，对振动部件隔离等。

（3）降低系统中发声部件对激发力的响应：每一个发声系统都有自己的固有频率，如果把系统固有频率降低到激发力频率的1/3以下或远高于激发力频率，系统的噪声将明显降低。例如，金属板在外力激发下产生强烈噪声，如果改变板厚或增加板刚性来改变它的固有频率，可以降低噪声。

B　噪声传播途径的控制

控制噪声传播途径的措施有：

（1）吸声。利用可以吸收声能的材料和结构，在传播途径中，减少传播给接受者的声能，降低噪声。当声波遇到一个物体表面时，它的一部分能量被反射，另一部分能量被吸收。如果在噪声源周围布置一些能吸收声能的材料（称为吸声材料），就会降低声源周围墙壁反射回来的声能，达到降低噪声的目的。在现代噪声控制工程中，广泛采用了各种吸声材料和吸声结构。

（2）消声器。消声器是控制气流噪声的一种主要方法，凡是以气流噪声为主的噪声均可在进、排气口安装消声器来降低。消声器按其消声机理可分为三种，一是阻性消声器，利用多孔吸声材料（如玻璃棉、矿渣棉、泡沫塑料等），以一定方式布置在管道内，当噪声通过管道时，吸声材料将声能转化为热能，达到消声目的；二是抗性消声器，利用各种不同形状的管道和共振腔进行适当的组合，使声波反射或干涉，降低由消声器辐射的声能，抗性消声器可分为膨胀腔式的、干涉式的和共鸣式的；三是阻抗复合式消声器，它是由阻性消声器与抗性消声器复合而成，是工程实践中经常应用的消声器，特点是消声量大、消声频带宽。

（3）隔声。利用一些具有一定质量、坚实的材料和结构，隔离声传播通路，降低噪声，经常采用的形式有隔声壁板、隔声罩、隔声屏障和隔声室等。最简单的隔声结构是单层均匀密实壁，如钢板、木板、砖墙、钢筋混凝土墙等。此外，还有双层壁的隔声，具有较高的隔声量，比单层壁更优越。如果噪声源的体积较小，形状比较规则，工作时又不要经常拆修，则可采用隔声罩把噪声源包围起来，减少噪声污染。隔声罩的壳体一般采用金属板，内饰一定厚度的吸声材料。从接受噪声的人考虑，还可采用隔声间的方法。隔声间是指在噪声较大的环境中修建的操作人员的操纵室、控制室等。现场采用的隔声间，多是土木结构，一般可以隔声 30~40dB（A）。

（4）振动的隔离和阻尼。声音是由物体振动产生的，减少噪声源的振动也是控制噪声的有效方法。所谓“振动隔离”是把振动源通过减振器、阻尼器安装基础上，减弱传递给基础的力，或者当基础是振动源时，把被保护对象通过减振器和阻尼器安装在基础上，免受基础振动的干扰。经常采用的减振器和减振材料有金属弹簧、橡胶、软木、毛毡、玻璃纤维、矿渣棉等。在工业机械和交通车辆中，为了减少噪声，通常采用附加阻尼的方法，例如在振动构件上喷涂一层高内损耗系数的黏滞弹性材料，或把构件设计成夹层结构。当构件振动时，由于阻尼作用，使一部分振动机械能转化为热能，从而降低振动和噪声，这种方法被广泛地应用于汽车、火车、轮船和各种机械产品中。

6.1.3.3　常见噪声源和控制方法

A　鼓（引）风机噪声控制

鼓（引）风机噪声高达 100~130dB（A），频谱呈宽带性质。鼓（引）风机噪声一般通过进风口、出风口、机壳及基础传播出来，因而对风机的噪声控制，是从这四种途径传播所采取的措施。一般情况下，对于鼓（引）风机的噪声防治，可以采用消声器、隔声、吸声、隔振等办法，即在风机的进出口装设消声器，风机机壳敷设隔声材料或者将风机装设在隔声罩内和有隔声的风机房中。

（1）消声器。可选用宽频衰减隔阻抗复合消声器，以达到宽频带消声的目的。

（2）隔声和吸声。风机发生的噪声，也可通过风机机壳辐射出来。为了隔绝从机壳传播噪声，一般可以采用加厚风机和壳壁，也可以在壳壁上采用玻璃纤维或矿渣棉等材料紧紧地包扎阻尼机壳振动，也可以采用隔声间的办法。隔声间选用一砖厚的墙，内墙面及顶棚应以吸声材料饰面。隔声间的窗、门、墙及连接处都应密封处理。整个机组应置于弹性隔振衬垫上，这样的隔声间可以隔声 40dB（A）左右。

（3）隔振和阻尼。为了减弱由机组基础沿建筑结构，以及通过风管外壳传播到相邻房间的噪声，应采用隔振和阻尼的办法。应当使风机叶轮对准中心，搞好静、动态平衡，机罩应安装牢固，从而减小机械振动以及相应的噪声。

应把机组尽可能安装在较重的基座上，如放在钢筋混凝土平台上，在基座下面应设置隔振器或弹性衬垫。风机机组的基础最好与周围地基隔开，如在基础下铺设弹性衬垫，以及与周围土壤用 6~12cm 的空气层隔开。

B　压缩机噪声控制

常见的压缩机有往复式压缩机和离心式压缩机。往复式压缩机噪声，是由于活塞的往复运动所引起的气流脉动造成的，这种气流噪声的大小，一般为活塞运动的倍数，其声压级在 80~90dB（A）的范围内；离心式压缩机主要是湍流噪声，它是由于叶片转动所产生的。

压缩机产生的噪声很大，但由于壳体很厚，而且有较大的传导损失，因此经由机壳内向外辐射的噪声仅是较小的一部分，大部分经由所连接的管道，也就是从压缩机的进、出口传出。此外，也从机座和机组基础因振动而传递噪声。

中、小型压缩机噪声控制，大多采用隔声罩来解决。罩壁结构用 1.6mm 钠板、内衬

3mm 的橡胶阻尼材料及 10mm 的氨基甲酸乙酯泡沫塑料吸声材料组成。为了排除压缩机组散发的热量，隔声罩需设置通风装置。

大型压缩机也可采用隔声罩来控制噪声，但多数采用在其进出口装设消声器来控制噪声，如直进型阻性消声器、阻性复合消声器。

对于压缩机的噪声控制，除以上技术外，还要采取综合性的技术措施来解决，如对冷却器、阀门及管件等敷设隔声层，以防止噪声辐射出来。在管道与压缩机的连接处设置膨胀节避免管道热应力对压缩机的作用，又可切断管道传递噪声的路程。同时，对压缩机厂房也要结合噪声控制要求采取适当措施。

C　锻造车间噪声治理

锻造车间的加热炉、锻锤、通风机，是其中最强烈噪声的来源。现代化的加热炉使用液体燃料，其噪声级达 90~130dB（A）。一般加热炉在煤气与空气的混合气燃烧时，所产生的声频共振加强现象，是产生噪声的主要原因。炉内噪声共振加强现象，是由于炉子的固有频率和燃烧器通道中所产生的声频率相吻合造成的。

为了降低煤气加热炉的噪声，即防止共振现象的发生，必须改变炉子的固有频率，即改变火室的容积与构型、改变烟道的截面等。例如，在敞开炉门时，针对加热炉的强烈嗡嗡声，可采取提高其共振频率，即增大其炉门尺寸的方法予以消除。在回转式热处理炉中，噪声的降低可由减小烟道截面的措施来实现。为了消减炉子的发声，应使炉子的固有振动频率与燃烧器造成的振动频率的差额不小于 50Hz。

锻锤，最高噪声级是由于锤击和蒸汽锤与电动空气锤的压缩气体在排气时造成的。为了降低这种噪声，最好是将排气管引到室外，或在排气管上安装蜂窝式或片式消声器。

D　通风设备噪声治理

通风设备的噪声来自通风机和电动机，而风道也往往成为噪声的来源。它的全部噪声，是由机械噪声和空气动力噪声组合而成。

许多工厂为了减低车间中的通风机噪声，有时将通风机搬到车间的外面。这样做，虽然车间内的噪声大为减轻，但是，其环境噪声值却大大增加，因此此法不可取。

为了降低通风设备的噪声，最好的措施是将这种设备安置在个别的房间中。如果限于条件不可能做到，则需要隔声罩将通风设备隔离开来。无论如何，通风机和电动机都应该安装在隔振器上，而在通风设备与房屋结构之间决不可有刚性的连接。

经验证明，虽然采取上述措施，但往往还不能保证所需要的减噪值，原因是噪声能沿通风管道传到房间内。通风管道壁的声振动，是由于通风机和电动机，以及沿着风道运动的气流所引起。为了减低这种噪声，应该在管道的法兰盘连接处加入橡皮垫，同时，在管道中加入用橡胶或帆布做成的连接管。为了减少管道壁噪声的辐射，可用减振材料涂覆金属管道壁的外表面。

如果已经合理选择通风设备的参数，并采取其他措施未能达到所需要的减噪值，则需要考虑采用阻性消声器或抗性消声器。

在阻性消声器中，矩形或圆形截面的阻性消声器更为有效。如果消声不足，或需要设备体积不大而有效的消声器，则应将进气管或排气管用环形沟通，用蜂窝式或片式沟道分开。这些沟道中的隔板或隔片，能够有助于消声量的提高。

消声器的位置，最好是安排在靠近通风机而跟随在软连接管的后面。如果需要减小排气口或进气口的气流噪声，则应将消声器设置在排气口或进气口上，或者设置在它的前面。

如果风道在地下室，墙壁内或在街道上通过，可用砖或其他材料做成片式或蜂窝式消声器。

对通风设备及时地加以润滑、调整、拧紧连接的螺栓，更换已损坏的零件，对于通风设备噪声的减弱是有帮助的。

E 球磨机噪声治理

球磨机噪声是由于钢球（棒）与筒体及被加工物之间的撞击和研磨产生的。控制球磨机噪声，可以从下面三个方面考虑。

（1）将磨球机内的锰钢衬板改用橡胶衬板。

（2）在磨球机罐筒壁上采取加包阻尼、隔声套筒方法。例如，在罐筒外表紧贴一层橡胶，再外加一层玻璃棉或工业毛毡，最外面再包上金属外套，用卡箍紧紧地把它们压在球磨机罐体上。这种方法的缺点是增加了球磨机运转负荷，同时对外壳上有螺栓的罐筒不易施工以及给检修松动螺栓带来不便。

（3）采用整个机组加隔声罩的方法，这样可以取得良好降噪效果。当然，采取这种措施，除用到隔声原理外，也要用到阻尼、吸声及消声等技术。

6.1.3.4 噪声的个体防护

在许多场合下，采取个人防护还是最有效、最经济的办法。防声棉、耳塞、耳罩、头盔等，这些个人防护工具主要起隔声作用，使强烈的噪声不致进入耳内而造成危害，如耳塞。我国目前常用的几种护耳器简单介绍如下：

（1）防声耳塞。防声耳塞是插入外耳道的护耳器，它是用软橡胶（氯丁橡胶）或软塑料（聚氯乙烯树脂）制成的。其优点是隔声量较大，体积小，便于携带，价格便宜。

（2）防声棉。它是由直径 1~3μm 超细玻璃棉经化学软化处理制成的，使用时只要撕一小块卷成团，塞到耳道入口处即可。

（3）防护耳罩。防护耳罩如同一副耳机，它的优点是适于佩戴，无需选择尺寸；缺点是对高频噪声隔声量比耳塞小。

（4）防声帽盔。其优点是隔声量大，可以减轻声音对内耳的损害，对头部还有防振和保护作用；缺点是笨重，佩戴不便，透气性差，价格贵，一般只在高强噪声条件下才将帽盔和耳塞连用。

6.2 振动的危害及其防治

6.2.1 振动

物体的运动状态随时间在极大值和极小值之间交替变化的过程叫做振动。从狭义上讲，振动是指机械振动，如从地震那样的自然现象发生的低频振动开始，以机械振动的高频为止，是一个范围极其广泛的多种多样的振动。作为公害振动，其频率在 1~100Hz 范围内，使人的全身有振动感觉。一般来说，由于人为原因产生的振动并与人体的振动感觉有联系的振动，称为公害振动。

振动是一种感觉公害，具有主观性。它以人们的心理和感觉的影响为主，属于局部和多发性的。振动是一种瞬时性的能量污染，当振动停止后，其危害也立即停止，它不会随时间的增长而积累。随着现代工业的迅速发展，振动公害对生活环境和生产环境的影响越来越引起人们的普遍关注。

6.2.2　振动的来源

振动是由振源引起的，因此振动与噪声密切相关，但彼此又有相对独立性。振动通常是由地面传播出去，振动公害主要是工厂，如锻造机、压力机、压缩机、发电机、破碎机、振动传送带等很多机械设备。在建设施工现场中，主要是打桩机、碾压设备以及爆破作业等。在交通运输中，主要是各种机动车辆如铁路、公路、飞机运输等。这些振动源当其能量辐射后，会使周围环境受到严重的干扰。

6.2.3　振动的危害

振动的危害包括对建筑物和人体的危害两个方面。

（1）对建筑物的危害。地面振动可以通过土壤和基础传给房屋结构并引起振动。当振动源产生的频率与房屋结构固有的振动频率相吻合时，就会引起共振，玻璃、金属薄片发出响声。较强的振动，会使建筑物发生裂缝，甚至破坏其结构。一般情况下，大振幅低频率的振动危害更重。

（2）对人体的危害。振动对人体影响的大小取决于三个因素：振动强度、振动频率和暴露时间。但是，即使这些条件完全相同，每个人的感觉是不一样的。有的人能够忍受，有的人不能忍受，有的人能暂时忍受，有的人能长期忍受。虽然很难用准确的标准衡量这种影响，但是人们还是把这种影响划分为四种情况，见表6-1。

表6-1　振动对人体的影响

评价分级	人体的感觉
感觉阀	人体刚能感受到振动的信息
不舒适阀	人体感觉到不舒适，或做出讨厌反应
疲劳阀	对人有心理上和生理上的影响
危险阀	使人的感受器官和神经系统产生永久性病变

6.2.4　防振措施

6.2.4.1　阻尼防振

阻尼的原理是借助于物质的摩擦力或黏滞力，阻碍物体做相对运动，并把其能量转变为热能的一种作用。用于阻尼的材料，称为阻尼材料。这种材料多是内摩擦和内耗损失的物质，例如，沥青、软橡胶及某些高分子涂料等。阻尼结构有四种形式：

（1）自由阻尼结构。把阻尼材料牢固地黏附于金属板上，形成阻尼材料薄层。这样，因阻尼作用将消掉金属板一部分振动能量，从而起到减振效果。

（2）间隔阻尼层结构。在阻尼层和金属板之间增加一个间隔层，这个间隔层一般用刚性蜂窝状结构制成，这样既能保证间隔层与阻尼层共同工作，又能增加阻尼层的形变，提高减振效果。

（3）约束阻尼层结构。在自由阻尼层外侧，再黏附一层极薄的金属箔层，这样能起到约束阻尼层的作用，最大地发挥阻尼层的效果。

（4）间隔约束阻尼层结构。在约束阻尼层和金属板之间再加一层间隔层，从而用最少的材料、最轻的结构，发挥最大的阻尼作用。

一般地，阻尼措施多用于空气机械管道、机械设备外壳以及车、船、飞机的壳体上。

6.2.4.2　隔振和隔振器

机械设备的振动可以传递给基础，引起基础、地板、墙面的振动；反之，基础的振动也可以传递给设备。为了防止和消除振动的传递，往往在基础和设备之间装上隔振装置，这种隔振装置称为隔振器或隔振垫。风机的隔振装置如图 6-1 所示。

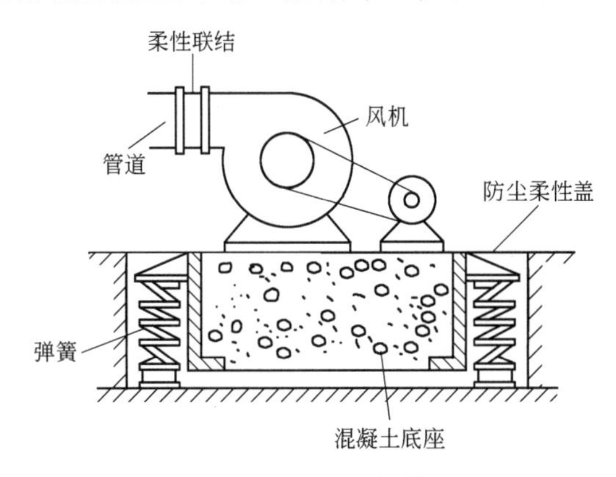

图 6-1　风机的隔振装置

常用的隔振器有弹簧隔振器、橡胶隔振器和软木隔振垫等。

（1）弹簧隔振器：弹簧隔振器既能承担数十吨重的大设备，也能承担轻巧灵敏的小仪器，而且静态压缩量大，固有频率低，不因液体侵蚀和温度影响而改变特性。因此，弹簧隔振器应用非常广泛，尤其可用于环境条件不允许采用橡胶材料的地方；其缺点是容易产生摇摆和传递共振。

（2）橡胶隔振器：橡胶隔振器由天然橡胶制成的，也有由合成橡胶制成的。天然橡胶的特点是变化小，拉力大，价格低，但不耐油脂和高温；合成橡胶性能良好，能耐高温（+200℃）或低温（−75℃），但价格较贵；两者的共同特点是受压特性好，受拉性能差。

（3）软木隔振垫：通常在承受压力时，静态压缩量达到30%，也不会横向凸出。其常用总厚度为5~15cm，承受负载为0.5~2.0kg/cm^2，阻尼比约0.06。软木对腐蚀和溶剂的抵抗力强，对温度变化不很灵敏。软木由于低频隔振较差，通常适用于扰动频率大于20~30Hz的隔振。其优点是价格低廉，安装方便，并可裁成所需大小和重叠起来使用，以获得不同程度的隔振效果。

6.3　热污染及其防治

6.3.1　热污染的概念

热污染是一种能量污染，是指人类活动危害热环境的现象。随着人口和耗能量的增长，城市排入大气的热量日益增多。按照热力学定律，人类使用的全部能量终将转化为热能，传入大气，逸向太空。这样，就使地面反射太阳热能的反射率增高，吸收太阳辐射热减少，沿地面空气的热减少，上升气流减弱，阻碍云雨形成，造成局部地区干旱，影响农作物生长。近百年以来，地球大气中的二氧化碳含量不断增加，气候变暖，冰川积雪融化，使海水水位上升，一些原本十分炎热的城市变得更热。据预测，如按现在的能源消耗的速度计算，每 10 年全球温度会升高 0.1~0.26℃；100 年后即升高 1.0~2.6℃，而两极温度将上升 3~7℃，对全球气候会有重大影响。

热污染作为一种物理污染，曾一度被忽视。随着国民经济的发展，热污染的危害正日趋加重，造成的损失也正在加大，应引起足够重视。热污染主要包括大气热污染、水体热污染和全球影响三个方面。

6.3.2　热污染的危害

6.3.2.1　大气热污染

按照大气热力学原理，现代社会生产、生活中的一切能量都可转化为热能扩散到大气中，大气温度升高到一定程度时，引起大气环境发生变化，形成大气热污染。

根据能量守恒定律，人类利用的全部能量最终将转化为热能进入大气，逸向宇宙空间。在此过程中，废热直接使大气升温。建筑物的增多不仅导致绿地减少，还使风力减弱，阻碍了热量的扩散；同时，建筑物白天吸收太阳光能，晚上放出热量，特别是冬季取暖期，本身也成为较强热污染源，造成的影响是：一方面夜晚温度升高，减小了昼夜温差，人的生理代谢发生紊乱；另一方面是暖冬现象，使冬季气温持续偏高，病毒和细菌滋生，疾病流行。

城市中企事业单位、饭店、汽车、电气化设施及居民住宅区等无时无刻不在排放着热量，在近地面气温分布图上表现为以城市为中心形成一个封闭的高温区，犹如一个温暖而孤立的岛屿，这种气候特征称为“热岛效应”。由于热岛中心区域近地面气温高，大气做上升运动，与周围地区形成气压差异，周围地区近地面大气向中心区辐射，从而形成一个以城区为中心的低压旋涡，结果就造成人们生活、工业生产、交通工具运转等产生的大量大气污染物（硫氧化物、氮氧化物、碳氧化物、碳氢化合物等）聚集在热岛中心，危害人们的身体健康，甚至危害生命。长期生活在“热岛”中心，会表现为情绪烦躁不安、精神萎靡、忧郁压抑、胃肠疾病多发等。因城区和郊区之间存在大气差异，便形成“城市风”，它可干扰自然界季风，使城区的云量和降水量增多。大气中的酸性物质易形成酸雨、酸雾，诱发更加严重的环境问题。

6.3.2.2　水体热污染

由于向水体排放温水，水体温度升高到有害程度，引起水质发生物理、化学和生物变化，称为水体热污染。

水生生物对温度变化敏感性较一般陆地生物高，温度的骤变会导致水生生物的病变及死亡，温度再高则难以生存。水的各种性质受温度影响，水温升高，使水中溶解氧逸出而减少，而且还使水中生物代谢增强，需要更多的溶解氧。当溶解氧不能满足需要时，鱼类便会力图逃离那个水域，当溶解氧降到1mg/L时，大部分鱼类会发生窒息而死亡；水温升高，使水体中物理、化学和生物反应速度加快，导致有毒物质毒性加强，需氧有机物氧化分解速度加快，耗氧量增加，水体缺氧加剧，引起部分生物缺氧窒息，抵抗力降低，易产生病变乃至死亡。此外，由于水体温度的异常升高，会直接影响水生生物繁殖行为以及生物种群发生变化，寄生生物及捕食者相互关系混乱，影响生物的生存及繁衍。

温度升高，水的黏度降低，密度减小，水中沉积物的空间位置和数量会发生变化，导致污泥沉积量增多，甚至由于水质改变而引发一系列问题。水体的富营养化是以水体有机物和营养盐（氮和磷）含量的增加为标志，引起水生生物的大量繁殖，藻类和浮游生物的爆发性生长，这不仅破坏了水域的景色，而且影响了水质，并给航运带来不利影响。

水温的升高为水中含有的病毒、细菌提供了一个人工温床，使其得以滋生泛滥，造成疫病流行。水中含有的污染物，如毒性比较大的汞、铬、砷、酚和氰化物等，其化学活性和毒性都因水温的升高而加剧。

水温的升高使水分子热运动加剧，也使水面上的大气受热膨胀上升，加强了水汽在垂直方向上的对流运动，从而导致液体蒸发加快，陆地上的液态水转化为大气水，使陆地上失水增多，这对缺水地区尤其不利。

6.3.2.3 热污染对全球的影响

整个地球的热污染可能破坏大片海洋从大气层中吸收二氧化碳的能力，热污染使得吸收二氧化碳能力较强的单细胞水藻死亡，而使得吸收二氧化碳能力较弱的硅藻数量增加，如此引起恶性循环，会使地球变得更热。热污染使海水温度略微升高，已使海藻、浮游生物和甲壳纲动物等物种栖息的珊瑚礁和极地海岸周围的冰架遭到破坏；同时滋生了人类从前不知道的细菌和病毒，威胁着人类的健康，破坏生态平衡，加快生物物种灭绝。热污染引起的南极冰原的持续融化，造成海平面的上升可能要远远超出人类的想象。

6.3.3 热污染的防治

热污染防治的措施有：

（1）提高热能利用效率。改变燃料的构成，如将城市家用燃料由煤改为煤气，城市的集中供热或发电厂改为热电厂等，这样都可以提高热能利用效率。这样不但节约能源，而且还减少了热污染的可能性。

（2）废热利用。将冶金企业冷却水的热量作为余热供给城市取暖，既节约了燃料，又减少了城市热污染。加强各类工业窑炉的废热的利用，可以减少工业窑炉的排热量。

（3）降温冷却。冶金企业的冷却水都必须通过再冷却设施，将外排水温冷却到不高于地面水温4℃，然后再外排。

7 清洁生产与循环经济

扫一扫，看微课

7.1 清洁生产

7.1.1 清洁生产的概念

清洁生产在不同的发展阶段或者不同的国家有不同的说法，例如“废物最小化”“无废工艺”“污染预防”等，但其内涵都是对产品和产品的生产过程采用预防污染的策略来减少污染物的产生，这是关于产品生产过程中的一种全新的、创造性的思维方式。清洁生产已成为一种潮流，体现了人们思想和观念的转变，是环境保护战略由被动反应向主动行动的转变，是实现可持续发展战略的必由之路。

1996 年，联合国环境规划署对清洁生产的定义是：清洁生产是关于产品的生产过程的一种新的、创造性的思维方式。清洁生产意味着对生产过程、产品和服务持续整体预防的环境战略，以期增加生态效率并降低人类和环境的风险。对于产品，清洁生产意味着减少和降低产品从原材料使用到最终处置的全生命周期的不利影响。对于生产过程，清洁生产意味着节约原材料和能源，取消使用有毒原材料，在生产过程排放废物之前减少废物的数量和毒性。对于服务，要求将环境因素纳入设计和所提供的服务中。

《中华人民共和国清洁生产促进法》中对清洁生产的定义为：清洁生产是指不断采取改进设计、使用清洁的能源和原料、采用先进的工艺技术与设备、改善管理、综合利用等措施，从源头削减污染，提高资源利用效率，减少或者避免生产、服务和产品使用过程中污染物的产生和排放，以减少或者消除对人类健康和环境的危害。

7.1.2 实施清洁生产的途径和方法

清洁生产是一个系统工程，是对生产全过程以及产品的整个生命周期采取污染预防的综合措施。清洁生产的实施涉及产品的研究开发、设计、生产、使用和最终处置全过程。工业生产过程千差万别，生产工艺繁简不一。因此，推行清洁生产应该从各行业或企业的特点出发，在产品设计、原料选择、工艺流程、工艺参数、生产设备、操作规程等方面分析生产过程中减少污染物产生的可能性，寻找清洁生产的机会和潜力，促进清洁生产的实施。根据清洁生产的概念和近年来各国的成功实践，实施清洁生产的有效途径主要包括合理布局、产品设计、原料选择、工艺改革、节约能源与原材料、资源综合利用、技术进步、加强管理、实施生命周期评估等许多方面。实施清洁生产的途径和方法有：

（1）调整和优化经济结构和产业产品结构。合理布局，调整和优化经济结构和产业产品结构，以解决影响环境的“结构型”污染和资源、能源的浪费。同时，在科学规划和地区合理布局方面，进行生产力的科学配置，组织合理的工业生态链，建立优化的产业结构体系，以实现资源、能源和物料的闭合循环，并在区域内削减和消除废物。

(2) 原材料选择。选择对环境最为友好的原材料是实施清洁生产的重要方面，主要包括：选择清洁的原料，避免使用在生产过程或产品报废后的处置过程中能产生有害物质排放的原材料；选择可再生的原料，尽量避免使用不可再生或需要很长时间才能再生的原料；选择可循环利用原料；对原料进行适当预处理，例如，含砷矿石的预处理可以防止砷进入熔炼主工艺。

(3) 改革工艺，开发新技术。科学技术的发展为推行清洁生产提供了无限的可能性，改革生产工艺，开发新的工艺技术，采用能够使资源和能源利用率高、原材料转化率高、污染物产生量少的新工艺，代替那些资源浪费大、污染严重的落后工艺。优化生产程序，减少生产过程中资源浪费和污染物的产生，尽最大努力实现少废或无废生产。适当改变工艺条件，采用必要的预处理或适当工序调整，往往也能收到减废的效果。例如，简化流程可减少工序，有效削减污染排放；变间歇操作为连续操作，保持生产过程的稳定状态，可以提高成品率，减少废料量。

(4) 采用和更新生产设备。采用和更新生产设备，淘汰陈旧设备，换用高效设备，改善设备布局和管线。例如，顺流设备改为逆流设备；优选设备材料，提高可靠性、耐用性；提高设备的密闭性，减少泄漏；设备的结构、安装和布置更便于维修；采用节能的泵、风机、搅拌装置。

(5) 节约能源和原材料。尽量提高资源和能源的利用水平，做到物尽其用。通过资源、原材料的节约和合理利用，使原材料中的所有组分通过生产过程尽可能地转化为产品，消除废物的产生，实现清洁生产。减少原材料的使用量，在不影响产品技术性能和寿命的前提下，使用的原材料越少，说明产生的废物越少，同时运输过程的环境影响也越少；保证原料质量，采用精料；利用废料作为原料，如利用铝含量高的燃煤飞灰作为生产氧化铝的原料。

(6) 开展资源综合利用。资源综合利用是实施清洁生产的重要内容，资源综合利用就是尽可能多地采用物料循环利用系统，如水的循环利用及重复利用，以达到节约资源、减少排污的目的，使废物资源化、减量化和无害化，减少污染物排放。资源综合利用是推行清洁生产的首要方向，如果原料中的所有组分通过工业加工过程的转化都能变成产品，这就实现了清洁生产的主要目标。资源综合利用有别于所谓的“三废的综合利用”，这里是指并未转化为废料的物料通过综合利用就可以消除废料的产生。资源综合利用，不但可增加产品的生产，同时也可减少原料费用，降低工业污染及其处置费用，提高工业生产的经济效益，是生产全过程控制的关键。

(7) 改进产品的设计，开发、生产对环境无害、低害的清洁产品。改进产品设计旨在将环境因素纳入产品开发的所有阶段，使其在使用过程中效率高、污染少，同时使用后便于回收，即使废弃，对环境产生的危害也相对较少。近年来出现的“生态设计”“绿色设计”等术语，即指将环境因素纳入设计之中，从产品的整个生命周期减少对环境的影响，最终导致产生一个更具有可持续性的生产和消费体系。

(8) 强化科学管理，改进操作。国内外的实践表明，工业污染有相当一部分是由于生产过程管理不善造成的，只要改进操作，改善管理，不需花费很大的经济代价，便可获得明显的削减废物和减少污染的效果。其主要方法是：落实岗位和目标责任制，杜绝跑冒滴漏，防止生产事故发生，使人为的资源浪费和污染排放减至最小；加强设备管理，提高设备完好率和运行率；开展物料、能量流程审核；科学安排生产进度，改进操作程序；组织安全文明生产，把绿色文明渗透到企业文化之中等。推行清洁生产的过程也是加强生产管理的过程，它在很大程度上丰富和完善了工业生产管理的内涵。

（9）提高企业技术创新能力。依靠科技进步，提高企业技术创新能力，开发、示范和推广无废、少废的清洁生产技术装备。企业要做到持续有效地实施清洁生产，达到“节能、降耗、减污、增效”的目的，必须依靠科技进步，开发、示范和推广无废、少废的清洁生产技术、装备和工艺，加快自身的技术改造步伐，提高整个工艺的技术装备和工艺水平，积极引进、吸收国内外相关行业的先进技术，通过技术进步与重点项目（工程），实施清洁生产方案，取得清洁生产效果。

以上这些途径可单独实施，也可互相组合起来综合实施。应采用系统工程的思想和方法，以资源利用率高、污染物产生量小为目标，综合推进这些工作，并使推行清洁生产与企业开展的其他工作相互促进，相得益彰。

7.1.3 冶金行业清洁生产

改革开放以来，冶金工业取得了很大的发展。通过强化环境管理，冶金行业实现了增产减污，为国民经济建设做出了应有的贡献。但是冶金工业是资源型工业，能耗物耗大，环境污染比较严重。我国冶金工业环境保护与国外先进水平存在较大差距，整个行业仍然处于高投入、低产出、重污染、低效益的粗放型生产状况，国内企业之间也很不平衡。冶金工业结构不合理，工艺技术水平和经济效益不高，不适应于市场竞争的需要，结构性矛盾突出，市场竞争日益激烈，集中体现在品种质量、产品成本、劳动生产率和环境污染问题所构成的综合竞争力的压力。近年来，随着冶金工业的高速发展，冶金行业正面临着市场与环境的双重严峻挑战。为使冶金工业健康持续的发展，积极贯彻国家提出的可持续发展战略目标，必须大力推行清洁生产，这是实现我国由钢铁大国成为钢铁强国、改粗放经营为集约型经营、改善环境面貌的根本途径。

我国钢铁工业经过了50多年的发展，特别是近10余年的快速发展，已成为世界第一产钢大国。进入20世纪90年代以后，钢铁工业坚持以老企业改造为重点，加快行业结构调整和总体装备水平的提高。以宝钢和天津钢管公司为代表，国内新建了一批技术装备达到国际先进水平的钢铁企业，采用了先进的生产技术，推动了钢铁生产的结构优化，目前开发研究、推广应用了一批先进清洁生产工艺技术。

（1）烧结技术。我国自主开发的小球烧结工艺技术，提高了烧结机的生产效率和产品质量，降低能耗20%，提高烧结机生产效率15%~20%。

（2）炼铁技术。20世纪90年代以来，我国高炉装备水平提高较快，宝钢、武钢、首钢、马钢、鞍钢等大型高炉的装备达到了国际水平；高炉喷煤、高炉长寿、高风温、无钟炉顶等技术有了较大发展。

（3）转炉溅渣护炉技术。溅渣护炉是国外20世纪90年代后期开发成功的先进技术。1996年该项技术引进到国内，在国家大力支持下，结合国内的资源、环境及装备条件，开发了适用于大、中小型转炉的溅渣工艺、复吹转炉溅渣工艺以及中磷铁水、钒钛铁水半钢冶炼等复杂条件下的溅渣护炉技术。

（4）电炉炼钢技术。电炉炼钢在减排环保方面具有明显的优势，生产1t电炉钢比生产1t转炉钢减少CO_2排放量1589kg，减少废渣排放量600kg。多年来，我国电炉钢产量比偏低，到2008年才达到12.6%，美国、韩国、德国电炉钢比都在30%以上。发展电炉钢，是钢铁工业节能减排、发展循环经济、实现可持续发展的重要途径。

（5）提高连铸比，开发推广高效连铸技术。采用全连铸技术取代模铸，可提高轧钢综合成材率16%，环境效益和经济效益十分显著。在大力发展连铸的同时，高效连铸技术攻关开发取得显著进展，连铸机作业率从70%提高到80%~85%。

（6）轧钢技术。推广采用连轧技术、加热炉节能技术和热送热装技术，淘汰落后的多火成材工艺。装备水平不断提高，引进一批热连轧机、冷连轧机、连轧管机、小型连轧机、高速线材轧机，使我国钢材的连轧比大幅度提高。

（7）冶金环保技术。20世纪90年代以来，一批企业通过节能降耗、资源回收利用、控制污染，在工艺废水处理和循环利用、废气净化、可燃气体回收利用和含铁尘泥、钢铁渣综合利用等方面取得进展。例如，焦化酚氰废水脱酚技术、转炉煤气净化回收技术、电炉烟尘治理技术、钢渣烧结配料技术、焦炉装煤、推焦消烟除尘技术、冶炼车间电除尘、混铁炉除尘等烟尘治理技术，以及焦炉煤气脱硫技术和矿山复垦生态技术等。

由于环保科技进步和环保工程的有效实施，在钢产量大幅度增长的同时，烟（粉）尘和废水污染物石油类、COD等的排放总量相对减少，大部分环保指标有所改善。

7.1.4 清洁生产与环境保护

清洁生产是环境保护新的研究和发展方向，它可以实施污染预防，减少污染的产生，实现环境和经济的可持续发展。经济的持续发展首先是工业的持续发展，资源和环境的永续利用是工业持续发展的保障。实践证明，沿用以大量消耗资源和粗放经营为特征的传统模式，经济发展正越来越深地陷入资源短缺和环境污染的两大困境：一是传统的发展模式不仅造成了环境的极大破坏，而且浪费了大量的资源，加速了自然资源的耗竭，使发展难以持久；二是以末端治理为主的工业污染控制政策忽视了全过程污染控制，不能从根本上消除污染，而清洁生产恰能较好地解决这两个方面的问题。

7.1.4.1 清洁生产是解决环境污染问题的最有效途径

长期以来，受计划经济的影响，我国的产业结构不合理，在很大程度上加剧了环境污染和生态破坏。同时，我国的工业布局也不很合理，资源配置不佳，环境容量未能最佳利用。因此，我国在经济发展的同时，环境问题也越来越突出，已成为经济持续发展的严重障碍。目前我国面临的环境问题是严峻的，主要有：

（1）能源、原辅材料的单耗过高，利用率低，浪费严重；

（2）工艺技术落后，生产过程控制不严，缺乏最优参数；

（3）设备陈旧，维护欠佳；

（4）废物的回用率低，跑冒滴漏现象严重，这不仅使大量的产品或原料白白流失，导致较大的经济损失，而且造成环境污染；

(5) 管理不规范，缺乏科学性；

(6) 生产的集约化程度不高，经济的发展多为粗放型；

(7) 员工素质和技能不高，培训制度不健全。

造成我国环境污染的因素很多，除上述问题外，在技术路线和治理理念上的关键问题是十几年来将污染控制的重点放在末端治理上。

自联合国环境规划署正式提出清洁生产以来，我国政府积极响应。随着经济的转型和公众资源环境意识的日益加强，污染预防已成为国际上的环保主潮流。我国作为世界上最大的发展中国家，在迅速工业化过程中，面临人口增加、资源短缺和环境质量日益恶化的种种矛盾，通过近年来的实践，发现清洁生产作为实现社会经济可持续发展的优先行动领域，是解决这些矛盾的有效手段和必由之路。

7.1.4.2 清洁生产是防治工业污染的必然选择和最佳模式

我国作为世界上最大的发展中国家，在总结了国内外环境保护的经验教训后，认识到污染预防的重要性，发展中十分重视环境保护，明确提出“预防为主，防治结合”的方针，强调通过调整产业布局，优化产品、原材料、能源结构和通过技术改造、废物的综合利用以及强化环境管理手段来防治工业污染。但由于认识和预防重点的偏差，人们把预防核心置于污染物的环境效应削减上，片面追求污染物达标排放，加上该方针未得到有效的法规、制度支持，缺少可行的操作细则，缺乏市场的激励机制，使其精髓未能得到有效贯彻。这一时期制定的许多末端治理的措施，如“三同时”“限期治理”“污染集中控制”等制度，由于责任明确，具有较强的可操作性，基本都得到有效执行。而“源削减”方面的法规和制度措施很少，这也是我国环境质量在投资连续增长的情况下出现持续恶化的原因之一。

7.1.4.3 清洁生产能有效地协调经济发展与环境保护之间的矛盾

清洁生产对世界各国经济发展和环境保护的影响是广泛而深远的，将最终改变各国的工业结构，直接影响到各国经济总体发展方向和水平，以及各国技术和产品的国际竞争力。这一改变在一些国家已经开始，发达国家在把改善工业结构纳入污染预防和控制方面已经做出努力，这大大巩固了它们在国际竞争中的地位。因此，这些国家对清洁生产技术的研究与开发日益重视。

目前我国的二氧化碳排放量位于世界第二位，氯氟烃类物质的使用量也很大。在发达国家对控制全球环境问题采取积极态度的今天，我国应尽快采取有效措施控制环境状况的恶化。

这些问题既是环境问题也是经济问题，是走传统末端治理的道路，还是及时用清洁生产思路调整工业及能源结构，将污染消除在生产过程中，这一问题已经十分实际地摆在了人们面前。其中，一方面清洁生产正在改善发达国家的工业结构，进一步增强其贸易出口能力；另一方面我国在未来一段时期将面临上述种种环境问题，加上正在兴起的绿色标签对国际贸易的影响，以及国外投资者对环境要求的进一步提高，环境因素对我国发展外向型经济构成严峻的挑战，出路就是积极推行清洁生产。

7.2　循环经济

7.2.1　循环经济的概念

“循环经济”一词是美国经济学家波尔丁在20世纪60年代提出生态经济时谈到的。波尔丁受当时发射的宇宙飞船的启发来分析地球经济的发展，他认为飞船是一个孤立无援、与世隔绝的独立系统，靠不断消耗自身资源存在，最终它将因资源耗尽而毁灭，唯一使之延长寿命的方法就是实现飞船内的资源循环，尽可能少地排出废物。同理，地球经济系统如同一艘宇宙飞船。尽管地球资源系统大得多，地球寿命也长得多，但是也只有实现对资源循环利用的循环经济，地球才能得以长存。

循环经济本质上是一种生态经济，它要求运用生态学规律而不是机械论规律来指导人类社会的经济活动。与传统经济相比，循环经济的不同之处在于：传统经济是一种“资源—产品—污染达标排放”单向流动的线性经济，其特征是高开采、低利用、高排放；循环经济要求把经济活动组成一个“资源—产品—废弃物—再生资源”的反馈式流程，其特征是低开采、高利用、低排放。所有的物质和能源要能在这个不断进行的经济循环中得到合理和持久的利用，应把经济活动对自然环境的影响降低到尽可能小的程度。

循环经济是集经济、技术和社会于一体的系统工程。其主要特征是：（1）尊重生态规律；（2）最大限度地节约资源，发展循环经济要求建设“节约型社会”；（3）形成相对封闭的循环产业链条，以实现可持续发展。

由于循环经济力求在经济系统和生态系统之间建立一种协调、和谐的关系，所以也被称为“绿色”经济或生态经济。因此，循环经济理念将会引起一场走向可持续发展的社会革命。

7.2.2　循环经济的实施方式

20世纪90年代以来，针对环境、生态、经济等相互关系，学术界、经济界展开了广泛讨论，相继提出了可持续发展、清洁生产、产品生命周期评价、环境设计等思想，并予以实施。它们之间有一定的联系，并与循环经济理念相融合。

实施循环经济需要有技术保障，循环经济的技术载体是环境无害化技术或环境友好技术。环境无害化技术的特征是合理利用资源和能源，实施清洁生产，减少污染排放，尽可能地回收废物和产品，并以环境可接受的方式处置残余的废物。环境无害化技术主要包括预防污染的少废或无废的工艺技术和产品技术，但同时也包括治理污染的末端技术。

（1）清洁生产技术。清洁生产技术是一种无废、少废生产的技术，通过这些技术实现产品的绿色化和生产过程向零排放迈进，它是环境无害化技术体系的核心。清洁生产技术包括清洁的原料、清洁的生产工艺和清洁的产品三个方面的内容，即不仅要实现生产过程的无污染或少污染，而且生产的产品在使用和最终处置过程中也不会对环境造成损害。当然，清洁生产技术不但要有技术上的可行性，还需要有经济上的可营利性，这样才有可能实施。因此，它应该体现发展循环经济和环境与发展问题的双重意义。

（2）废物利用技术。废物利用技术是对废物进行再利用的技术，通过这些技术实现废物的资源化处理，并且实现产业化。目前，比较成熟的废物利用技术有废纸加工再生技术、废玻璃加工再生技术、废塑料转化为汽油和柴油技术、有机垃圾制成复合肥料技术、废电池等有害废物回收利用技术等。德国是全球再生资源利用率最高的国家，由此节约了大量的原材料和能源。在德国流行这样一句话："今天的垃圾是明天的矿山。"德国通过立法、政策推动、财政补贴、税收优惠和规模经营等方式，推动再生资源产业的发展，得以成功构建现代化循环经济体系，有效地保护了各类资源、气候、土地、水源和民众健康。再生资源的回收利用不仅节约了资源，而且由于生产流程的减少，使生产过程的能耗和污染排放大大降低，达到节能和环保双赢的目的。因此，建议在我国应大力发展这方面的技术。

（3）污染治理技术。污染治理技术即环境治理技术，生产及消费过程中产生的污染物质通过废物净化装置来实现有毒、有害废物的净化处理。其特点是不改变生产系统或工艺程序，只是在生产过程的末端（或者社会上收集后）通过净化废物实现污染控制。废物净化处理的环保产业正成为一个新兴的产业部门迅速发展，主要包括水污染控制技术、大气污染控制技术、固体废物处理技术、噪声污染防治技术、交通工具（飞机、汽车、船舶等）运行过程中废物治理技术。

7.2.3 循环经济与环境保护

环境保护是我国的一项基本国策。循环经济则是用绿色经济运行模式来指导人类的经济活动，使整个生产、经济和消费过程不产生或少产生废物，在物质不断循环的基础上发展经济，从而使经济活动对环境的影响降到最低程度。因此，发展循环经济是我国环境保护的根本手段和根本方向。

7.2.3.1 循环经济是我国环境保护发展的根本方向

我国发展循环经济的根本方向是明确其概念和思想内涵，大力发展循环经济。

（1）循环经济对传统环保概念的冲击。循环经济从经济增长和环境保护相结合的角度考虑问题，变消极的产品污染治理为积极的产品全过程管理。循环经济模式可以概括为：自然资源、清洁生产、绿色消费、再生资源。"资源—产品—再生资源"是将环境与经济行为科学地构建为一个严密的、封闭的循环体系。在这一体系中，资源与产品之间是一种平等的相互派生、相互依存、相互支撑的关系。在这种完全符合大自然可持续发展规律的关系支配下，实现着生产废物的最大减量化、最大利用化和最大资源化，从而大大提升了环境保护的高度、深度和广度。

（2）循环经济的思想品质丰富着环境保护的内涵。几十年来，我国环境保护经历了一个由污染物达标排放、废物综合利用、清洁生产全过程控制，到推行实施 ISO 14000 质量管理体系的持续改进、逐步深入的过程，这些环保措施在不同社会经济发展时期都发挥了重要作用。然而，在不同程度上也存有某些明显的不足和缺陷。循环经济在思想上强调的是思维的严密逻辑性和事物的彼此相关性，不仅在其体系内部形成了完整的结构形式，而且将环境与经济紧密和巧妙地结合起来。循环经济在品质方面，无论在环境技术还是在经济技术上，都明显优于任何一种单一的环保措施。

7.2.3.2　发展循环经济是促进工业污染防治从单纯的末端治理向污染预防转变的必由之路

早期工业化国家走的就是一条先发展经济后治理环境的恶性循环道路，我国绝不能再走这样的弯路。传统治污采取的“末端控制”方式，不仅需要投入大量的人员、技术和资金，也给政府和企业带来沉重的经济负担；“末端控制”治污方法实质是少、慢、差、费，严重拖经济发展的后腿，企业普遍缺乏治污积极性。末端治理明显与生产过程脱节，实行的是“先污染，后治理”，立足点在于“治”。而循环经济则不同，它是从源头抓起，实行生产全过程控制，减少乃至消除污染物的产生，立足点是“防”。它能最大限度地利用资源，将污染物消除在生产过程中，不仅能从根本上改善环境状况，而且能够减少能源、原材料消耗，降低生产成本，提高经济效益，实现经济与环境的“双赢”。循环经济与传统末端治理的最大不同是找到了环境效益与经济效益相统一的结合点，能够调动企业防治污染的积极性。

7.2.3.3　发展循环经济是建设资源节约型与环境友好型社会的必然选择

目前，我国人均资源短缺，特别是水资源、耕地资源和矿产资源短缺，以及利用效率低，已经成为制约我国经济安全和长远发展的关键问题。一些重要资源长期依赖进口，特别是石油资源严重不足，对国家经济安全极为不利。我国生态环境恶化的趋势也尚未得到有效遏制，环境形势依然严峻。因此，要充分考虑我国资源短缺、环境脆弱的基本特点，不断提高工业化工厂科技含量，降低资源消耗和环境污染，建立起适合我国国情的资源节约、环境友好型的工业化工厂发展道路，实现新型工业化与可持续发展战略的良性互动。党的“十六大”报告中也提出，要“坚持以信息化带动工业化，以工业化促进信息化，走出一条科技含量高、经济效益好、资源消耗低、环境污染少、人力资源优势得到充分发挥的新型工业化路子”。这是党中央在我国进入新的发展阶段做出的重大战略决策。党的十七大报告提出，要加强能源资源节约和生态环境保护，并指出必须把建设资源节约型、环境友好型社会放在工业化、现代化发展战略的突出位置。党的十八大报告又再次强调了“坚持节约资源和保护环境的基本国策”，指出发展循环经济是节约资源的有效形式和重要途径。

据分析，造成我国资源短缺、浪费严重、生态破坏加剧的根本原因在于我国还没有从根本上摆脱粗放型的经济增长方式，结构不合理，技术装备落后，能源原材料消耗高、利用率低。解决这一问题的根本途径之一就是要大力推行和实施循环经济，提高资源利用效率，预防污染的产生和排放。多年的实践也表明，如果我们继续走传统经济发展之路，沿用“三高”（高消耗、高能耗、高污染）粗放型模式，结果只能延缓我国现代化进程。从战略角度来看，走循环经济之路，已成为我国社会经济发展模式的必然选择。

7.2.3.4　实现循环经济必须理性经营环保

理性经营就是以市场经济的经营理念为指导，用市场交易的运作方式使环境保护主体的经济活动更加合理化、规范化。也就是说，在环境保护与经济主体之间建立一种相互影响的制约关系。要做到理性经营，必须处理好以下三个方面的关系：

（1）正确处理理性经营和依靠政府的关系。在环境保护和市场经济的初级阶段，环境保护在政府的宏观调控下，从组织建立制度法规到执法管理都发挥了重要作用。然而，随着市场经济发展的深入，单靠政府的行政职能不可能解决好现实中不断出现的新情况、新问题，尤其是复杂的环境问题。因此，环境保护仅靠政府支撑的状况亟须得到改观。环境保护是一个庞大的专业，是一个与社会政治、经济、文化及各个领域都密不可分的专业。用环境保护的手段来实现循环经济，必须在政府宏观指导下，对环保实行理性化经营。

（2）正确处理理性经营和市场经济的关系。从环境保护靠政府部门转到理性经营环保，环境保护便登上了市场经济的大舞台。而环境保护在其中究竟扮演什么角色，这就关系到与市场经济的关系问题。以环保设施市场化经营机制为例，从社会化投资、专业化建设、市场化经营、规范化管理到规模化发展，无论哪项内容、哪个环节、哪个运行程序，如果离开了市场的支持，都难以有所作为。另外，如果离开了政府的支持和帮助，也无法获得成功。可以说，环境保护在政府和市场之间，既要全面接受政府的领导和监督，又要在市场经济中按照市场法则和客观规律办事。

（3）正确处理理性经营和继承与发展的关系。理性经营环保是在新的历史条件下市场经济赋予环境保护的新的革命，欲真正实现环境保护的理性经营，既要秉承和发扬现实条件下符合我国国情的思想，既强调一切从实际出发的辩证唯物主义原则，又要将新思维、新观念和新方略引入到环境保护工作中来，充实、丰富和完善新时期环境保护的经营内容。

实现循环经济是由传统环境保护计划管理型向环境保护市场经营型的转变。在这一转变过程中，政府的角色主要是制定和提供标准、规划、政策和法律法规；而环境保护自身则要努力向社会化、产业化、专业化和企业化经营的方向发展。同时，整体环境保护规划和某个环境保护计划，也包括环境工程筹划与设计，如污染治理、废物利用、清洁生产等，都应以循环经济为指导思想，实现“减量—再利用—循环”的最大效益目标。一个新型的现代企业不仅要为企业和国家创造财富，更要最大限度地减少环境成本，努力实现绿色产品战略，树立绿色经营思想，进而构筑起完整系统的“绿色通道”，确保资源利用效率和整体环境的优化。循环经济模式不仅仅是一种新的经济发展模式，更是一种新型的物质变换方式。它是物质资料生产活动的革命，必将引起产业升级、产业结构的大调整和经济增长方式的根本性改变。

综上所述，循环经济是人类面临环境的制约为可持续发展而提出的理念。它作为一种新的经济发展模式，是解决环境问题、促进经济改革、稳定持续发展的唯一途径，因而必须对其深刻的内涵和外延加以深入的理解。循环经济是一种含义深刻的理论框架，在实施过程中，应根据不同地区的特点、经济发展水平、目前和未来经济发展总体规划、城市或区域定位等因素，确定合适的循环经济的可操作规划，并在合适的区域内开展试点，逐步推广。实施循环经济并非一朝一夕，需要长期不懈的努力方可见成效。应加强循环经济的宣传，加快相关立法并制定相应的鼓励政策和措施，积极支持在不同层次开展循环经济的实施；结合实际情况和要求，用其理论来指导经济发展的实践，并使环境效益、经济效益和社会效益相统一，真正实现可持续发展。

下篇　安全生产

8　安全生产的概述

扫一扫，看微课

安全生产是我们党和国家的一项重要政策，是企业的基础，是正常生产的前提，更是企业生存的命脉。

8.1　安全生产的概念及意义

8.1.1　安全生产的概念

一般意义上讲，安全生产，是指在社会生产活动中，通过人、机、物料、环境的和谐运作，使生产过程中潜在的各种事故风险和伤害因素始终处于有效控制状态，切实保护劳动者的生命安全和身体健康。也就是说，安全生产是为了使劳动过程在符合安全要求的物质条件和工作秩序下进行，防止人身伤亡和财产损失等生产事故，消除或控制危险有害因素，保障劳动者的安全健康和设备设施免受损坏、环境的免受破坏的一切行为。

在劳动过程中，由于作业场所环境、劳动条件的限制，存在着各种不安全、不卫生因素，如使用电气设备，可能触电，发生电击伤；使用压力机、剪切机，可能造成机械伤害；操作锅炉、压力容器，可能发生爆炸；操作粉末物料和有毒物品，可能受到粉尘伤害、中毒和发生职业病；建筑施工可能发生高空坠落、物体打击；交通运输可能发生车辆、船舶、飞机伤害；从事通信工作，可能受到电磁波的伤害；开发和利用核能，可能受到放射线的伤害。所有这些工作都可能损害劳动者的安全和健康，甚至危及劳动者的生命。如果不对劳动者加以保护，就会发生工伤事故和职业病，所以我们要不断改善劳动条件，提高机械化作业水平，从组织管理和技术两方面采取有效措施，预防工伤事故和职业病的发生，为劳动者创造安全、卫生、舒适的作业环境。

8.1.2　安全生产的意义

安全生产事关广大人民群众的根本利益，事关改革发展和稳定的大局，历来受到党和国家的高度重视。安全生产是我们党和国家在社会主义市场经济下的一项重要政策，也是企业管理的一项基本原则。实现安全生产对于确保职工的安全健康，保障企业生产持续、稳定、协调发展，促进社会主义现代化建设具有十分重大的意义。

8.1.2.1　安全生产是我们党和国家的一项重要政策

安全生产是我们党和国家在生产建设中一贯坚持的指导方针，是社会主义精神文明建设的重要内容。建国初期的《共同纲领》中明确规定“公司企业一般实行 8~10h 的工作制”“保护女工的特殊利益”“实行工矿检查制度，以改进工矿的安全和卫生设备”。

1950 年，国务院制定了《工厂卫生暂行条例》和《全国公私企业职工伤亡报告办法》。1956 年，国务院颁布了《工厂安全卫生规程》《建筑安装工程安全技术规程》和《工人职员伤亡事故报告规程》，这“三大规程”明确指出：改善劳动条件，保护劳动者在生产中的安全和健康，是我们国家的一项重要政策，也是社会主义企业管理的基本原则之一。1963 年，国务院颁布的《关于加强企业生产中安全工作的几项规定》中指出：做好安全管理工作，确保安全生产，不仅是企业开展正常生产活动所必需，而且也是一项重要的政治任务。

1978 年，中共中央发出的《关于认真做好劳动保护工作的通知》中明确指出：加强劳动保护工作，搞好安全生产，保护职工的安全和健康，是我们党的一贯方针，是社会主义企业管理的一项基本原则。防止事故和职业病是一项严肃的政治任务，也是保证生产健康发展的一个重要条件。1994 年全国人大常委会通过的《中华人民共和国劳动法》专门为劳动保护和安全生产制定了相关内容。2002 年全国人大常委会通过的《中华人民共和国安全生产法》是我国安全生产专门的法律依据。因此，我们必须直视劳动保护，做到安全生产。

8.1.2.2　安全生产是市场经济发展的需要

保护劳动者在生产过程中的安全、健康，是保护生产力的需要，是保护社会财富的需要。有些企业为了眼前的局部利益，忽视对安全生产、劳动保护的投入；在生产中某些领导存在官僚主义，不明下情，盲目指挥，出了状况就推脱责任。这样不仅会导致事故的频繁发生，甚至还会激化矛盾，影响社会安定。从根本上说，安全生产是均衡发展各部门、各行业经济的需要，是保护劳动力、保护社会财富的需要，是激励劳动者的劳动热情、提高劳动生产率的需要。只有保证劳动者的生命安全和健康，才能保证企业的效益，保证市场经济的顺利发展。

综上所述，安全生产是安全与生产的统一，其宗旨是安全促进生产，生产必须安全。搞好安全工作，改善劳动条件，可以调动职工的生产积极性；减少职工伤亡，可以减少劳动力的损失；减少财产损失，可以增加企业效益，促进生产的发展。而生产必须安全，则是因为安全是生产的前提条件，没有安全就无法生产。安全生产是关系人民群众生命财产安全的大事，是经济社会协调健康发展的标志，是党和政府对人民利益高度负责的要求。

8.1.3　安全生产与劳动保护

安全生产包括工业、商业、交通、建筑、矿山、农林等企业事业单位职工的人身、财产、设备的安全，还包括铁路、公路运输及航运、民航安全，水利、电力安全，工业、建筑产品（如特种设备劳动保护用品、安全仪器仪表、电气产品等）的质量安全等。企事业单位在生产建设中围绕保护职工人身安全和设备安全，为搞好安全生产而开展的一系列活动，称为安全生产工作。

劳动保护是指根据国家法律、法规，依靠技术进步和科学管理，采取组织措施和技术措施，消除危及人身安全健康的不良条件和行为，防止事故和职业病，保护劳动者在劳动过程中的安全与健康。

一般情况下，劳动保护和安全生产两者的概念可以通用，但是严格说来，这两个概念的含义并不完全相同。劳动保护工作除了防止工伤事故和职业病以外，还包括实现女工和未成年工的特殊保护，为劳动者创造舒适的环境等。安全生产除了保护劳动者的安全和健康之外，还包括保障机器设备的安全运转、国家财产不受损坏等。

8.2　安全生产的方针及任务

8.2.1　安全生产方针的含义

安全生产方针是指政府对安全生产工作总的要求，它是安全生产工作的方向。1952年，第二次全国劳动保护工作会议提出了劳动保护工作必须贯彻安全生产的方针。1985年初，全国安全生产委员会正式提出将“安全第一、预防为主”作为安全生产方针。2006年，第十六届五中全会提出安全生产12字方针，即“安全第一、预防为主、综合治理”，使我国安全生产方针进一步发展和完善，更好地反映了安全生产工作的规律和特点。

“安全第一”，首先强调安全的重要性。安全与生产相比较，安全是重要的，因此要先安全后生产。也就是说，在一切生产活动中，要把安全工作放在首要位置，优先考虑，它是处理安全工作与其他工作关系的重要原则和总的要求。

“安全第一”体现了人们对安全生产的一种理性认识，这种理性认识包含两个层面。(1) 生命观。它体现了人们对安全生产的价值取向，也体现了人类对自我生命的价值观。人的生命是至高无上的，每个人的生命只有一次，要珍惜生命、爱护生命、保护生命。事故意味着对生命的摧残与毁灭，因此，生产活动中，应把保护生命的安全放在第一位。(2) 协调观，即生产与安全的协调观。任何一个系统的有效运行，其前提是该系统处于正常状态，“正常”是基础、是前提。从生产系统来说，保证系统正常就是保证系统安全。安全就是保证生产系统有效运转的基础条件和前提条件，如果基础和前提条件得不到保证，就谈不上有效运转。因此，“安全第一”应为重中之重。

“预防为主”是指安全工作应当做在生产活动开始之前，并贯彻始终。凡事预则立，不预则废。安全工作的重点应放在预防事故的发生上，事先考虑事故发生的可能性，采取有效措施以尽量减少并避免事故的发生和事故造成的损失。因此，必须在从事生产活动之前，充分认识、分析和评价系统可能存在的危险性，事先采取一切必要的组织措施、技术措施，排除事故隐患。以“安全第一”的原则，处理生产过程中出现的安全与生产的矛盾，保证生产活动符合安全生产、文明生产的要求。

“预防为主”体现了人们在安全生产活动中的方法论，事故是由隐患转化为危险，再由危险转化而成的。因此，隐患是事故的源头，危险是隐患转化为事故过程中的一种状态。要避免事故，就要控制这种“转化”，严格地说，是控制转化的条件。那么，什么时候控制最有效？按照事物普遍的发展规律，事故形成的初始阶段，力量小、发展速度慢，这个时候消灭该事物所花费的精力最少、成本最低。根据这个规律，消除事故的最好办法就是消除隐患，控制隐患转化为事故的条件，把事故消灭在萌芽状态。因此，应把预防方法作为控制事故的主要方法。

“综合治理”是指适应我国安全生产形势的要求，自觉遵循安全生产规律，正视安全生产工作的长期性、艰巨性和复杂性，抓住安全生产工作中的主要矛盾和关键环节，综合运用经济、法律、行政等手段，人管、法治、技防多管齐下，并充分发挥社会、职工、舆论的监督作用，有效解决安全生产领域的问题。实施综合治理，是由我国安全生产中出现的新情况和面临的新形势决定的，综合治理是落实安全生产方针政策、法律法规的最有效手段。

8.2.2　贯彻安全生产方针

安全生产方针是实现安全生产的方向和目标。为实现安全生产方针，必须建立健全各种安全生产方面的法律法规、标准和制度，并严格执行；必须全面贯彻以行政一把手为第一责任者的安全责任体制，各司其职，各尽其责；必须查明隐患，采取有效措施，控制或消除隐患，防止事故发生，保证生产顺利进行。

贯彻“安全第一、预防为主、综合治理”的安全生产方针，要求我们在生产活动中做到以下四点：

（1）一切人员，特别是企业领导，必须重视安全工作，要把劳动者的安全与健康放在第一位，即生产必须安全。当生产与安全出现矛盾的时候，首先必须消除或控制不安全因素，防止事故发生。劳动条件改善了，劳动生产率将会大大提高，有利于企业经济效益的增长。

（2）实现安全生产的最有效措施就是积极预防、主动预防。凡是新建、改建、扩建的工矿企业和革新挖潜项目都必须有保证安全生产和消除有毒有害物质的措施。在每一项生产活动中都应首先考虑安全因素，经常查隐患、找问题、堵漏洞，自觉形成一套预防事故、保证安全的生产制度。

（3）从事生产管理和企业经营的领导者和组织者，必须明确安全和生产是一个有机的整体。生产工作和安全工作的计划、布置、检查、总结、评比要同时进行，决不能重生产轻安全。

（4）加强安全管理，要通过安全检查、安全预测和安全评价及时识别和预知安全隐患，并采取有效措施消除或控制危险源，预防事故与职业病的发生。

8.2.3　安全生产的基本原则

安全生产必须遵守的基本原则如下：

（1）“管生产必须管安全”的原则。一切从事生产、经营活动的单位和管理部门都必须管安全，必须依照国务院“安全生产是一切经济部门和生产企业的头等大事”的指示精神，全面开展安全生产工作。要落实“管生产必须管安全”的原则，就要在管理生产的同时认真贯彻执行国家安全生产的法规、政策和标准，制定本企业、本部门的安全生产规章制度，包括各种安全生产责任制、安全生产管理规定、安全卫生技术规范、岗位安全操作规程等，健全安全生产组织管理机构，配齐专（兼）职人员。

(2)“安全具有否决权”的原则。“安全具有否决权”的原则是指安全工作是衡量企业经营管理工作好坏的一项基本内容。该原则要求，在对企业进行各项指标考核、评选先进时，必须要首先考虑安全指标的完成情况。安全生产指标具有一票否决的作用。

(3)“三同时”原则。“三同时”是指凡是我国境内新建、改建、扩建的基本建设项目(工程)、技术改造项目(工程)和引进的建设项目，其劳动安全卫生设施必须符合国家规定的标准，必须与主体工程同时设计、同时施工、同时投入生产和使用。

(4)“五同时”原则。“五同时”是指企业的生产组织及领导者在计划、布置、检查、总结、评比生产工作的时候，同时计划、布置、检查、总结、评比安全工作。

(5)“四不放过”原则。“四不放过”是指在调查处理工伤事故时，必须坚持事故原因分析不清不放过、事故责任者和群众没有受到教育不放过、没有采取切实可行的防范措施不放过和事故责任者没有被处理不放过。

(6)“三个同步”原则。“三个同步”是指安全生产与经济建设、深化改革、技术改造同步规划、同步发展、同步实施。

8.2.4 安全生产的任务

从广义上讲，安全生产的任务，一是预测人类生产活动中各个领域里存在的隐患和危险，进一步采取措施，使人类在生产活动中不受到工伤和职业病的危害；二是制定各种规程、规定和消除危害因素所采取的各种办法、措施；三是指导人们去认识危险和防止事故发生。具体地讲，安全生产有以下几个方面的任务：

(1)贯彻落实国家安全生产法规，落实“安全第一、预防为主、综合治理”的安全生产方针。

(2)制定安全生产的各种规程、规定和制度，并认真贯彻实施。积极采取各种安全工程技术措施，进行综合治理，使企业的生产机械设备和设施达到本质安全的要求。保障职工安全可靠的作业条件，减少和杜绝各类事故造成的人员伤亡和财产损失。对职工伤亡及生产过程中的各类事故进行调查、处理和上报，并做好记录存档。

(3)采取各种劳动卫生措施，不断改善劳动条件和环境，定期检测，防止和消除职业病及职业危害，做好女工和未成年工的特殊保护，合理安排工作时间和休息时间，保障劳动者的身心健康。

(4)对企业领导、特种作业人员和所有职工进行安全教育，使职工掌握安全知识和操作技术，进行事前预测和预防，提高安全生产素质。

(5)推动安全生产目标管理，推广和应用现代化安全管理技术与方法，深化企业安全管理。

8.2.5 安全生产的理论体系

安全生产的理论体系包括以下五个方面的内容：

(1)“安全发展”的科学理念和指导原则。安全生产是社会生产力发展水平的综合反映，是经济发展、社会进步的前提和保障，是构建和谐社会的重要内容。安全生产必须纳入社会主义现代化建设的总体战略，要与经济社会发展同步规划、同步部署、同步推进。

(2)“安全第一、预防为主、综合治理”的方针。增加了“综合治理”，这是我们对安全生产规律性认识的深化和完善。安全生产必须综合运用法律、经济、科技和行政手段，标本兼治，重在治本，建立长效机制。

(3) 以“两个主体”和“两个负责制”为内容的安全工作基本责任制度。企业是安全生产责任主体，政府是安全生产监管主体。实行企业法定代表人负责制、政府行政首长负责制，要层层落实，建立健全安全生产控制指标体系，纳入业绩和政绩考核。

(4) 依法治安、重点治乱的安全法制建设方略。要建立安全生产规范完善的法制秩序，针对非法违法、违规违章现象严重，必须用严刑峻法，以重点治理安全生产的混乱状况。依法严肃追究事故责任，要查处事故背后的失职渎职、官商勾结、权钱交易。

(5) 倡导先进安全文化，建立全社会安全生产参与监督机制。必须调动全党全社会的积极性，提高全社会的安全意识和全民的安全素质，形成广泛的参与和监督机制。安全生产的重大决策、重点工作、事故处理的结果要向社会公布，让人民群众知道。安全生产要接受各方面的监督，使违法违纪的行为没有藏身之处。

9　安全生产法律法规

扫一扫，看微课

加强安全生产法制建设，依法管理，逐步使企业安全生产管理走上法治轨道，在市场经济条件下具有十分重要的意义。

9.1　安全生产法律法规的概念与特征

9.1.1　安全生产法律法规的概念

安全生产法律法规是在调整社会生产经营活动中所产生的，同劳动者或生产人员的安全与健康，以及生产资料和社会财富安全保障有关的各方面关系和行为的法律规范的总称。安全生产法律法规是国家法律体系的重要组成部分。它以宪法为依据，涉及刑法、民商法、经济法、行政法、社会法、诉讼和非诉讼程序法等许多实体法的有关内容，以及配套的有关条例、部门规章、技术规程及标准等法规。

安全生产法律法规有广义和狭义两种解释，广义的安全生产法律法规是指我国保护劳动者、生产者和保障生产资料及财产安全的全部法律法规，这些法律法规都是为了保护国家、社会利益和劳动者、生产者的利益而制定的。例如，关于安全生产技术、工业卫生、生产合同、工伤保险、职业技术培训、工会组织和民主管理等方面的法律法规。狭义的安全生产法律法规是指国家为了改善劳动条件，保护劳动者在生产过程中的安全和健康，以及保障生产安全所采取的各种措施的法律规范。例如，劳动安全卫生规程，对女工和未成年工劳动保护的特别规定，关于工作时间、休息时间和休假制度的规定，关于劳动保护的组织和管理制度的规定等。安全生产法律法规的表现形式是国家制定的关于安全生产的各种规范性文件，它可以表现为享有国家立法权的机关制定的法律，也可以表现为国务院及其所属的部、委员会发布的行政法规、决定、命令、指示、规章以及地方性法规等，还可以表现为各种劳动安全卫生技术规程、规范和标准。

安全生产法律法规是党和国家的安全生产方针政策的集中表现，是上升为国家和政府意志的一种行为准则。有了各种安全生产法律法规，才可以使安全生产做到有法可依、有章可循。谁违反了这些法律法规，无论是单位还是个人，都要负法律责任。

9.1.2　安全生产法律法规的特征

安全生产法律法规是国家法律法规体系的一部分，因此它具有法的一般特征。

我国安全生产法律制度的建立与完善，与党的安全生产方针政策有着密切的联系。在过去很长一段时期，我国的法制很不完备，在没有安全生产法律法规的情况下，只能依照国家的安全生产方针政策指导安全生产工作。当时，国家的安全生产方针政策，实际上已经起到了法规的作用，已赋予了它一种新的属性，这种属性是国家赋予的而不是方针政策本身就具有的。

随着我国法制建设的发展，有关安全生产方面的法律法规已逐步完善，发挥着日益重要的作用。

我国安全生产法律法规具有以下特点：

（1）保护的对象是劳动者、生产经营人员、生产资料和国家财产；

（2）安全生产法律法规具有强制性的特征；

（3）安全生产法律法规涉及自然科学和社会科学领域，因此，安全生产法律法规既具有政策性特征、又具有科学技术性特征。

9.2　安全生产法律法规的作用和制定原则

9.2.1　安全生产法律法规的作用

安全生产法律法规的作用主要表现在以下几个方面：

（1）为劳动者的安全与健康提供法律保障。我国的安全生产法律法规是以搞好安全生产、保障职工在生产中的安全与健康为目的的。它不仅从管理上规定了人们的安全行为规范，也从生产技术上、设备上规定了实现安全生产和保障职工安全与健康所需的物质条件。安全生产工作实践表明，切实维护劳动者安全与健康的合法权益，不仅要制定出各种保证安全生产的措施，而且要用国家强制力来迫使人们按照科学规律办事，尊重自然规律、经济规律和生产规律，保证劳动者得到符合安全与卫生要求的劳动条件。

（2）加强安全生产的法制化管理。安全生产法律法规是加强安全生产法制化管理的章程，很多重要的安全生产法律法规都明确规定了各级部门安全生产、安全生产管理的职责，从而引起了各级领导特别是企业领导对劳动保护工作的重视。

（3）促进劳动关系的巩固和发展。安全生产法律法规规定了用人单位职工的行为准则和规范，要求企业重视安全生产，关心劳动者的安全和健康，加强对环境的保护意识，要求职工提高安全生产的意识和操作能力，遵守安全生产的规章制度，这样有利于形成良好的安全生产环境和秩序，避免和减少劳动纠纷。

（4）提高劳动生产力，保证企业效益的实现和国家经济建设的顺利发展。安全生产是关系到企业切身利益的大事。通过安全生产立法，劳动者的安全与健康得以保障，职工能够在符合安全与卫生要求的条件下从事劳动生产，这样势必会激发其劳动积极性和创造性，从而大大提高劳动生产率，增加企业经济效益。

9.2.2　安全生产法律法规制定的基本原则

安全生产法律法规制定的基本原则如下：

（1）“安全第一、预防为主、综合治理”，保障劳动者的安全与健康的原则。为了正确贯彻“安全第一、预防为主、综合治理”的安全生产方针，企业应把实现安全生产作为首要任务，采取一切技术手段和管理措施，预防和减少伤亡事故、职业病的发生，为劳动者创造舒适的工作环境，确保职工的安全与健康。

（2）必要性和可能性相结合的原则。制定安全生产法律法规，一方面应尽可能满足保证安全生产的必要条件，另一方面也要适应现阶段的经济、技术水平。因此，我国法律法规的制定在安全技术指标、防护性能等方面应力求达到国家标准；同时，考虑到现阶段的国情，要适应我国企业的生产力及管理水平，做到既坚持标准的科学性和先进性，又照顾到管理和实施的可行性。

(3) 中央和地方两级立法的原则。由于地域、气候、条件、环境的不同，中国各地区经济发展不平衡，有些法规在要求和制定上可根据各地情况的差异，采取因地制宜的办法，做到“大则集中统一，细则因地制宜”。这样既维护了法规的统一性，又照顾了各地的情况差异，便于贯彻实施。

9.2.3 制定安全生产法律法规的意义

安全生产事关人民群众的生命和财产安全，事关改革发展和社会稳定大局。随着社会经济活动日趋活跃和复杂，特别是经济成分、组织形式日益多样化，我国的安全生产问题越来越突出。加强安全生产立法，对强化安全生产监督管理，规范生产经营单位和从业人员的安全生产行为，遏制重、特大事故，维护人民群众的生命和财产安全，保障生产经营活动顺利进行，促进经济发展和保持社会稳定具有重大而深远的意义。

安全生产立法的重要意义主要体现在以下五个方面：

(1) 是安全生产领域落实依法治国方略的需要；

(2) 是加强安全生产监督管理的需要；

(3) 是保护人民群众生命和财产安全的需要；

(4) 是预防和减少事故的需要；

(5) 是制裁安全生产违法犯罪的需要。

9.3 安全生产法律法规的主要内容

安全生产法律法规体系是一个包含多种法律形式和法律层次的综合性系统。从法律规范的形式和特点来看，既包括作为整个安全生产法律法规基础规范的宪法，也包括行政法律规范、技术性法律规范、程序性法律规范。按法律地位及效力同等原则，安全生产法律法规体系分为7个门类。

(1)《中华人民共和国宪法》。《中华人民共和国宪法》（简称《宪法》）是我国的根本法，是安全生产法律法规体系框架的最高层级，其他任何法律必须在《宪法》确立的基本原则框架内发挥效力，任何其他法律不得与《宪法》发生冲突，“加强劳动保护，改善劳动条件”是有关安全生产方面最高法律效力的规定。

(2) 安全生产方面的法律包括基础法、专门法律及其他相关法律。

1) 基础法。《中华人民共和国安全生产法》是综合规范安全生产法律制度的法律，它适用于所有生产经营单位，是我国安全生产法律法规体系的核心。这部法律是以基本法的形式，对安全生产的方针、生产经营单位的安全生产保障、从业人员的权利和义务、生产安全事故的应急救援和调查处理以及违法行为的法律责任都做出了明确的规定，是安全生产工作领域中的一部综合性大法。

2）专门法律。专门安全生产法律是规范某一专业领域安全生产法律制度的法律，我国在专业领域的安全法律有《中华人民共和国矿山安全法》《中华人民共和国海上交通安全法》《中华人民共和国消防法》《中华人民共和国道路交通安全法》。

3）相关法律。与安全生产相关的法律是指安全生产专门法律以外的其他法律中涵盖有安全生产内容的法律，如《中华人民共和国劳动法》《中华人民共和国建筑法》《中华人民共和国煤炭法》《中华人民共和国铁路法》《中华人民共和国民用航空法》《中华人民共和国工会法》等。还有一些与安全生产监督执法工作有关的法律，如《中华人民共和国刑法》《中华人民共和国刑事诉讼法》《中华人民共和国行政处罚法》等。

上述这些安全生产方面的法律是由全国人民代表大会或其常务委员会制定和颁布的。

(3) 安全生产行政法规。安全生产行政法规是由国务院组织制定并批准公布的，是为实施安全生产法律或规范安全生产监督管理制度而制定并颁布的一系列具体规定，是我国实施安全生产监督管理和监察工作的重要依据。我国已颁布了多部安全生产行政法规，如《国务院关于特大安全事故行政责任追究的规定》和《煤矿安全监察条例》等。

(4) 地方性安全生产法规。地方性安全生产法规是指由有立法权的地方权力机关——地方人民代表大会及其常务委员会和地方政府制定的安全生产规范性文件，是对国家安全生产法律法规的补充和完善，以解决本地区某一特定的安全生产问题为目标而制定的，具有较强的针对性和可操作性。

(5) 部门安全生产规章、地方政府安全生产规章。部门安全生产规章、地方政府安全生产规章是指由国务院所属各部委和各省、直辖市、自治区人民政府制定发布的规范性文件。

(6) 安全生产标准。安全生产标准是安全生产法律法规体系的一个重要组成部分，也是安全生产管理的基础和监督执法工作的重要技术依据。安全生产标准大致分为设计规范类，安全生产设备、工具类，生产工艺安全卫生类，防护用品类四类标准。

(7) 已批准的国际劳动组织公约。目前，我国政府已批准的国际劳动组织公约与23个职业安全卫生相关。

10 安全生产法律责任

扫一扫，看微课

安全生产领域违法犯罪行为的法律责任有行政责任、民事责任和刑事责任三类，其中行政责任分为行政处分和行政处罚两种。

10.1 行政责任

行政责任是指因违反行政法或因行政法规定而应承担的法律责任。行政责任的特点是：

（1）承担行政责任的主体是行政主体和行政相对人。行政主体是拥有行政管理职权的行政机关及其公职人员，行政相对人是负有遵守行政法义务的普通公民、法人。

（2）产生行政责任的原因是行为人的行政违法行为和法律规定的特定情况。

（3）通常情况下，实行过错推定的方法。

（4）行政责任的承担方式多样化，包括行为责任、精神责任、财产责任和人身责任。《安全生产违法行为行政处罚办法》（国家安全监督管理总局令第 15 号），2008 年 1 月 1 日起施行。2015 年 4 月 2 日，国家安全监督管理总局令第 77 号修订。

10.2 民事责任

10.2.1 民事责任的特点

民事责任是指由于违反民事法律、违约或者由于民法规定所应承担的一种法律责任。民事责任的特点是：民事责任主要是一种救济责任，当然也具有惩罚的内容；民事责任主要是一种财产责任，也包括其他责任方式；民事责任主要是一方当事人对另一方当事人的责任，在法律允许的条件下，多数民事责任可以由当事人协商解决。

10.2.2 民事责任的分类

根据承担民事责任的原因，可将民事责任分为违约责任、一般侵权责任、特殊侵权责任。违约责任与侵权责任的区别在于：

（1）所违反的义务及所依据的法律不同。违约责任是行为人违反了约定的合同义务；侵权责任是行为人违反了法律规定的不得侵犯他人权利的义务，不以当事人之间事先存在的合同关系为前提，它主要依据民事法律中有关侵权行为致人损害的条款来确定。

（2）受侵害的权利和利益的性质不同。违约行为侵害的是合同相对人的债权，属于相对权，侵犯的是特定个人的利益；侵权行为侵犯的是受害人的健康权、人格权、生命权以及财产权，属于绝对权，某些侵权行为所侵犯的是社会利益。

（3）受害人与责任人的范围不同。违约责任的受害人是特定的，只能是合同关系的相对方；侵权责任的受害人不一定是特定的，可以是某一缺陷产品的购买者，也可以是不特定的第三人。

（4）责任的构成不同。违约责任以违约行为的存在为核心；一般侵权责任则要求不仅存在侵权行为，而且存在损害事实、侵权行为与损害事实之间的因果关系，以及行为人的主观过错。

特殊侵权责任的特殊之处在于：不以过错为责任构成条件，而以法律的专门规定为前提，如产品责任。

10.2.3　民事责任的归责原则

归责原则，是指认定和归结法律责任必须依照的标准和规则。确定民事责任的原则有三种：绝对责任、过错责任、严格责任。

（1）绝对责任，是指行为人只要其行为造成危害结果，行为和结果之间存在着外部联系，就应承担责任。

（2）过错责任，是指行为人对其危害行为的发生在主观上存在的某种应受责备的心理状态。故意和过失是过错的两种形式。假如事件的发生不以行为人的意志为转移，行为人能证明自己尽到了“合理的注意”就不该承担责任。

（3）严格责任，是指一种比因为没有尽到合理的注意而须负责的通常责任标准更加严格的责任标准，责任产生于应该避免的伤害事件发生之处，而不论其采取了怎样的注意和谨慎。

综上所述，民事责任属于法律责任的一种，是保障民事权利和民事义务实现的重要措施，是民事主体因违反民事义务所应承担的民事法律后果，它主要是一种民事救济手段，旨在使受害人被侵犯的权益得以恢复。安全生产领域涉及的民事责任主要包括以下两种。

（1）赔偿责任，是指企业对他人造成损失的要承担赔偿责任。

（2）连带赔偿责任，主要是评价单位与生产经营单位连带赔偿责任、生产经营单位与承包承租单位连带赔偿责任。

10.3　刑事责任

刑事责任，是指行为人因其犯罪行为必须承受的，由司法机关代表国家确定的否定性法律后果。

刑事责任的特点是：

（1）产生刑事责任的原因在于行为人行为的严重社会危害性，只有行为人的行为具有严重的社会危害性即构成犯罪，才能追究行为人的刑事责任。

（2）与作为刑事责任前提的行为的严重社会危害性相适应，刑事责任是犯罪人向国家所负的一种法律责任。

（3）刑事法律是追究刑事责任的唯一法律依据，罪刑法定。

（4）刑事责任是一种惩罚性责任，因而是所有法律责任中最严厉的一种。

（5）刑事责任基本上是一种个人责任。同时，刑事责任也包括集体责任，比如“单位犯罪”，但对于单位犯罪，均实行“单罚”，如工程重大责任事故罪。

10.3.1 重大责任事故罪

10.3.1.1 概念

具体内容见《刑法》第一百三十四条第一款。

10.3.1.2 犯罪构成

（1）客体要件。本罪侵犯的客体是生产、作业的安全。所谓生产、作业，是指人类采用一定的工具或方法作用于一定的劳动对象，使之发生性质、形态或形状的改变或位置的移动，从而适合或满足人类的某种物质需要的活动。从行业上看，生产、作业包括制造业、采矿业、修理业、建筑业、运输业等行业。从形式上看，一般包括三种形式：一是普通从业人员的直接操作活动，如电焊工的焊接行为等；二是科技人员的设计、实验、化验活动；三是指挥、管理人员对工人的生产、作业的指挥、管理活动。

（2）客观要件。本罪在客观方面表现为在生产和作业过程中违反有关安全管理的规定，因而发生重大伤亡事故，造成严重后果的行为。

重大责任事故罪的犯罪客观方面必须满足三个条件：违反有关安全管理的规定；行为发生在生产作业过程中；发生重大伤亡事故，造成严重后果。

（3）主体要件。本罪主体为一般主体，是指已满 16 周岁具有刑事责任能力的自然人。是否符合本罪的主体要件，关键是看该从业人员的违章行为造成的重大责任事故是否在其从事本单位的生产、作业活动中违反有关保障生产、作业安全的法律法规、规章制度的行为造成的，只要是实际从事生产活动的人员，都可以成为重大责任事故罪的主体。

（4）主观要件。本罪在主观方面表现为过失。这种过失，表现在对造成的后果没有预见，或者轻信可以避免。而对违章本身，既可能是无意之中违反，也可能是明知故犯，但均不影响本罪的成立，在量刑时可以作为一个情节予以考虑。如果行为人对危害结果出于故意的心理状态，不构成本罪，可能构成其他危害公共安全的犯罪。

10.3.1.3 注意事项

在重大责任事故罪量刑时应注意以下几点。

（1）在重大责任事故罪、重大劳动安全事故罪、不报谎报安全事故罪和强令违章冒险作业罪量刑时，具有下列情形之一的，从重处罚：

1）未依法取得安全许可证件或者安全许可证件过期、被暂扣、吊销、注销后从事生产经营活动的；

2）关闭、破坏必要的安全监控和报警设备的；

3）已经发现事故隐患，经有关部门或者个人提出后，仍不采取措施的；

4）一年内曾因危害生产安全违法犯罪活动受过行政处罚或者刑事处罚的；

5）采取弄虚作假、行贿等手段，故意逃避、阻挠负有安全监督管理职责的部门实施监督检查的；

6）安全事故发生后转移财产意图逃避承担责任的；

7）其他从重处罚的情形。

（2）构成重大责任事故罪：重大劳动安全事故罪、不报谎报安全事故罪和强令违章冒险作业罪的犯罪行为，在安全事故发生后积极组织、参与事故抢救，或者积极配合调查、主动赔偿损失的，可以酌情从轻处罚。

10.3.2　重大劳动安全事故罪

10.3.2.1　概念

具体内容见《刑法》第一百三十五条。

10.3.2.2　犯罪构成

（1）客体要件。本罪侵犯的客体是自然人的生命和健康。

（2）客观要件。本罪在客观方面表现为安全生产设施或安全生产条件不符合国家规定，因而发生重大伤亡事故或者造成其他严重后果的行为。

（3）主体要件。本罪的主体为从事生产、经营的自然人、法人及非法人实体。按照《刑法司法解释》第三条，“直接负责的主管人员和其他直接责任人员”是指对安全生产设施或者安全生产条件不符合国家规定负有直接责任的生产经营单位负责人、管理人员、实际控制人、投资人，以及其他对安全生产设施或者安全生产条件负有管理、维护职责的人员。其中，“对安全生产设施或者安全生产条件负有管理、维护职责的人员”常见的有电工和煤矿的瓦斯检查员等。

（4）主观要件。本罪在主观方面表现为过失，有关直接责任人员在主观心态上只能表现为过失。所谓过失，是指有关直接责任人员在主观意志上并不希望发生事故。对于单位存在事故隐患，有关直接责任人则是明知或者应该知道的，有的甚至是经劳动行政部门或者其他有关部门多次责令改正而未改正。造成这种情况的原因，有的是片面追求经济效益，不肯在劳动安全和劳动卫生方面进行投入；有的是工作不负责任，疏忽怠惰；有的是心存侥幸心理。无论属于哪种情况，都不影响构成本罪，但在具体量刑时可以作为酌定情节予以考虑。

10.3.2.3　注意事项

本罪与重大责任事故罪的界限，两罪都有重大事故的发生，并且行为人对重大事故的发生都是一种过失的心理态度，但两者有明显区别。

（1）犯罪主体不同：重大劳动安全事故罪的犯罪主体是单位负责主管与直接管理劳动安全设施的人员，一般不包括普通从业人员；重大责任事故罪的犯罪主体较重大劳动安全事故罪范围要广，包括一般从业人员和在生产、作业中直接从事领导、指挥的人员。

（2）客观方面的行为方式不同：重大劳动安全事故罪在客观方面则表现为对安全生产设施或者安全生产条件不符合国家规定而出现的隐患不采取措施，是一种不作为犯罪；重大责任事故罪在客观方面表现为在生产和作业过程中违反有关安全管理的规定，是作为形式的犯罪。

10.3.3 强令违章冒险作业罪

10.3.3.1 概念

具体内容见《刑法》第一百三十四条第二款。

10.3.3.2 犯罪构成

（1）客体要件。本罪侵犯的客体是公共安全。

（2）客观要件。本罪客观方面表现为强令违章冒险作业，因而发生重大伤亡事故或者造成其他严重后果的行为，这里所说的强令是指明知违章并存在着很大的危险而仍然强迫下属进行作业。

（3）主体要件。犯罪主体是一般主体，包括具有强令资格的人，通常情况下是作业的领导者、指挥者、调度者。根据《刑法司法解释》第二条：刑法第一百三十四条第二款规定的犯罪主体，包括对生产、作业负有组织、指挥或者管理职责的负责人、管理人员、实际控制人、投资人等人员。

（4）主观要件。本罪在主观方面是过失。所谓过失是指行为人对所发生的后果而言，而对于既违章又冒险则是明知的。

10.3.4 不报安全事故罪

10.3.4.1 概念

具体内容见《刑法》第一百三十九条。

10.3.4.2 犯罪构成

（1）客体要件。本罪侵犯的是安全事故监管制度。本罪主要是针对近年来一些事故单位的负责人和对安全事故负有监管职责的人员在事故发生后弄虚作假，结果延误事故抢救，造成人员伤亡和财产损失进一步扩大的行为而设置的。

（2）客观要件。客观方面表现为在安全事故发生后，负有报告职责的人员不报或者谎报事故情况，贻误事故抢救，情节严重的行为。

生产经营单位的主要负责人对生产安全事故隐瞒不报、谎报或者迟报的，依照前款规定处罚。

（3）主体要件。犯罪主体为对安全事故负报告职责的人员。安全事故不仅限于生产经营单位发生的安全生产事故、大型群众性活动中发生的重大伤亡事故，还包括《刑法》分则第二章规定的所有与安全事故有关的犯罪，但第一百三十三条、第一百三十八条除外，因为这两条已经把不报告作为构成犯罪的条件之一。

（4）主观要件。本罪在主观方面有故意构成。

10.3.5 危险物品肇事罪

10.3.5.1 概念

具体内容见《刑法》第一百三十六条。

10.3.5.2　犯罪构成

（1）客体要件。本罪侵犯的客体是公共安全，即不特定多数人的生命、健康和重大公私财产的安全。本罪的犯罪对象是特定的，即能够引起重大事故的发生，致人重伤、死亡或使公私财产遭受重大损失的危险物品，它包括爆炸性物品、易燃性物品、放射性物品、毒害性物品、腐蚀性物品。爆炸物、易燃性、放射性、毒害性、腐蚀性物品都具有双重属性，它们可以造福人类，事实上其中很大一部分已用于国防建设、经济建设和人民的日常生活，如爆炸性物品广泛用于筑路、采矿、军工事业；易燃性物品多用于交通和能源方面，放射性物品可用于发电和医疗卫生事业，毒害性物品广泛用于农业、林业杀虫，腐蚀性物品是重要的化工原料。随着社会主义现代化建设事业的发展，上述危险物品的使用范围将更加广阔，用途也将更加多样。另外，由于上述危险物品本身所固有的危险属性，如在生产、储存、运输、使用中稍有不当，便极为容易发生重大事故，损害不特定多数人的生命、健康和重大公私财产的安全。因此，对于违反危害物品的管理规定，在生产、储存、运输、使用中发生重大事故，造成严重后果的行为，应依法追究刑事责任。

（2）客观要件。本罪在客观方面表现为在生产、储存、运输、使用危险物品的过程中，违反危险物品管理规定，发生重大事故，造成严重后果的行为。

1）行为人必须有违反危险物品管理规定的行为。由于危险物品本身所固有的高度危险性，在生产、储存、运输、使用过程中，一旦使用、管理不当就可能发生重大事故，造成严重后果，危害公共安全。为了保障安全生产、储存、运输、使用上述危险物品，国家有关部门陆续颁发了一系列有关危险物品的管理规定，如《民用爆炸品管理条例》《危险化学品安全管理条例》等。上述危险物品管理规定，就危险物品的范围、种类以及其生产、储存、运输、使用的具体管理办法等都有着明确而具体的规定。在确定行为人是否具有违反危险物品管理规定的行为这一客观特征时，必须严格依照有关危险物品的管理规定，才能做出正确的认定。违反危险物品管理规定，就有可能构成本罪，这是构成本罪的前提条件。如果行为人没有违反危险物品管理规定，即使发生重大事故，造成严重后果，也不构成本罪。

2）违反危险物品管理规定的行为必须是发生在生产、储存、运输、使用上述危险物品的过程中。生产危险物品，是指从事危险物品的生产，如制造雷管、炸药等；储存危险物品，是指从事危险物品的保管放置工作；运输危险物品，是指从事把危险物品由甲地运往乙地的运输搬送工作；使用危险物品，是指将危险物品用于实际的生产与生活中，如使用敌敌畏杀虫等。虽然违反危险物品管理规定在不同过程中的表现形式是多种多样的，但主要有以下具体情形：在生产方面，表现为不按规定要求设置相应的通风、防火、防爆、防毒、监测、报警、防潮、避雷、防静电、隔离操作等安全设施，如厂房、生产设备不符合防火、防爆规定而擅自生产爆炸易燃物品；在储存方面，表现为不按规定设置相应的防爆、泄压、防火、防雷、灭火、防晒、调温、消除静电、防护围堤等安全设施，如不依性能分类等安全规定存放货物；在运输方面，表现为违反有关规定，将客货混装不按规定分运、分卸、不限速行驶，货物的容器和包装不符合安全规定，不按规定选送押运员或押运员擅离职守；在使用方面，表现为不按规定的剂量、范围、方法使用或者不采取必要的防护措施等。行为人只有在生产、储存、运输、使用危险物品的过程中违反危险物品的管理规定才能构成本罪。如果行为人在其他场合发生与危险物品有关的重大事故，则不构成本罪。

3）必须因违反危险物品管理规定，而发生重大事故，造成严重后果，这是构成本罪的结果条件。如果行为人在生产、储存、运输、使用危险物品过程中，违反危险物品管理规定，未造成任何后果或者造成的后果不严重的，则不构成本罪。如果符合其他犯罪构成要件，如非法携带危险物品危及公共安全罪，则以其他犯罪论处。

4）发生重大事故，造成严重后果，必须是由违反危险物品管理规定的行为所引起的，即两者之间存在刑法上的因果关系，这是确定行为人是否承担刑事责任的客观根据。如果发生重大事故，造成严重后果不是由于行为人在生产、储存、运输、使用危险物品过程中，违反危险物品管理规定造成的，则不构成本罪。

（3）主体要件。本罪的主体为一般主体。从司法实践中的案件情况看，主要是从事生产、储存、运输、使用爆炸性、易燃性、放射性、毒害性、腐蚀性物品的从业人员，但不排除其他人也可能构成本罪。

（4）主观要件。本罪在主观方面表现为过失，即行为人对违反危险品管理规定的行为所造成的危害结果具有疏忽大意或者过于自信的主观心理。至于行为人对违反危险物品管理规定的本身则既可能出于过失，也可能出于故意。

10.3.6 工程重大安全事故罪

10.3.6.1 概念

具体内容见《刑法》第一百三十七条。

10.3.6.2 犯罪构成

（1）客体要件。本罪侵犯的客体是人民的财产和生命安全以及国家的建筑管理制度。近年来，随着我国建筑市场的发展，在一些地方出现管理混乱，有的单位违反国家规定，降低工程质量标准，一些建设单位在工程发包时故意压低价款，从中索取回扣；一些承包商、中间商也大捞好处，肆意增加工程非生产性成本；一些施工单位一味压缩工期，降低造价，偷工减料，粗制滥造，索贿受贿，贪图私利，置人民群众生命、财产安全于不顾。

（2）客观要件。本罪在客观方面表现为违反国家规定，降低工程质量标准，造成重大安全事故的行为。违反国家规定而造成严重后果，是这种犯罪行为的本质特征。所谓违反国家规定，是指国家有关建筑工程质量监督管理方面的法律、法规。建设单位的违规行为主要有两种情况：一是要求建筑设计单位或者施工企业压缩工程造价或增加建房的层数，从而降低工程质量；二是提供不合格的建筑材料、构配件和设备，强迫施工单位使用，从而造成工程质量下降。建筑设计单位的违规行为主要是不按质量标准进行设计。建筑施工单位的违规行为主要有三种情况：一是在施工中偷工减料，故意使用不合格的建筑材料、构配件和设备；二是不按设计图纸施工；三是不按施工技术标准施工。上述违规行为是造成建筑工程重大安全事故的根本原因。

违反国家规定与严重后果之间存在因果关系，即严重后果是由于违反国家规定的行为引起的。违反国家规定的行为与严重后果之间没有因果联系，则不构成本罪。

但是，并不是任何违反与安全生产有关的国家规定的行为都构成犯罪，只有引起重大安全事故，造成严重后果，危害公共安全的行为，才构成犯罪。

（3）主体要件。本罪的主体为特殊主体，即为单位犯罪。主体只能是建设单位、设计单位或者施工单位及工程监理单位。所谓建设单位，是指以营利为目的，从事房地产开发和经营的企业或者经国家有关部门审批，具有工程建设者的资格，能支付工程价款的其他单位。设计单位，是指专门承担勘察设计任务的勘察设计单位以及其他承担勘察设计任务的勘察设计单位。施工单位，是指从事土木建筑、线路管道、设备安装和建筑装饰装修等工程新建、扩建、改建活动的建筑业企业，其中包括工程施工总承包企业、施工承包企业。工程监理单位，是指对建筑工程专门进行监督管理，以保证质量、安全的单位。

（4）主观要件。本罪在主观方面表现为过失，可以是出于疏忽大意的过失，也可以是过于自信的过失。这里所说的过失，是指行为人对其所造成的危害结果的心理状态而言。但是，对行为人违反国家规定来说，有时却是明知故犯的。行为人明知是违反了国家规定，应当预见到可能发生严重后果，但因疏忽大意而没有预见，或者已经预见到会发生某种严重后果，但轻信能够避免，以致发生了严重后果。

10.3.7 消防责任事故罪

10.3.7.1 概念

《刑法》第一百三十九条规定：消防责任事故罪是违反消防管理法规，经消防监督机构通知采取改正措施而拒绝执行，造成严重后果的，对直接责任人员，处3年以下有期徒刑或者拘役；后果特别严重的，处3年以上7年以下有期徒刑。

其中，“造成严重后果”“后果特别严重”的量刑同工程重大安全事故罪。

10.3.7.2 犯罪构成

（1）客体要件。本罪侵犯的客体是国家的消防监督制度和公共安全。消防工作是全民同火灾做斗争的事业，关系到国计民生和社会的安定，涉及各行各业、千家万户。我国对消防工作实行严格的监督管制，专门制定了《消防法》《消防监督程序规定》等消防法规，其中规定，我国消防工作由各级公安机关实施监督，县以上公安机关设置消防监督机构，消防监督机构发现有重大火灾隐患的，应及时向被检查的单位或居民以及上级主管部门发出《火险隐患整改通知书》，被通知单位的防火负责或公民，应当采取有效措施，消除火灾隐患，并将整改的情况及时告诉消防监督机构。每个单位和公民都必须严格遵守消防法规，认真搞好消防工作，及时消除火灾隐患。而有些单位和公民片面追求经济效益，违反消防管理法规，经消防监督机构通知采取改正措施而拒绝执行，因而发生火灾，造成严重后果。严重破坏消防监督管理秩序，危害公共安全，给国家、集体和人民群众带来巨大损失。

（2）客观要件。本罪在客观方面表现为违反消防管理法规且经消防监督机构通知采取改正措施而拒绝执行的行为。违反消防管理法规而造成严重后果，是这种犯罪行为的本质特征。

1）所谓违反消防管理法规，是指违反了我国《消防法》等消防安全法律法规。

2）经消防监督管理机构通知采取改正措施而拒绝执行。例如，行为人只是违反了消防管理法规，但没有接到过消防监督机构采取改正措施的通知，则即使造成了严重后果，也不构成本罪。消防监督机构，是指根据有关法律、法规建立的专门负责消防监督检查工作的机构。

3）违反消防管理法规与严重后果之间存在因果关系，即严重后果是由于违反消防管理法规的行为引起的。违反消防管理法规的行为与严重后果之间没有因果联系，则不构成本罪。

（3）主体要件。本罪的主体为一般主体。行为人既包括自然人，年满16周岁、具有刑事责任能力的人，也包括单位。

（4）主观要件。本罪在主观方面表现为过失，可以是疏忽大意的过失，也可以是过于自信的过失。这里所说的过失，是指行为人对其所造成的危害结果的心理状态而言。行为人主观上并不希望火灾事故发生，但就其违反消防管理法规，经消防机构通知采取改正措施而拒绝执行而言，则是明知故犯的。行为人明知是违反了消防管理法规，但未想到会因此立即产生严重后果，或者轻信能够避免，以致发生了严重后果。

10.3.8 大型群众性活动重大安全事故罪

10.3.8.1 概念

具体内容见《刑法》第一百三十五条。

10.3.8.2 犯罪构成

（1）犯罪主体。对发生大型群众性活动重大安全事故直接负责的主管人员和其他直接责任人员。

（2）主观方面。本罪在主观方面表现为过失，即行为人应该预见到自己在大型群众性活动中违反安全管理规定的行为，可能会造成重大伤亡事故或者其他严重后果，因疏忽大意而没有预见，或虽然已经预见，但轻信能够避免，从而造成危害结果发生。

（3）犯罪客体。本罪的客体是危害公众活动场所的公共安全。

（4）客观方面。在举办大型的群体性活动中，违反在公共场所的群体性活动中相关的安全管理规定，没有履行相关的注意、管理等义务，发生了重大伤亡事故或者造成其他严重后果。

10.3.8.3 典型案例

（1）基本情况。某年某月18日，李某作为某摩托车运动协会法定代表人，与某人民政府签订承办协议，在某景区举办第四届“穿越某沙漠英雄会”活动，活动内容包括全地形车U2挑战赛等内容。某年某月27日，某公安局作出不予受理该大型群众性活动安全许可申请的决定。

某年某月29日至5月1日，李某在公安机关作出不予受理该大型群众性活动的决定情况下，仍然决定组织承办了该活动。活动期间现场聚集逾千人，某汽车摩托车运动协会作为承办方在组织全地形车U2挑战赛过程中，比赛场地内未设置安全标识及安保人员，致使 5 月 1 日在全地形车 U2 挑战赛过程中游客谭某驾驶越野摩托车闯入比赛场地内与参赛选手尚某驾驶 YTV 赛车相撞，造成谭某死亡、尚某受伤。

（2）罪名及刑罚。李某违反相关安全管理规定，违规举办大型群众性活动，造成一人死亡的事故，其行为触犯了《中华人民共和国刑法》第一百三十五条之规定，构成大型群众性活动安全事故罪。基于已经赔偿被害人家属各项损失，并取得谅解。建议对李某判处有期徒刑一年至一年六个月。

10.3.9　教育设施重大安全事故罪

10.3.9.1　概念

具体内容见《刑法》第一百三十八条。

10.3.9.2　犯罪构成

（1）客体要件。教育设施重大安全事故罪侵犯的客体是学校及其他教育机构的正常活动和师生员工的人身安全。教育是社会主义现代化建设基础，而校舍和教育教学设施则是进行教育的最基本条件。校舍教育教学设施必须符合一定的安全标准，这样才能保障正常的教学秩序和广大师生员工的人身安全。如果校舍、教育教学设施不符合安全标准，一旦发生教育教学设施重大安全事故，不仅会造成不特定师生员工的重伤、死亡和国家财产的重大损失，而且还会扰乱正常的教学秩序，造成恶劣的社会影响。因此，对校舍、教育教学设施负有采取安全措施的主管人员和直接责任人员必须正确履行职责，维护教学活动的正常进行和师生员工的人身安全。

（2）客观要件。本罪在客观方面表现为明知校舍或者教育教学设施具有危险而仍不采取措施或者不及时报告，致使发生重大事故的行为。

1）校舍或教育教学设施有危险。所谓校舍，是指各类学校及其他教育机构的教室、教学楼、行政办公室、宿舍、图书阅览室等。教育教学设施，是指用于教育教学的各类设施、设备，如实验室及实验设备、体育活动场地及器械等。所谓明知校舍或者教育教学设施有危险，是指知道校舍或者教育教学设施有倒塌或者发生人身伤害事故的危险、隐患。校舍或者教育教学设施虽然出现了危险但并不明知，则不能构成本罪。

2）不采取措施，既包括根本没有采取任何措施，也包括虽采取措施，但是敷衍了事，措施不得力。不及时报告，是指根本没有报告或者虽然做了报告但不及时。及时，在这里应当理解为一发现险情，就应当立即报告。本罪必须具有不采取措施或不及时报告的不作为。明知存在危险，及时采取了措施；或在无力采取措施的情况下，及时做了报告，即使发生了重大伤亡事故，也不能构成本罪。能够采取有效措施而不采取有效措施而向有关人员报告的，也应以本罪行为论处，而不能以及时报告为由推卸责任。至于具体方式则多种多样，如各级人民政府中分管教育的领导和教育行政部门的领导对学校的危房情况漠不关心，应当投入危房改造维修资金但不及时投入，或者虽然知道危房情况，不及时组织、协调各方面的力量进行维修、改造；学校校长和分管教育教学设施的副校长对校舍或教育教学设施的情况从不过问，不经常进行检查，发现了问题也不及时采取防范措施，对已经确定为危房的校舍仍然使用，对有严重隐患的不安排人员进行加固处理，对学校解决不了的不及时报告当地政府和教育行政部门，学校教师对出现的险情不及时报告，对有危险的教学设备、仪器、器械不及时更换，发生危险时不及时组织学生撤离；有关维修人员不按自己职责对校舍等进行正常检查、维修或者对应该立即维修的危房拖延时间不立即采取维修措施等。

3）导致重大伤亡事故的发生。所谓重大伤亡事故，主要是指：1）死亡1人以上；2）重伤3人以上。虽有不采取措施或不及时报告行为，但未发生安全事故或者虽然发生了事故但不属于重大伤亡事故；虽为重大伤亡事故，但不是由于不采取措施或不及时报告的行为，即不是校舍或者教育教学设施本身的危险所致，则都不能构成本罪。

（3）主体要件。本罪的主体为特殊主体，即对校舍或者教育教学设施负有维护义务的直接人员，主要是学校领导、负责学校后勤维修工作的从业人员。

（4）主观要件。本罪在主观方面表现为过失，可以是疏忽大意的过失，也可以是过于自信的过失。这里所说的过失，是指行为人对其所造成的危害结果的心理状态而言。但是，对行为人不采取措施或者不及时报告的行为来说，有时却是明知故犯的。行为人明知校舍或者教育教学设施有危险，但未想到会因此立即产生严重后果，或者轻信能够避免，以致发生了严重后果。

10.3.9.3 典型案例

1997年10月，张某（后勤主任）和李某（主管后勤工作）任职的学校一间教室（系土房）的墙体严重裂缝并且倾斜，学生多次向张某反映情况，张某每次都不耐烦地说怕什么，倒不了的。12月15日张某和李某及学校其他领导在一起喝酒，喝得有点醉意时谈到学校工作，张某对李某说："李校长，咱校有一间教室墙体裂缝了，你想想办法吧，不然要出事的。"李某醉意很浓地说："我能想什么办法？你先看着办，有机会到县里开会时，我和局长讲讲。"从这次酒后，两人都没问及此事。1998年3月20日9时左右，风雨大作。11时左右，该教室倒塌，砸死学生5人，砸伤学生22人。

张某明知校舍有危险不采取措施，却拖延1个多月才在一次酒桌上且是在双方均处于醉酒状态下向主管校长做报告，这不是及时报告，张某的行为构成教育设施重大安全事故罪；李某虽然是在醉酒状态下听取的张某报告，但其意识是很清醒的，也清楚地知道了校舍有危险，但李某对此事漠不关心，既不采取措施又不及时报告，致使校舍倒塌，造成严重后果，其行为已构成教育设施重大安全事故罪。因此，认定张某犯教育设施重大安全事故罪，判处有期徒刑5年；李某犯教育设施重大安全事故罪，判处有期徒刑5年。

10.3.10 提供虚假证明文件罪

10.3.10.1 概念

具体内容见《刑法》第二百二十九条。

10.3.10.2 犯罪构成

（1）客体要件。本罪侵害的客体是国家的工商管理制度。本罪的犯罪对象为评估事务所、注册会计师事务所和审计事务所等单位或个人提供的有关公司成立或经营情况的各类虚假的证明文件。安全生产领域特指安全生产评估、评价、咨询、检测检验机构出具的各类虚假评价报告等。

（2）客观要件。本罪在客观方面表现为提供虚假证明文件，情节严重的行为。所谓证明文件，在这里是指资产评估报告、验资证明、验证证明、审计报告等中介证明；所谓虚假的证明文件，是指上述证明文件的内容不符合事实、不真实，或杜撰、编造、虚构了事实，或隐瞒了事实真相。虚假，既可以是全部内容虚假，又可以是其中的主要内容虚假。就其表现而言，则由于各种证明文件的内容不同而多种多样，如资产评估师明知公司以实物、工业产权、非专利技术、土地使用权折抵资本或股本与实际不符，或高于其实际价值，或低于其实际价值，但仍不加指出，仍然出具评估证明；或者公司提出的折抵数额本来与实际相符，却又故意压低或抬高物产、工业产权、非专利技术的折抵数额或股本。验资人员明知公司发起人没有出资或没有足额出资而证明其出资或足额出资；或在他人本来足额出资时却说没有足额出资。验证人员明知公司的财务报告内容不实，会导致股东和社会公众重大损失不予指出或者对公司可能造成股东或其他利害关系人的利益损害的，公司财务会计处理予以隐瞒或做不实报告。审计人员，代表国家对即将成立的公司金融状况审查过程中，发现股份制公司招股说明书，当年的负债表、损益表、财务变动情况，连续三年的经营情况有虚假内容而置之不理或帮助公司做假等。

提供虚假证明文件的行为，必须情节严重才构成犯罪。情节不属严重，即使提供了虚假证明文件也不能以本罪论处。所谓情节严重，主要是指多次提供虚假证明的；违法所得数额巨大的；造成国有资产严重流失的；给公司、公司股东、债权人及其利益人造成严重经济损失的；提供虚假证明给公司用于进行非法发行股票、低价折股、低价出售国有资产、虚假出资等违法犯罪活动的；造成恶劣影响的等。

（3）主体要件。本罪的主体是具有一定身份的特殊主体。一般是资产评估师、注册会计师、审计师、法律服务人员及其他行使评估师、注册会计师、审计师职权的人也可成为本罪主体，这些人虽不具有评估师、注册会计师及审计师的职称（如未取得注册会计师资格的会计师），但受委托从事了评估师、注册会计师或审计师、法律服务的工作，所出具的证明文件，同样具备法律效力。因此，这些人也可能构成本罪的主体。

单位也可以成为本罪的主体。如果评估事务所、注册会计师事务所、审计师事务所或法律服务机构等单位与公司恶意串通，指定其人员为该公司出具虚假的验资证明等文件，情节严重的，则该单位也可以成为本罪主体。

（4）主观要件。本罪在主观方面必须出于故意，即明知自己所提供的有关证明文件有虚假内容但仍决意提供。过失不能构成本罪，构成犯罪的，应是他罪如中介组织人员出具证明文件重大失实罪。

11　安全生产综合管理

扫一扫，看微课

没有健全的安全生产管理体制与法制，要搞好安全生产工作是绝不可能的。企业生产过程中发生的伤亡事故，一方面给受害者及家属带来痛苦与不幸，另一方面也给企业带来巨大损失。因此，要对生产进行安全综合管理，减少工伤事故和财产损失。

11.1　安全生产监督管理体制

11.1.1　我国的安全生产管理体制

我国实行“企业负责、行业管理、国家监察、群众监督”的安全生产管理体制。20世纪90年代之前，我国的安全生产管理体制是“国家监察、行政管理、群众监督”。随着改革的深入，政府职能的转变，企业自主权的扩大，企业在事故预防方面担负的责任加重，到20世纪90年代初确立了现行的安全生产管理体制。企业负责、行业管理、国家监察、群众监督有一个共同目标，就是从不同的角度、不同的层次、不同的方面来推动“安全第一，预防为主，综合治理”方针的贯彻，协调一致搞好安全生产。

11.1.2　安全生产监督监察体制

11.1.2.1　安全生产监督体制

生产经营单位是生产经营活动的承担主体，在安全生产工作中居于关键地位。生产经营单位是否严格按照法律、法规以及国家标准或行业标准的规定切实加强安全生产管理，搞好安全生产保障，是能否做好安全生产工作的根本所在。但并不是所有的生产经营单位都能够自觉地按照法定要求搞好安全生产保障，因此强化外部的监督管理，对做好安全生产工作十分重要。安全生产监督管理是安全生产管理制度的一个重要组成部分，在安全生产工作中发挥着重要的作用。

《中华人民共和国安全生产法》中“安全生产监督管理”一章中的“监督”是广义的监督。具体而言，安全生产监督体制包括以下几个方面：

（1）县级以上地方各级人民政府的监督管理；

（2）负有安全生产监督管理职责部门的监督管理；

（3）监察机关的监督；

（4）安全生产社会中介机构的监督；

（5）基层群众性自治组织的监督；

（6）新闻媒体的监督；

（7）社会公众的监督。

此外,《中华人民共和国劳动法》《中华人民共和国工会法》和《中华人民共和国安全生产法》中，对于工会在劳动安全卫生方面的职权和责任所做的规定也是重要的监督体制。

11.1.2.2 安全生产监督管理体制

安全生产监督管理是以国家机关为主体实施的，以国家名义并运用国家权力，对企业、事业和有关机关履行安全生产职责和执行安全生产法规、政策和标准的情况，依法进行监督、监察、纠正和惩戒的工作。

（1）安全生产监督管理的基本特征如下：

1）权威性。安全生产监督管理的权威性首先源于法律的授权，法律是由国家的最高权力机关全国人民代表大会制定和认可的，它体现的是国家意志。

2）公正性。安全生产监督管理以国家的整体利益为出发点，不受企业管理部门和行业的限制，与企业及其管理部门没有经济利益的联系，处理问题时客观，具有公正性。

3）宏观控制性。安全生产监督管理是在企业及其管理部门的劳动安全卫生管理基础上进行的，并以全局性、关键性的重要环节为工作重点，通过劳动安全卫生工作的重点进行控制，以达到减少事故发生的目的，具有宏观的控制作用。

（2）安全生产监督管理的基本原则有：

1）坚持有法必依、执法必严、违法必究的原则；

2）坚持以事实为依据，以法律为准绳的原则；

3）坚持预防为主的原则；

4）坚持行为监察与技术监察相结合的原则；

5）坚持监察与服务相结合的原则；

6）坚持教育与惩罚相结合的原则。

11.1.2.3 监督机构和监察员

（1）国家安全生产监督管理总局是国务院主管安全生产监督管理的直属机构，也是国务院安全生产委员会的办事机构。其主要的职责是：

1）承担国务院安全生产委员会办公室的工作。

2）综合监督管理全国安全生产工作。

3）依法行使国家安全生产综合监督管理职权，对地方安全生产监督管理部门进行业务指导；制定全国安全生产发展规划；定期分析和预测全国安全生产形势，研究、协调和解决安全生产中的重大问题。

4）负责发布全国安全生产信息，综合管理全国生产安全伤亡事故调度统计和安全生产行政执法分析工作。

5）负责综合监督管理危险化学品和烟花爆竹安全生产工作。

6）组织实施注册安全工程师执业资格制度，监督和指导注册安全工程师执业资格考试和注册工作。

7）组织开展与外国政府、国际组织及民间组织安全生产方面的国际交流与合作。

（2）国家安全生产人员的职责主要包括以下几个方面：

1）宣传安全生产法律、法规和国家有关方针和政策；

2）监督检查生产经营单位执行安全生产法律、法规的情况；

3）在履行监督管理职责时，发现违法行为，有权制止或责令改正、责令限期改正、责令停产停业整顿、责令停止建设；

4）对存在重大事故隐患、职业危害严重的用人单位提出整改意见，并向有关部门报告；

5）参加安全事故应急救援与事故调查处理；

6）忠于职守，坚持原则，秉公执法；

7）法律、法规规定的其他职责。

11.1.2.4 监察的形式和方法

安全生产的监察形式分为一般监察、专业监察、事故监察。

（1）一般监察。一般监察是监督机构对企业及其管理部门贯彻落实国家安全生产的法规，开展劳动安全卫生工作的全面监督。一般监察的具体方式为：

1）不定期地组织监察执法活动；

2）按照安全生产检查考核标准进行系统的检查和评定；

3）根据举报进行监察活动。

（2）专业监察。专业监察是针对特殊安全问题进行的监察。其特点是监督的对象明确，内容、方法和要求等有专门的规范和标准规定，专业性强，技术性高，具有一定的连续性。它主要包括以下几方面的内容：

1）对生产性建设项目的“三同时”监察。对新建、改建、扩建的工程项目，从可行性论证开始着手，通过把好这些项目的设计审查关和竣工验收关，使这些项目的生产安全设施与主体工程同时设计、同时施工、同时投入生产和使用（简称“三同时”），为安全生产创造良好环境。

2）对劳动防护用品的监察。劳动防护用品是保护劳动者在生产过程中的人身安全与健康所必需的一种保护性装备。要监察生产经营单位是否按照有关法律、法规、标准的规定要求，为从业人员配备合格的劳动防护用品，并教育、督促其正确佩戴和使用。

3）对严重有害作业场所的监察。要监察生产经营单位是否按照法律、法规、标准的规定要求，进行有毒有害作业场所的检测、分级、建档，然后将分组结果上报行政主管部门，同时根据生产经营单位的实际情况，进行有毒有害作业场所的治理。

4）对特种作业人员的监察。特种作业是指在劳动过程中容易发生事故，对操作者本人，尤其对他人和周围设施的安全有重大危害的作业。从事特种作业的人员称为特种作业人员。

5）对女职工和未成年工特殊保护的监察。要监察生产经营单位是否按照有关法律、法规、标准的规定要求，对女职工和未成年工实施特殊保护。

（3）事故监察。事故监察是针对事故发生进行的监察。其目的：一是通过对事故原因的分析，研究事故预防措施的改进；二是查明责任，处罚有关责任人，教育群众，维护劳动安全卫生监察的权威性。其主要工作有：及时报告事故；参与事故的调查；审批事故报告，或提出意见上报政府，或上级部门审批；督促处罚办法及整改措施的落实。

11.2　安全生产责任

11.2.1　生产经营单位的安全生产责任

11.2.1.1　实行生产经营单位安全生产责任制的意义

安全生产责任制是根据“管生产必须管安全”的原则，明确地规定企业各级领导和各类人员在生产经营活动中应负的安全责任。它是企业岗位责任制的一个组成部分，是企业中最基本的一项管理制度，是安全管理规章制度的核心。

安全生产责任制规定了企业的各级领导人员、管理人员、技术人员和有关科室等各职能部门直至生产工人的安全生产职责范围，以便各负其责，在完成生产任务的同时，做到安全生产。只有这样，才能促使企业在制定生产计划的同时，制定安全计划，在布置、检查、总结、评比生产工作的同时，对安全工作进行布置、检查、总结和评比，从而在制度上明确各级人员的安全职责，避免安全工作无人管的现象，同时激发广大职工安全生产的积极性。

11.2.1.2　单位主要负责人的责任

（1）企业各级领导安全生产责任制。企业领导在管理生产的同时，必须负责管理事故预防工作。在计划、布置、检查、总结、评比生产工作的时候，要同时计划、布置、检查、总结、评比事故预防工作（简称“五同时”）。事故预防工作必须由行政第一把手负责，厂、车间、班、工段、小组的各级第一把手都负第一位责任，各级的副职根据各自分管业务工作范围负相应的责任，他们的任务是贯彻执行国家有关安全生产的法令、制度和保持管辖范围内职工的安全和健康。凡是严格认真地贯彻了“五同时”，就是尽了责任，反之就是失职。如果因失职而造成事故，那就要视事故后果的严重程度给予行政处罚，或者由司法机关追究其法律责任。

（2）组织制定本单位安全生产规章制度和操作规程。安全生产规章制度主要包括以下两个方面的内容。

1）安全生产管理方面的规章制度：包括安全生产责任制度、安全生产检查制度、事故隐患治理制度、安全生产教育与培训制度、生产伤亡事故管理（包括报告、调查、处理、统计分析、建立档案等）制度、特种作业人员管理制度、特种设备管理制度、劳动防护用品管理制度、安全生产奖惩制度等；

2）安全技术方面的管理制度：包括电气安全技术、机械安全技术、建筑施工安全技术、煤矿与非煤矿安全技术、防火防爆安全技术等的管理制度。

（3）保证本单位安全生产投入。安全生产投入主要用于以下六个方面：

1）安全技术措施项目，如防灭火项目、通风除尘项目、防毒项目、防噪声项目等；

2）更新安全技术设备、器材、装备、仪器仪表等，并做好日常维护维修；

3）本单位重大安全生产课题研究；

4）职工安全教育的培训经费；

5）配备职工劳动防护用品的经费；

6）其他有关预防事故发生的安全技术措施费用等。

（4）督促、检查本单位的安全生产工作，及时消除生产事故隐患，定期召开安全生产工作会议，听取有关职能部门安全生产工作汇报。

（5）组织制定并实施本单位的生产事故应急救援预案。生产事故应急救援预案是一种在事故发生之前就已经预先制定好的事故救援方案。生产事故应急救援预案的内容包括切实可行的措施，明确的各部门、各个员工的责任等。生产事故应急救援预案要发到每个职能部门、每个班组，做到人人皆知。当事故发生时，要依据事先制定的救援预案，及时有效地实施现场抢救和采取各种救援措施，最大限度地减少人员伤亡和财产损失。

（6）及时、如实地报告生产事故。

11.2.1.3 生产经营单位安全生产的组织保障

（1）安全管理机构的设置。目前，我国生产经营单位安全机构的设置和安全管理人员的配备，是根据生产经营活动的危险性及单位规模大小等因素确定的。

（2）特种作业人员的安全技术培训考核。特种作业人员从事的岗位，一般危险性比较大、较易发生伤亡事故，而且往往是恶性事故。具体内容见《中华人民共和国安全生产法》第二十三条规定。

11.2.1.4 生产经营单位安全生产的基础保障

（1）安全生产条件。具体内容见《中华人民共和国安全生产法》第十六条规定。

（2）安全生产投入。生产经营单位必须安排适当的资金，用于改善安全设施，更新安全技术装备、器材、仪器仪表以及其他安全生产投入，以保证生产经营单位达到法律、法规、标准规定的安全生产条件，并对由于安全生产所必需的资金投入不足导致的后果承担责任，安全生产投入资金具体由谁来保证，依据该单位的性质而定。一般说来，股份制企业、合资企业等安全生产投入资金由董事会予以保证，一般国有企业由厂长或者经理予以保证；个体工商户等个体经济组织由投资人予以保证。上述保证人承担由于安全生产所必需的资金投入不足而导致事故后果的法律责任。

（3）劳动防护用品。具体内容见《中华人民共和国安全生产法》第三十七条规定。

（4）工伤保险与工伤赔付。具体内容见《中华人民共和国安全生产法》第四十三条规定、第四十四条规定。

工伤保险遵循以下四项基本原则：

1）强制性原则。强制性原则是指由国家通过立法手段强制工伤保险制度的实行，对于不按法律规定参加工伤保险的企业，对于不按法定的项目、标准和方式支付工伤保险待遇，不按法定的标准和时间缴纳保险费的行为，要依法追究法律责任。

2）无责任赔偿原则。无责任赔偿原则又称为无过失补偿原则，是指劳动者在生产过程中遭受工伤事故后，无论其是否对意外事故负有责任（蓄意制造事故者除外），均应依法按照规定的标准享受工伤保险待遇。

3）个人不缴费原则。无论是直接支付保险待遇或者缴费投保，全部费用由用人单位负担，劳动者个人不缴费。工伤保险费用不实行分担方式，是由工伤保险的补偿性质所决定的。

4）经济补偿、事故预防及职业康复训练相结合的原则。现代工伤保险已不仅仅限于只对工伤职工给予经济补偿，而是把工伤经济补偿、工伤事故预防与职业康复训练紧密地联系起来，以更好地发挥其在维护社会安定、保护和促进生产力发展方面的积极作用。

11.2.1.5　生产经营单位安全生产的管理保障

（1）设备的安全管理。安全设备是用于保证生产经营活动正常进行，防止事故发生，保障职工人身安全与健康的所有设备的总称。具体内容见《中华人民共和国安全生产法》第二十九条、第三十条规定。

此外，《特种设备安全监察条例》中，对于特种设备的生产、使用、检验检测及监督监察、法律责任都作了较为具体的规定。在《危险化学品安全管理条例》及其他一些有关法规、标准中，对于危险化学品的包装物、容器、运输工具，均有较为具体的规定。

（2）危险物品的安全管理。危险物品是指易燃易爆物品、危险化学品、放射性物品等可能危及人身安全和环境安全的物品。

另外，针对我国一些小企业现存的车间、仓库、宿舍“三合一”现象，为了切实保障从业人员的安全与健康，防止和减少事故的发生，减少人员伤亡与财产的损失，《中华人民共和国安全生产法》也做了明确规定。

（3）重大危险源的安全管理。重大危险源是指可能导致重大事故的隐患。具体内容见《中华人民共和国安全生产法》。

（4）安全警示标志的管理。具体内容见《中华人民共和国安全生产法》第二十八条规定。

（5）爆破、吊装作业的安全管理。爆破、吊装作业均属于危险作业，容易发生事故，造成人员伤亡。为了防止爆破、吊装作业事故的发生，国家已经颁布了许多相关的法律、法规和标准，如《爆破安全规程》《大爆破安全规程》《建筑机械使用安全技术规程》等，对爆破、吊装作业作出了严格的规定。

（6）安全出口的管理。近年来，全国各地发生了多起群死群伤火灾事故，其中一个主要原因是事故场所（包括生产经营场所）疏散出口及通道缺乏或者堵塞所致。具体内容见《中华人民共和国安全生产法》。

（7）交叉作业的安全管理。两个或更多单位在统一作业区域内进行生产经营活动的情况称为交叉作业。具体内容见《中华人民共和国安全生产法》规定。

（8）租赁承包的安全管理。具体内容见《中华人民共和国安全生产法》第四十一条规定。

（9）现场安全检查。具体内容见《中华人民共和国安全生产法》第三十八条规定。

11.2.2　从业人员的安全生产权利与义务

11.2.2.1　从业人员的安全生产权利

案例：1993年某县496名从业人员承包沈阳至本溪高速公路吴家岭隧道的南北段工程，致使196名从业人员患尘肺病，年龄最小的22岁，工龄最短的1个月。

大量职业病的产生因素主要是工作场所无任何防护措施，从业人员对其从事的工作中的危险有害因素及相关事故应急措施全不知情。

人的因素第一，人是最宝贵、最活跃的生产力。生产经营单位的从业人员是各项生产经营活动最直接的劳动者，是各项安全生产法律权利和义务的承担者。

生产经营单位是安全生产的主体。除了生产经营单位的安全设施、设备、作业场所和环境、安全技术装备等生产经营工具以外，人在熟练掌握、使用和维护这些安全生产“硬件”的过程中，是决定的因素。生产经营单位的各种人员中，对安全生产至关重要的是数量最多的各类从业人员。也就是说，从业人员能否安全、熟练地操作各种生产经营工具或者作业，能否得到人身安全和健康的切实保障，能否严格遵守安全规程和安全生产规章制度，往往决定了一个生产经营单位的安全水平。随着社会化大生产的不断发展，劳动者在生产经营活动中的地位不断提高，人的生命价值也越来越受到重视。关心和维护从业人员的人身安全权利，是社会主义制度的本质要求，是实现安全生产的重要条件。就从业人员在安全生产中的地位和作用而言，保障从业人员的安全生产权利是安全生产立法的重要内容。重视和保护从业人员的生命权，是贯穿《安全生产法》的主线。从业人员既是各类生产经营活动的直接承担者，又是生产安全事故的受害者或责任者。只有高度重视和充分发挥从业人员在生产经营活动中的主观能动性，最大限度地提高从业人员的安全素质，才能把不安全因素和事故隐患降到最低限度，预防事故，减少人身伤亡，这是社会进步与法制进步的客观要求。《安全生产法》在赋予各种法律关系主体必要权利的同时，设定其应当履行的义务。这就要求各级政府领导人和各类生产经营单位负责人，必须以对人民群众高度负责的精神和强烈的政治责任感，尊重和保障从业人员在安全生产方面依法享有的权利。

目前生产力水平和安全生产水平比较低，我国从业人员的安全生产权利保护的现状存在一些不容忽视的问题。特别是在社会主义市场经济条件下，生产经营单位的所有制成分多样化，劳动用工制度多样化，劳动作业条件多样化，管理方式多样化，大量非公有制经济成分的迅速增长，非国有生产经营单位的安全生产状况非常复杂。由于缺乏法律规范，许多企业老板以最低的生产成本和安全投入，追求利润最大化，不惜以牺牲从业人员安全生产权利甚至生命为代价，剥夺、限制、侵犯从业人员安全生产权利的现象普遍存在，生产活动中人身安全缺乏基本的保障。

（1）缺乏明确的法律规定。从大量的事故分析看，现行有关立法对从业人员的安全生产权利的法律规定比较原则，不够明确具体，权利保护的广度和力度不够。由于安全生产权利不明确，从业人员不了解自己的合法权利，生产经营单位也难以切实保障。

（2）从业人员的自我保护和维护权利的意识较差。许多民营企业的从业人员基本都是农民，文化水平低，安全素质差，不知道自己应有的权利以及如何行使、维护自身权益。有的知道但不愿意或者不敢与业主侵犯自己权利的非法行为做斗争，多数都是采取默默忍耐的态度。有的虽然敢于维护自身权利，但是由于法律对从业人员安全生产权利的设定不够明确或者没有规定侵权责任，无法可依。

（3）一些业主利用有关法律规定不健全，故意规避法律，或者公然知法犯法，明目张胆地剥夺从业人员的正当权利；或者不进行安全投入，不向从业人员提供劳动防护用品，把从业人员置于作业条件极其简陋恶劣或者极其危险的作业场所中，没有基本的人身保障；或者违章指挥，强令从业人员冒险作业，置从业人员死活于不顾，榨取超额利润，严重侵犯了从业人员的安全生产权利。有的老板与从业人员签订非法的“生死合同”，利用貌似合法实为非法的形式剥夺从业人员的安全生产权利，侵犯人权。

（4）法律责任追究的规定不明确，难以依法监管。虽然现行有关法律对从业人员的安全生产权利有所规定，但多数没有明确设定违法者应负法律责任，缺乏强制性和操作性，安全监督管理部门查处这些违法行为时于法无据，束手无策。

依法保障从业人员的安全生产权利，是《安全生产法》的重要内容之一。《安全生产法》第三章对从业人员的安全生产权利义务做了比较全面、明确的规定，并且设定了严格的法律责任，为保障从业人员的合法权益提供了法律依据。《安全生产法》以其安全生产基本法律的地位，将从业人员的安全生产权利义务上升为一项基本法律制度，这对强化从业人员的权利意识和自我保护意识，提高从业人员的安全素质，改善生产经营条件，促使生产经营单位加强管理和追究侵犯从业人员安全生产权利行为的法律责任，都具有重要的意义。

各类生产经营单位的所有制形式、规模、行业、作业条件和管理方式多种多样。《安全生产法》主要规定了各类从业人员必须享有的有关安全生产和人身安全的最重要、最基本的权利。这些基本安全生产权利可以概括为以下五项。

A　享受工伤保险和伤亡求偿权

从业人员在生产经营作业过程中是否依法享有获得工伤社会保险和民事赔偿的权利，是长期争论和没有解决的问题，而由此引发的纠纷和社会问题极多。法律是否赋予从业人员这项权利并保证其行使，是《安全生产法》必须解决的问题。《中华人民共和国合同法》虽有关于从业人员与生产经营单位订立劳动合同的规定，但没有载明保障从业人员劳动安全、享受工伤社会保险的事项，没有从业人员可以依法获得民事赔偿的规定。鉴于我国的安全生产水平较低，生产安全事故多发，对事故受害者的抚恤、善后等经济补偿的法律规定很不完善，很多生产经营单位没有给从业人员投保，现行的抚恤标准较低，不足以补偿受害者伤亡的经济损失，但又没有法定的补偿制度。一旦发生事故，不是生产经营单位拿不出钱来，就是开支没有合法依据，只好东挪西凑；或者是推托搪塞，拖欠补偿款项，迟迟不能善后；或者是企业经营亏损，无钱补偿；或者是企业负责人一走了之，逃之夭夭；或者是“要钱没有，要命有一条”，许多民营企业老板逃避法律责任，把“包袱”甩给政府，最终受害的是从业人员。

《安全生产法》明确赋予了从业人员享有工伤保险和获得伤亡赔偿的权利，同时规定了生产经营单位的相关义务。具体内容见《安全生产法》第四十八条规定、第四十九条、第五十三条规定。

《安全生产法》的有关规定，明确了以下四个问题：

（1）法律规定从业人员依法享有工伤保险和伤亡求偿的权利，这项权利必须以劳动合同必要条款的书面形式加以确认。没有依法载明或者免除或者减轻生产经营单位对从业人员因生产安全事故伤亡依法应承担责任的，是一种非法行为，应当承担相应的法律责任。

（2）依法为从业人员缴纳工伤社会保险费和给予民事赔偿，是生产经营单位的法律义务。生产经营单位不得以任何形式免除该项义务，不得变相以抵押金、担保金等名义强制从业人员缴纳工伤社会保险费。

(3) 发生生产安全事故后，从业人员首先依照劳动合同和工伤社会保险合同的约定，享有相应的赔付金。如果工伤保险金不足以补偿受害者的人身损害及经济损失的，依照有关民事法律应当给予赔偿的，从业人员或其亲属有要求生产经营单位给予赔偿的权利，生产经营单位必须履行相应的赔偿义务；否则，受害者或其亲属有向人民法院起诉和申请强制执行的权利。

(4) 从业人员获得工伤社会保险赔付和民事赔偿的金额标准、领取和支付程序，必须符合法律、法规和国家的有关规定。

B 危险因素和应急措施的知情权

生产经营单位特别是从事矿山、建筑、危险物品生产经营的单位和公众聚集场所，往往存在着一些对从业人员生命和健康带有危险、危害的因素，如接触粉尘、井下作业、高空坠落、有毒有害、放射性、腐蚀性、易燃易爆等场所、工种、岗位、工序、设备、原材料、产品，都有发生人身伤亡事故的可能，直接接触这些危险因素或岗位的从业人员往往是生产安全事故的直接受害者。许多生产安全事故从业人员伤亡严重的教训之一，就是法律没有赋予从业人员获得危险因素以及发生事故时应当采取的应急措施的知情权。如果从业人员知道并且掌握有关安全知识和处理办法，就可以消除许多不安全因素和事故隐患，避免事故发生或者减少人身伤亡。所以，《安全生产法》规定，生产经营单位从业人员有权了解其作业场所和工作岗位存在的危险因素及事故应急措施。要保证从业人员这项权利的行使，生产经营单位就有义务事前告知有关危险因素和事故应急措施；否则，生产经营单位就侵犯了从业人员的权利，并对由此产生的后果承担相应的法律责任。

C 安全管理的批评检控权

从业人员是生产经营单位的主要操作者，他们对安全生产情况尤其是安全管理中的问题和事故隐患最了解、最熟悉，具有他人不能替代的作用。只有依靠他们并且赋予必要的安全生产监督权和自我保护权，才能做到预防为主，防患于未然，才能保障他们的人身安全和健康。关注安全，就是关爱生命，关心企业。一些生产经营单位的主要负责人不重视安全生产，对安全问题熟视无睹，不听取从业人员的正确意见和建议，使本来可以发现、及时处理的事故隐患不断扩大，导致事故和人员伤亡；有的竟然对批评、检举、控告生产经营单位安全生产问题的从业人员进行打击报复。《安全生产法》针对某些生产经营单位存在的不重视甚至剥夺从业人员对安全管理监督权利的问题，规定从业人员有权对本单位的安全生产工作提出建议；有权对本单位安全生产工作中存在的问题提出批评、检举、控告。

D 拒绝违章指挥和强令冒险作业权

在生产经营活动中，经常出现企业负责人或者管理人员违章指挥和强令从业人员冒险作业的现象，由此导致事故，造成人员大量伤亡。因此，法律赋予从业人员拒绝违章指挥和强令冒险作业的权利，不仅是为了保护从业人员的人身安全，也是为了警示生产经营单位负责人和管理人员必须照章指挥，保证安全，并不得因从业人员拒绝违章指挥和强令冒险作业而对其进行打击报复。具体内容见《安全生产法》第五十一条规定。

E 紧急情况下的停止作业和紧急撤离权

由于生产经营场所自然和人为危险因素的存在不可避免，经常会在生产经营作业过程中发生一些意外的或者人为的直接危及从业人员人身安全的危险情况，将会或者可能会对从业人员造成人身伤害。比如从事矿山、建筑、危险物品生产作业的从业人员，一旦发现将要发生透水、瓦斯爆炸、煤和瓦斯突出、冒顶、片帮，坠落、倒塌，危险物品泄漏、燃烧、爆炸等紧急情况并且无法避免时，最大限度地保护现场作业人员的生命安全是第一位的，法律赋予他们享有停止作业和紧急撤离的权利。具体内容见《安全生产法》第五十二条规定。从业人员在行使这项权利的时候，必须明确四点：一是危及从业人员人身安全的紧急情况必须有确实可靠的直接根据，凭借个人猜测或者误判而实际并不属于危及人身安全的紧急情况除外，该项权利也不能滥用。二是紧急情况必须直接危及人身安全，间接或者可能危及人身安全的情况不应撤离，而应采取有效处理措施。三是出现危及人身安全的紧急情况时，首先是停止作业，然后要采取可能的应急措施；采取应急措施无效时，再撤离作业场所。四是该项权利不适用于某些从事特殊职业的从业人员，比如飞行人员、船舶驾驶人员、车辆驾驶人员等，根据有关法律、国际公约和职业惯例，在发生危及人身安全的紧急情况下，他们不能或者不能先行撤离从业场所或者岗位。

11.2.2.2 从业人员的安全生产义务

（1）自觉遵规义务。具体内容见《安全生产法》第五十四条规定。

规章制度是用人单位制定的组织劳动过程和进行劳动管理的规则和制度的总和，也称为内部劳动规则，是企业内部的“法律”。规章制度内容广泛，包括了用人单位经营管理的各个方面。规章制度主要包括劳动合同管理、工资管理、社会保险福利待遇、工时休假、从业人员奖惩，以及其他劳动管理规定。

操作规程一般是指有关部门为保证本部门的生产、工作能够安全、稳定、有效运转而制定的，相关人员在操作设备或办理业务时必须遵循的程序或步骤。

综合来看，安全生产规章制度是生产经营单位搞好安全生产，保证其正常运转的重要手段，是国家安全生产相关法律法规在本单位的具体体现，操作规程是生产经营单位针对某一具体工艺、工种、岗位所制定的具体规章制度。

1997年11月13日，安徽省某矿发生一起瓦斯爆炸事故，其中8名工人正确佩戴自救器而脱离灾区逃生，另外44人由于没有及时和正确佩戴自救器，因吸入大量CO中毒死亡。

（2）接受教育培训义务。涉及安全教育培训的主要法律法规有《安全生产法》《劳动法》《生产经营单位安全培训规定》《特种作业人员安全技术培训考核管理规定》等。

根据德国心理学家艾宾浩斯记忆遗忘曲线可知，遗忘在学习之后立即开始，而且遗忘的进程并不是均匀的。最初遗忘速度很快，以后逐渐缓慢。

对于安全教育来讲，为了克服员工的遗忘，必须要进行反复教育使记忆强化，在即将遗忘的时候重复进行教育强化以保证安全教育的效果和实效。

1）特种作业人员教育培训（初训、复训、调岗复岗培训）。特种作业是指容易发生事故，对操作者本人、他人的安全健康及设备、设施的安全可能造成重大危害的作业。

特种作业主要有：电工作业、焊接与热切割作业、高空作业、制冷与空调作业、煤矿安全作业、金属非金属矿山安全作业、冶金（有色）生产安全作业、石油天然气安全作业、危险化学品安全作业、烟花爆竹安全作业、安全监管总局认定的其他作业。

2）岗前安全教育培训。违章处罚不是目的，事先进行教育培训才是关键。

煤矿、非煤矿山、危险化学品、烟花爆竹、金属冶炼等生产经营单位必须对新上岗的临时工、合同工、劳务工、轮换工、协议工等进行强制性安全培训，保证其具备本岗位安全操作、自救互救以及应急处置所需的知识和技能后，方能安排上岗作业。

加工、制造业等生产单位的其他从业人员，在上岗前必须经过厂（矿）、车间（工段、区、队）、班组三级安全培训教育。

生产经营单位应当根据工作性质对其他从业人员进行安全培训，保证其具备本岗位安全操作、应急处置等知识和技能。

生产经营单位新上岗的从业人员，岗前安全培训时间不得少于24学时。

煤矿、非煤矿山、危险化学品、烟花爆竹、金属冶炼等生产经营单位新上岗的从业人安全培训时间不得少于72学时，每年再培训的时间不得少于20学时。

厂（矿）级岗前安全培训内容应当包括：①本单位安全生产情况及安全生产基本知识；②本单位安全生产规章制度和劳动纪律；③从业人员安全生产权利和义务；④有关事故案例等。煤矿、非煤矿山、危险化学品、烟花爆竹、金属冶炼等生产经营单位厂（矿）级安全培训除包括上述内容外，应当增加事故应急救援、事故应急预案演练及防范措施等内容。

车间（工段、区、队）级岗前安全培训内容应当包括：①工作环境及危险因素；②所从事工种可能遭受的职业伤害和伤亡事故；③所从事工种的安全职责、操作技能及强制性标准；④自救互救、急救方法、疏散和现场紧急情况的处理；⑤安全设备设施、个人防护用品的使用和维护；⑥本车间（工段、区、队）安全生产状况及规章制度；⑦预防事故和职业危害的措施及应注意的安全事项；⑧有关事故案例；⑨其他需要培训的内容。

班组级岗前安全培训内容应当包括：①岗位安全操作规程；②岗位之间工作衔接配合的安全与职业卫生事项；③有关事故案例；④其他需要培训的内容。

3）调岗复岗教育。从业人员在本生产经营单位内调整工作岗位或离岗一年以上重新上岗时，应当重新接受车间（工段、区、队）和班组级的安全培训。

调整岗位或者离岗重新上岗的从业人员其安全生产知识和操作技能应该进行巩固与更新，否则极易导致“三违”现象出现，从而导致事故发生。

4）“四新”教育。“四新”教育是指生产经营单位采用新工艺、新技术、新材料或者使用新设备时，应当对有关从业人员重新进行有针对性的安全培训。

生产经营单位采用新工艺、新技术、新材料或者使用新设备，其将产生新的安全生产隐患，其性质、影响范围及应急措施等都是“新”的，应当对从业人员进行相应安全生产知识、安全操作注意事项、事故应急相关内容进行教育。

5）“七新”教育。具体内容见《煤矿安全培训规定（2018）》第十二条规定。

（3）危险报告义务

事故发生时发现事故的不是生产经营单位负责人，而是现场的从业人员，从业人员能否第一时间上报事故，对事故的应急响应与处理起着至关重要的作用。具体内容见《安全生产法》第五十六条规定。

11.2.3　被派遣劳动者和实习人员的安全生产权利和义务

11.2.3.1　被派遣劳动者安全生产权利和义务

劳动者派遣是指劳动者派遣单位与接受单位签订劳动者派遣协议，由劳动者派遣单位招用雇员并派遣该劳动者到接受单位工作，劳动者和派遣机构从中获得收入的经济活动。劳动派遣者的术语：雇员租赁、雇员派遣、劳动派遣、劳务派遣、人才派遣、人才租赁、劳动力派遣等。

劳动者派遣是一种典型的非正规就业方式，也是一种组合劳动关系。在劳动者派遣中，存在着三种主体和三重关系，三种主体是劳动者派遣机构、接受单位和受派遣关系是劳动者派遣机构与受派遣劳动者的关系、劳动者派遣机构与接受单位的关系和接受单位与受派遣劳动者的关系。

劳动者派遣的本质特征是雇用和使用相分离。劳动者派遣中派遣机构与接受单位（实际用人单位）对于受派遣劳动者两两之间的关系都是劳动关系。但是这两种劳动关系都是不完整的劳动关系；从两者结合起来观察，它们则构成了一个完整的劳动关系，一种特殊的组合劳动关系。

劳务派遣人员被劳务公司派到相应工作单位，用人单位将一些非核心员工（如文员、会计、软件或项目工程师、市场营销员、生产线简单操作工、包装工、保安、汽车驾驶员、炊事员、搬运工、清洁工、医院护士、护工等），或用人单位的一些非专业性工作（如物业管理、清洁卫生、搬运等）外包给劳务公司。双方签订劳务派遣协议或专业劳务承包协议，由劳务公司承担这部分派遣员工整套人力资源管理服务工作（包括招聘录用、劳动合同管理、绩效管理、安全生产管理、工资管理、保险福利管理、计划生育管理等），并承担所有的人事风险责任（包括法律、经济赔偿责任）。

为了保障劳务派遣与企业从业人员安全生产教育培训同等的权利和义务，《安全生产法》第二十五条规定：生产经营单位使用被派遣劳动者的，应当将被派遣劳动者纳入本单位从业人员统一管理，对被派遣劳动者进行岗位安全操作规程和安全操作技能的教育和培训。劳务派遣单位应当对被派遣劳动者进行必要的安全生产教育和培训。《安全生产法》第五十八条规定：生产经营单位使用被派遣劳动者的，被派遣劳动者享有本法规定的从业人员的权利，并应当履行本法规定的从业人员的义务。

11.2.3.2　实习人员安全生产权利和义务

实习是职业院校重要的实践教学环节，是理论与实践相结合的过程。研究发现：实习有助于学生获得实际工作技能、问题解决能力、人际关系技能以及岗位适应能力，从而对就业能力有显著的正向影响。实证研究表明，企业实习起到了总体和关键的职业定向作用。

近年来，学生顶岗实习成为政府和社会共同关注的重要议题。2016 年 4 月，教育部与财政部、人力资源和社会保障部、国家安全生产监督管理总局、中国保险监督管理委员会（简称“保监会”）联合印发了《职业学校学生实习管理规定》（以下简称《规定》）。《规定》针对近年来职业学校学生实习中暴露出的问题，遵循学生成长规律和职业能力形成规律，对实习的组织、管理、考核和安全等方面的基本原则、行为规范和具体要求做出了详尽规定，在制度上消除了部分职业学校学生实习过程中屡见不鲜的“放养式实习”“无协议实习”“专业不对口实习”“无报酬或廉价实习”“不适宜领域实习”“无安全保障实习”等突出问题，为职业学校学生实习工作的规范实施提供了良好的制度环境。

12　女职工和未成年工的安全生产保护

扫一扫，看微课

随着产业结构调整以及城市现代化进程的加快，非公有制企业女职工呈上升趋势。特别是一些劳动密集型企业，女职工的生活、培训以及权益保护问题已经成为社会关注的焦点。此外，对未成年工的特殊保护也引起各方的高度重视。

12.1　女职工的安全生产保护

对女职工进行特殊保护，是劳动保护工作的重要内容。女职工的特殊劳动保护，是指除了对男女职工都必须实行的带有普遍意义的劳动保护外，针对女职工的身体结构、生理机能特点以及生育、哺乳、教育子女的需要和劳动条件对女职工身体健康的特殊影响而进行特殊保护。

12.1.1　我国目前有关女职工劳动保护的主要法规

我国目前有关女职工劳动保护的主要法规有：

(1)《女职工劳动保护规定》。1988 年 7 月 21 日《女职工劳动保护规定》由国务院发布，同年 9 月 1 日起实施。这是新中国成立以来保护女职工在劳动方面的权益、减少和解决她们在劳动中因生理机能造成的特殊困难、保护其安全与健康的第一个比较完整的专项法规，此法规就女职工在就业、“四期”（经期、孕期、产期、哺乳期）保护、劳动权益受到侵害时应采取的措施等方面的问题做了具体规定。

(2)《女职工禁忌劳动范围的规定》。1990 年 1 月 18 日发布实施，《女职工禁忌劳动范围的规定》以《女职工劳动保护规定》第十六条为前提制定，规定了女职工在劳动过程中、经期、已婚待孕期、孕期及生产、哺乳期禁忌从事的具体劳动范围。

(3)《中华人民共和国妇女权益保障法》。1992 年 4 月 3 日《中华人民共和国妇女权益保障法》通过，同年 10 月 1 日起实施。

(4)《女职工保健工作规定》。1993 年 11 月 2 日《女职工保健工作规定》发布实施，此规定对女职工在不同时期的保健工作做了具体规定。

(5)《中华人民共和国劳动法》。1994 年 7 月 5 日《中华人民共和国劳动法》通过，于 1995 年 1 月 1 日起实施。该法规范了女职工和未成年工的特殊保护，以更权威的法律形式维护了女职工的特殊劳动权益。

12.1.2　女职工禁忌从事的生产劳动

《中华人民共和国劳动法》（以下简称《劳动法》）和国务院颁布的《女职工劳动保护

规定》对女职工规定实行的特殊保护，最主要的内容是规定了女职工禁忌从事的生产劳动。生产过程中存在着可能对女性生理机能产生不利影响的职业性有害因素。这些职业性有害因素直接或间接地损伤女性生殖系统或生殖机能，国家法律法规中明确规定了不允许安排女职工在某些职业性有害因素存在的条件下生产或工作。

（1）女职工禁忌从事的生产劳动。《女职工禁忌劳动范围的规定》第三条具体规定了所有女职工禁忌从事的生产劳动的范围，具体内容见《劳动法》。

（2）女职工经期禁忌从事的生产劳动。女职工月经期间，生理上发生了变化，对外界的抵御能力和自身体温调节能力减弱了许多，确保女职工经期卫生保健和特殊劳动保护工作的落实，可以大大降低女职工妇科病的患病率，为此国家对女职工经期劳动保护做了具体规定。具体内容见《劳动法》和《女职工劳动保护规定》。

（3）女职工孕期禁忌从事的生产劳动。女职工在怀孕期间生理上发生了很大变化，劳动能力受到一定影响，为了保护女职工身心健康和胎儿的正常发育，我国相关法规都对女职工孕期劳动保护做了相应规定。具体内容见《劳动法》。

（4）女职工哺乳期禁忌从事的生产劳动。为了保证母亲和乳儿的健康，我国相关法规对女职工在哺乳期内的劳动保护也做了明确规定。具体内容见《劳动法》和《女职工劳动保护规定》。乳母禁忌从事的生产劳动的范围具体内容见《女职工禁忌劳动范围的规定》。

12.1.3 女职工的特殊劳动保护

女职工的特殊劳动保护包括以下几个方面。

（1）女职工经期的保护：具体内容见《女职工保健工作规定》《工业企业设计卫生标准》。

（2）女职工孕期的保护：具体内容见《女职工保健工作规定》《女职工劳动保护规定》。

（3）女职工产期的保护：具体内容见《劳动法》规定。

（4）女职工哺乳期的保护：具体内容见《女职工劳动保护规定》。

（5）女职工更年期的保护：具体内容见《女职工保健工作规定》。

12.2 未成年工的安全生产保护

12.2.1 未成年工特殊劳动保护的必要性

未成年工是指已被录用的、在法定最低就业年龄以上的未成年人。

未成年工的特殊保护是针对未成年工处于生长发育期的特点，以及接受义务教育的需要，采取的特殊劳动保护措施；它包括限制工作时间、禁止从事某些作业、定期进行健康检查等的特殊保护。

12.2.2　未成年工特殊劳动保护的内容

根据《劳动法》《未成年人保护法》《禁止使用童工规定》《未成年工特殊劳动保护规定》等法律、法规的规定，未成年工特殊劳动保护有四个方面的内容：限制就业年龄、限制工作时间、禁止安排对健康有害的工作、定期进行健康检查。

13 系统安全分析与评价

扫一扫，看微课

安全生产不能指望事后补救，为了安全要做到三思而行。安全措施定得细，事故预防才能有保证。宁为安全操碎心，不让事故害人民。

13.1 安全检查表

所谓安全检查表，就是为检查某一系统的安全状况而事先拟好的问题清单。为了系统地发现工厂、车间、工序或机械、设备、装置以及各种操作、管理和组织活动中的不安全因素，我们应该事先对检查对象进行剖析，把大系统分割成小系统查出不安全因素，然后确定检查项目和标准要求，编制成检查项目清单，形成初步的安全检查表。

安全检查表应用相当广泛，凡是涉及安全的地方都可以用安全检查表。安全检查表的类型主要有设计用检查表、评价用检查表、日常生产活动用检查表、检修用检查表，以及工厂、车间、岗位检查表和专业检查表等。

13.1.1 安全检查表的格式

目前流行的安全检查表有各种各样的格式。归纳起来，一个标准的安全检查表包括四方面的内容，即制订该表的法规和标准依据、应用该表的简要说明（包括适用范围、注意事项和表内不便详述的数据、资料等）、检查项目清单及有关责任的记录。检查项目清单见表 13-1。

表 13-1 检查项目清单

检查对象	检查人	检查时间	被检查单位负责人	整改负责人	整改期限

13.1.2 安全检查表的优缺点

A 优点

安全检查表有以下优点：

（1）能根据预定的要求进行检查，做到突出重点、避免遗漏，便于发现和查明各种危险及隐患；

（2）可针对不同对象编制各种安全检查表，使安全检查和事故分析标准化、规范化；

（3）可作为安全检查人员履行职责的依据，有利于落实安全生产责任制，并有利于安全人员提高现场安全检查水平；

（4）安全检查表关系到每位工人的切身利益，能将安全工作推向群众，做到人人关心安全生产，个个参加安全管理，达到“群查群治”的目的。

B 缺点

安全检查表的主要缺点是不能进行定量评价。

13.1.3 应用举例

手持灭火器安全检查表见表13-2。

表13-2 手持灭火器安全检查表

检查人： 时间：

序号	检查内容	检查结果
1	灭火器的数量足够吗？	
2	灭火器的放置地点能使任何人都容易马上看到和拿到吗？	
3	通往灭火器的通道畅通无阻吗？	
4	每个灭火器都有有效的检查标志吗？	
5	灭火器类型对所要扑灭的火灾适用吗？	
6	大家都熟悉灭火器的操作吗？	
7	是否已用其他灭火器取代了四氯化碳灭火器？	
8	在规定的所有地点都配备了灭火器吗？	
9	灭火药剂容易冻结的灭火器采取了防冻措施吗？	
10	能保证用过的或损坏的灭火器及时更换吗？	
11	每个人都知道自己工作区域内的灭火器在什么地点吗？	
12	汽车库内有必备的灭火器吗？	

13.2 作业条件危险性预先分析与评价

13.2.1 危险性预先分析

危险性预先分析是在一项工程活动（设计、施工、运行、维护等）之前，首先对系统中可能存在的主要危险因素及其出现条件和事故后果所作的宏观、概略分析。其主要目的是尽量防止采取不安全的技术，避免使用危险物质、工艺和设备。如果必须使用，也可以从设计和工艺上考虑采取安全防护措施，避免这些危险因素发展为事故。

13.2.1.1 危险性预先分析的步骤

危险性预先分析大体可以分为以下五个步骤：

（1）熟悉系统。在对系统进行分析之前，首先要对系统的任务、工艺流程、运行条件及周围环境等作充分的调查；再根据以往的经验、资料及同类系统发生过的事故信息，分析对象系统是否也会出现类似情况，预先考虑系统可能发生的事故。

（2）辨识危险因素。根据事故致因理论，辨识能够造成人员伤亡、财产损失和使系统完不成任务的危险因素。

（3）找出危险因素产生的原因，以及由危险因素发展为事故的条件。

（4）确定危险因素的危险等级，研究防止事故的安全措施。

（5）以危险性预先分析表的形式展示其分析结果。

13.2.1.2 辨识危险因素

要对系统进行危险性预先分析，首先要找出系统可能存在的危险出素，即辨识危险因素。所谓危险因素，就是在一定条件下能够导致事故发生的潜在因素。辨识危险因素可以从以下三个方面入手：

（1）从能量转移的角度考虑。能量转移论认为，人体受伤害是能量转移的结果。能量既可以在受控的情况下做有用功，为人类服务，又可能在失控状态下做破坏功，造成人员伤亡和财产损失。因此，在对一个系统进行危险因素辨识的时候，首先要辨识系统内存在的各种类型的能源、能量的规模、存在的部位、有无发生能量失控转移的可能、转移危及的范围等，既要找出能够引起人体直接伤害的各种能的类型（如机械能、热能、势能、辐射能等），还要找出能够使人体内部能量交换发生障碍的能（如化学能、热能、缺氧等）。

（2）从人的操作失误考虑。许多安全事故的发生都是由于违章操作、违章指挥、违反劳动规律造成的。

（3）从外界因素考虑，如地震、洪水、雷击等。尽管外界危险因素发生的可能性很小，但危害很大，因此，在辨识危险因素时也应考虑这些因素，特别是处于设计阶段的系统。

13.2.1.3 划分危险等级

为了对危险因素进行有效控制，按照轻重缓急采取安全措施，有必要对危险因素划分危险等级。一般按其形成事故的可能性和损失的严重程度，划分为以下四个等级。

（1）1 级：安全的，尚不能造成事故；

（2）2 级：临界的，处于事故的边缘状态，暂时还不会造成人员伤亡和财产损失，应当予以排除或采取控制措施；

（3）3 级：危险的，必然会造成人员伤亡和财产损失，要立即采取措施；

（4）4 级：破坏性的，必须立即排除。

13.2.1.4 应用举例

现以家用液化气炊具系统为例进行危险性预先分析，该系统包括液化气瓶、减压阀、连接皮管及灶具三个部分。气瓶内充装液化石油气，因此具有压力能；液化石油气具有易燃特性，因此存在化学能。根据该系统的使用经验和有关部门的火灾记录，其危险性预先分析表见表 13-3。

表 13-3 的格式不是一成不变的，根据实际需要可以进行简化。例如，有些实行“看板管理”的企业将危险性预先分析表改造为仅有危险因素、事故情况、安全措施和项目责任人四个栏目的形式，就收到了良好的效果。现在，许多企业已将危险性预先分析活动制度化、标准化，取得了很好的效果。其具体程序如下：

表 13-3 家用液化气炊具系统的危险性预先分析表

<table>
<tr><th>危险因素</th><th>触发事件</th><th>现象</th><th>形成事故的原因事件</th><th>事故情况</th><th>结果</th><th>危险等级</th><th>措施</th></tr>
<tr><td rowspan="2">气瓶超压</td><td>充装过量</td><td>瓶体过重</td><td rowspan="2">内压超过钢瓶应力极限</td><td rowspan="4">爆炸</td><td rowspan="7">人员伤亡和财产损失</td><td rowspan="7">3</td><td rowspan="2">（1）灌装时应严格检验；
（2）瓶体远离气灶和热源；
（3）禁用火烧、水烫</td></tr>
<tr><td>接触火源</td><td>瓶体过热</td></tr>
<tr><td rowspan="2">气瓶不合格</td><td>制造质量差（非压力容器厂生产）</td><td>粗糙</td><td rowspan="2">不按合格钢瓶灌装、使用</td><td rowspan="2">（1）禁止生产、使用非标准气瓶；
（2）搬运、使用中应轻拿轻放</td></tr>
<tr><td>运输、使用过程中发生碰撞</td><td>变形</td></tr>
<tr><td>液化气泄漏</td><td>气瓶阀门故障、输气管老化破裂、接口不严、沸水扑灭、先开气后点火、灶具转芯阀密封不严</td><td>有异味</td><td>室内通风不良，有火花</td><td>火灾，爆炸</td><td>（1）经常用肥皂水检查，发现问题应及时检修或更换；
（2）用时应注意观察，最好不用小火，不离现场；
（3）有异味要打开门窗，严禁动用电器；
（4）保持良好通风条件</td></tr>
<tr><td>气瓶残液</td><td>擅自倾倒瓶内残液</td><td>有异味</td><td>火花</td><td rowspan="2">火灾</td><td>严禁擅自倾倒残液</td></tr>
<tr><td>液化气压失控</td><td>减压阀失控</td><td>火苗过高</td><td>火嘴附近有易燃物</td><td>（1）经常检查减压阀呼吸孔；
（2）灶具应与易燃物隔离</td></tr>
</table>

（1）以作业组为单位组成危险性预先分析小组，由作业组长担任小组长；

（2）由小组长根据作业现场的实际情况绘制作业简图，其中显示危险作业情况；

（3）通过组长与小组成员问答的形式，明确作业中的主要危险及小组和个人应如何采取防范措施、应急措施；

（4）集体做出决定并实施。

我国建筑行业的安全交底活动及某些行业的事故预想活动，也有类似的性质。总之，预想总比不想好。预先想到了，就可以做到有备无患。遇到紧急情况，也可以正确进行处理。万一发生事故，也能及时救助。

13.2.2 作业条件危险性评价（LEC 法）

13.2.2.1 作业条件危险性评价的概念

作业条件危险性评价是一种简单实用的安全评价方法。它是用与系统风险率有关的三种因素指标值之积来评价系统人员伤亡风险的大小。作业条件危险性评价 D 的计算公式为：

$$D = LEC$$

式中　L——发生事故的可能性大小，发生事故的可能性越大，作业现场越危险；

E——人体暴露在这种危险环境中的频度，人在作业现场停留时间越长，受到事故伤害的可能性越大；

C——发生事故的伤害后果严重程度，事故造成的人员伤亡、职业危害越严重，作业现场越危险。

上述三种因素参数的取值标准和作业条件危险等级划分标准见表13-4~表13-7。

表13-4　发生事故的可能性指标值 *L*

指标值	发生事故的可能性	指标值	发生事故的可能性
10	完全难以预料	0.5	很不可能，可以设想
6	相当可能	0.2	极不可能
3	可能，但不经常	0.1	实际不可能
1	可能性小，完全意外		

表13-5　人体暴露在危险环境中的频繁程度指标值 *E*

指标值	暴露的频繁程度	指标值	暴露的频繁程度
10	连续暴露	2	每月一次暴露
6	每天工作时间的暴露	1	每年几次暴露
3	每周一次，或偶然的暴露	0.5	非常罕见的暴露

表13-6　发生事故的伤害后果严重程度指标值 *C*

指标值	伤害后果	指标值	伤害后果
100	大灾难，许多人死亡	7	严重，重伤
40	灾难，数人死亡	3	重大，致残
15	非常严重，1人死亡	1	引人注目，需要救助

表13-7　作业条件危险等级划分标准 *D*

指标值	危险等级	指标值	危险等级
>320	极其危险，不能继续作业	20~70	一般危险，需要注意
160~320	高度危险，需要立即整改	<20	稍有危险，可以接受
70~160	显著危险，需要整改		

13.2.2.2　作业条件危险性评价的优点和缺点

作业条件危险性评价主要用于评价人们在某种具有潜在危险的作业环境中进行作业的危险程度，该法简单易行，危险程度的级别划分比较清楚、醒目。但是，由于它主要是根据经验来确定三种因素的分数值及划定危险程度等级，因此具有一定的局限性；而且它是一种对作业的局部评价，故不能普遍适用。此外，在具体应用时，还可根据自己的经验、具体情况适当加以修正。

13.2.2.3 应用实例

某涤纶化纤厂在生产短丝的过程中有一道组件清洗工序，为了评价其危险性，确定每种因素的分数值如下：

事故发生的可能性（L）：清洗组件所使用的三甘醇，属四级可燃液体，如加热至沸点时，其蒸气爆炸极限范围为0.9%~9.2%，属一级可燃蒸气。而清洗组件时需将三甘醇加热后使用，致使三甘醇蒸气容易扩散到空间，如室内通风设备不良，具有一定的潜在危险，属“可能，但不经常”，其分数值$L=3$。

暴露于危险环境的频繁程度（E）：清洗人员每天在此环境下工作，取$E=6$。

发生事故的伤害后果严重程度（C）：如果发生燃烧爆炸事故，后果将是非常严重的，可能造成人员的伤亡，取$C=15$。则有：$D = LEC = 3 \times 6 \times 15 = 270$。

14 金属冶炼安全技术

党的十六届五中全会提出，要坚持节约发展、清洁发展、安全发展，实现可持续发展。

冶金工业是我国国民经济重要的基础产业之一，历经了五十余年的发展，特别是改革开放以来，我国冶金工业得到了突飞猛进的发展，较好地满足了国内对金属产品的需求，为国民经济的快速发展做出了巨大的贡献。在努力发展生产的同时，冶金企业不断加强企业安全管理工作，鞍钢、宝钢、武钢、攀钢、太钢等一批大型国有冶金企业积极开展现代安全管理实践，不断创新安全管理模式，取得了较好的效果。近年来，冶金行业整体管理水准不断提高，安全生产形势总体平稳。

冶金企业生产规模大，机械化、自动化程度较高，生产连续性强；设备大多笨重、庞大；工作环境中存在高温、高压、高噪声、有毒有害气体；存在高空作业、高速运转作业、高粉尘作业、高强度作业、易燃易爆气体作业、低温作业等。因此，冶金企业的安全生产管理具有产业链长、涉及面广、危险因素多、管理难度大、风险大等特点，易发生重大安全事故。

特别是近年来，受行业管理弱化、安全监管工作不到位，企业急速扩张或改制后安全管理工作弱化，大量介入的非公有制企业安全生产管理工作薄弱等因素影响，冶金行业安全生产事故总量呈上升趋势。

近几年来，冶金行业发生了多起重大安全事故，造成了严重的损失和恶劣的社会影响。随着我国经济的发展和生产力水平的提高，钢铁和有色金属的需求还将进一步增大，冶金工业还将稳步发展，同时冶金工业安全生产管理工作亟待加强，任重而道远。

本章将重点介绍冶金生产中主要生产工艺（烧结生产、炼铁生产、炼钢生产、轧钢生产和有色金属冶炼）的安全生产技术。

14.1 烧结安全生产技术

14.1.1 烧结生产特点

烧结生产的特点如下：

（1）皮带多。烧结厂使用原料、中间生产环节物料运送及产品运送大多数都采用皮带运输机。例如：一个有 4 台 75m^{2}烧结机的烧结厂，约占地 11 万平方米，设备质量约 4000t，其中皮带输送机就有 60~70 台。

（2）地下通廊、高空通廊多。地下通廊由于地面潮湿、粉尘浓度高和照明条件差，容易发生滑跌及触电事故；上下梯子容易出现摔伤和扭伤事故；高空检修又容易坠物，容易对地面人、物造成伤害。

（3）粉尘浓度高。烧结生产中物料运转及烧结机进行烧结时，机头、机尾都产生大量粉尘。

（4）噪声大。烧结作业过程中，噪声源有30余处，主要是主风机、振动筛、破碎机等。

（5）设备及物料温度高。烧结机及有关设备、物料均有较高温度，与水接触产生蒸汽，容易发生烫伤事故。

14.1.2　烧结生产主要危险有害因素及事故类别和原因

烧结生产是人身伤害事故比较多的作业，烧结作业中所产生的事故种类也是多种多样的。据统计，在各类烧结生产造成的死亡事故中，机械伤害致死占44.9%，灼伤致死占13.0%，高处坠落致死占10.6%，料仓原料塌落致死占10.6%，车辆伤害致死占11.8%，触电伤害致死占5.9%，物体打击致死占3.5%。

（1）烧结生产过程中存在的主要危险有害因素：包括高温危害、粉尘危害、高速机械转动伤害、有毒有害气体及物质流危害、高处作业危害、作业环境复杂等。

（2）烧结生产主要事故类别和原因：烧结生产主要事故类别有机械伤害、高处坠落、物体打击、起重伤害、高温灼烫、触电、中毒以及尘肺病等职业病。造成烧结生产事故的主要原因有以下三点。

1）人的原因：主要是违章作业、误操作和身体疲劳等。

2）物（环境）的原因：主要是设备设施缺陷、技术及工艺缺陷、防护装置缺陷、个体防护用品缺乏或有缺陷、作业环境差等。

3）管理原因：主要是劳动组织不合理，工人不懂或不熟悉操作技术；现场缺乏检查指导，安全规程不健全；技术和设计上的缺陷等。

14.1.3　烧结生产安全技术

14.1.3.1　原料准备作业

A　作业条件与不安全因素

烧结用料品种繁多、数量大，一台75m²烧结机每日需要输入的物料约4000t，在备料过程中有很多的不安全因素。例如，铁精矿在寒冷地区的运输过程中，精矿冻结，给卸料站带来困难，易发生撞伤或摔伤事故；冻层较厚的矿车必须送解冻室，解冻时可能发生火灾或煤气中毒事故。又如，由于精矿含有一定的水分，粒径小、固结性大，在皮带运输中常发生机头尾轮挂泥现象，使皮带发生跑偏、打滑等故障，处理故障时易发生绞伤事故。

焦和煤等燃料常用四辊破碎机破碎，一般情况下给料粒度小于25mm，但常夹有大于100mm的块焦、块煤、石块等杂物，引起漏斗闸门和漏嘴被堵，使给料不均。上辊不但不进料，还易磨损辊皮，清理大块燃料常发生重大伤亡事故。

烧结机生产不正常时，生料进入返矿槽，其所含水分在高温下变成蒸汽，产生极大的压力，使高温热返矿冲出，容易造成烫伤事故。

B　安全防护措施

为了消除原料准备过程中从原料运输、卸车、储存到配料等作业环节中的不安全因素，特别是精矿中的水分所引起的如烧结、冻结造成的危害，需采取以下措施：

（1）对短途运输的精矿可在每个车厢上盖麻袋或麻布编成的“被”以防冻结，揭去麻布“被”时要有稳固的作业平台。

（2）大气温度在-20℃以下，精矿含水控制在12%左右，采用生石灰防冻。

（3）解冻室的各种仪表要齐全，并要保证灵敏、精确。同时要设置一定数量的防毒面具并定期监测一氧化碳的含量，以防煤气中毒。

（4）禁止打开运转中的破碎、筛分设备的检查门和孔；检查和处理故障时必须停机并切断电源和事故开关；进入圆筒混料机工作应先切断电源，采取防止筒体转动的措施，并设专人监护。

（5）在任何情况下不准跨皮带、坐皮带、钻皮带，有事走过道或从头尾轮外绕道走。

（6）皮带跑偏时，不准用木棒或铁棍硬撬，也不能用脚踩或往大轮里塞草袋、胶皮、杂物等方法来纠正跑偏。皮带打滑或被压住时，要先排除故障或减少皮带上料的质量，然后试转。

（7）皮带在运转中，头尾轮有泥，禁止用铁锹或其他物体刮泥，以防物体被带入伤人。

（8）皮带在运行过程中禁止进行清扫；禁止站在皮带两边传递物品；如因不慎将铁铲、扫帚带进皮带和托辊之间时，应立即撒手，停车再取，不准硬拉，以防人被绞入皮带致死。

（9）定期检查安全设施，工作场所做到照明良好；事故开关、联系电铃、安全罩、安全栏杆、皮带安全绳等应保证完好、齐全。

14.1.3.2 烧结机

A 作业条件与主要不安全因素

抽风带式烧结机由驱动装置、供烧结台车移动用的行走轨和导轨、台车、装料装置、点火装置、抽风箱、密封装置等部分组成。烧结机的主要不安全因素有：

（1）由于烧结机体又长又大，生产与检修工人往往因联系失误造成事故。据全国14个烧结厂的事故统计资料，在机头、机尾、风箱等处均发生过死亡事故。

（2）没有机尾摆动架的烧结机，为了调节台车的热膨胀，在烧结机尾部弯道起始处与台车之间，工作状态下形成宽度为100~150mm的间隙。由于台车在断开处的撞击，促使台车端部损坏变形，增加有害漏风，并增加工人更换台车的工作量，易导致人身事故的发生。

（3）台车运行过程中掉箅条，在机头上箅条时，由于台车合拢时夹住脚，会造成伤亡事故。

（4）由于台车工作过程中既要经受200~500℃的温度变化，又要承受自重、烧结矿的质量及抽风机负压造成的压力，易产生因疲劳而损坏的“塌腰”现象；台车的连接螺栓也会出现断裂而使台车破损，工人在更换台车时，不小心就可能发生人身伤亡事故。

（5）烧结机检修过程中，要部分拆卸台车。若拆除时未对回车道上的台车采取适当的安全措施，往往发生台车自动行走而导致人员伤亡事故。

（6）随着烧结机长度增大，台车跑偏现象将更为突出。台车轮缘与钢轨的侧面相挤压、剧烈磨损（俗称啃道），严重时会造成台车脱轨掉入风箱或台车的回车轨道。

(7) 烧结机及其有关设备均有较高的温度，与水接触产生蒸汽，易造成人员烫伤。

(8) 烧结点火使用煤气（焦炉煤气），如果未按煤气安全规程操作或煤气出现泄漏可能造成人员中毒或煤气设施爆炸。

B 主要安全防护措施

烧结机的主要安全防护措施有：

(1) 烧结机的停、开要设置必要的联系信号，并应加强检查。

(2) 烧结机停机时，任何人不得擅自进入烧结机内部检查。若工作需要时，首先与操作人员联系。

(3) 烧结机检修后或较长时间停车，在启动前必须详细检查机头、机尾和弯道上下轨道、传动齿轮、大烟道及固定筛是否有人和杂物。

(4) 启动前及运行中，脚不得踩在台车滚轮上，手不许扶在挡板两端，以免压伤或挤伤手脚。

(5) 升降口及走梯等安全栏杆、机械设备外露的传动部位的安全罩应完好。

(6) 烧结机尾部安设可动摆架，既解决了台车的热膨胀问题，也消除了台车之间冲击，并克服了台车跑偏和轮缘走上轨道的故障，大大减少了工人检修设备的工作量，从而减少了可能发生的人身事故。因此，烧结机尾部安装可动摆架是重要的安全技术措施。

(7) 在台车运转过程中，严禁进入弯道和机架内检查。检查时应索取操作牌、停机、切断电源、挂上“严禁启动”标志牌，并设专人监护。

(8) 更换台车必须采用专用吊具，并有专人指挥，更换栏板、添补炉箅条等作业时必须停机进行。

(9) 为了防止烧结机过载造成设备事故，要安设过电流继电器作为保护装置。

(10) 烧结机点火器一般采用煤气点火，使用过程中容易出现煤气泄漏而导致煤气中毒、煤气爆炸事故。因此，点火器在开、停过程中要严格按规定程序操作，正常使用时人员不得随便到点火器顶部。点火器煤气系统检修应先切断煤气，用蒸汽吹扫置换合格后方能检修作业。

14.1.3.3 翻车机

A 作业条件与主要不安全因素

翻车机是卸火车车皮的设备，它的运行程序是：当载重车皮被推动到翻车机台上并对准零位后，启动电机，带动齿轮使转子旋转，摇臂机构随之动作；当翻车机转到 50°~70° 时，站台车弹起，车皮的上缘被固定压车梁压紧，转到 175°时停顿 3s 卸料；卸料完毕回转到零位，空车皮再被推出，完成一个循环。其主要不安全因素有：

(1) 由于翻车机联络工与司机联系失误，车皮未能对正站台即行翻车，会发生站台车及旋转骨架撞坏等事故；

(2) 翻车机销钩、摇臂失灵或者用钢丝绳带动旋转骨架转动，常出现故障，工人处理故障时易发生伤害事故；

(3) 车皮进入站台前，有时车皮上有人，由于缺乏联系，在翻车机翻转时会将人翻入矿槽。

B 主要安全防护措施

主要安全防护措施有：

（1）设置安全标志和灯光信号，并保证翻车机联络工与司机联系畅通；

（2）加强设备管理，在检修、处理故障时，要严格按照《烧结球团安全规程》及相关操作规程操作，避免事故发生；

（3）加强运输管理，严禁人员搭乘运矿车皮。

14.1.3.4 抽风机

抽风机能否正常运行直接关系着烧结矿的质量。

（1）不安全因素：主要是转子不平衡运动中发生振动。

（2）安全防护措施主要有：

1）在更换叶轮时应当做平衡试验；

2）提高除尘效率，改善风机工作条件；

3）适当加长、加粗集气管，使废气及粉尘在管中流速减慢，增大灰尘沉降的比率，同时加强二次除尘器的检修与维护。

14.1.3.5 触电与灼伤的防护措施

A 触电的预防措施

烧结作业电能消耗极多，所用的电压为380V，设备大的为3300V。由于作业环境中粉尘浓度高且又潮湿，开关或电器设备表面常有漏电和启动失灵现象，要防止触电，特别是地下通廊的皮带输送机处积水时地面潮湿，也容易发生触电事故。为预防触电事故的发生，除应安装除尘设备、改善作业环境并加强电气设备的维修外，电气作业必须采取可靠的安全措施，各种电气开关（电源箱）及电气设施应避免潮湿环境和水冲，同时还应对职工进行电气安全教育。

B 灼伤的预防措施

烧结作业发生的灼伤致死事故大部分发生在返矿圆盘操作岗位。向返矿或返矿仓浇水会产生大量蒸汽，对人员可能造成伤害，为保证安全，必须做到：

（1）严格执行生产操作规程，认真操作。

（2）在任何情况下都不得向返矿仓和台车底部浇水，以防伤人。

（3）返矿圆盘在运转中应经常注意排矿情况。检查排矿时必须穿戴好劳保用品，不许站在排矿口对面，发现圆盘冒气、冒烟时，必须立即闪开，以免放炮时伤人。

14.1.3.6 除尘与噪声防治

烧结厂除尘与噪声防治措施如下：

（1）烧结厂除尘。烧结过程中产生大量粉尘、废气、废水，含有硫、铝、锌、氟、钒、钛、一氧化碳、二氧化硅等有害成分，严重污染了环境。为了改善作业条件，保障工人的健康，要进行抽风除尘。烧结机抽风一般采用两级除尘：第一级集尘管集尘和第二级除尘器除尘。大型烧结厂多用多管式除尘，而中小型烧结厂除了用多管式除尘外还常用旋风式除尘器。

（2）烧结厂噪声防治。烧结厂的噪声主要来源于高速运转的设备，主要有主风机、冷风机、通风除尘机、振动筛、锤式破碎机、四辊破碎机等。对噪声的防治应当采用改善和控制设备本身产生噪声的做法，即采用符合声学要求的吸、隔声与抗震结构的最佳设备设计，选用优质材料，提高制造质量，对于超过单机噪声允许标准的设备则需要进行综合治理。

14.2 炼铁安全生产技术

14.2.1 炼铁生产特点

高炉炼铁生产在安全方面的特点如下：

（1）炼铁过程是一个连续进行的高温物理化学变化过程，整个工艺过程都伴随着高温粉尘及毒气；出渣、出铁过程与高温熔融物及高温煤气密切相关。

（2）作业过程中有大量烟尘、有害气体及噪声外逸，污染环境、恶化劳动条件。

（3）作业过程中需要动用较多的机电设备，动用超重运输设备，高压水、高压氧气及高压空气等高压系统。

（4）附属设备系统多而复杂，各系统间协作配合要求严格。

（5）炉前操作人员的劳动强度较大。

总之，炼铁生产特点为劳动密集，劳动强度高，高温、噪声、粉尘危害大，煤气区域、易燃易爆场所多，公路、铁路纵横，立体、交叉作业，上下工序配合紧密，设备多而复杂。

14.2.2 炼铁生产主要危险有害因素及事故类别和原因

炼铁生产工艺具有设备复杂、作业种类多、作业环境差、劳动强度大的特点。炼铁生产过程中存在的危险有害因素多，事故种类多。据统计，炼铁生产中的主要事故类别按发生次数排序为：高温灼烫、机具伤害、车辆伤害、物体打击、煤气中毒、各类爆炸、触电、高空坠落等事故，以及尘肺病、矽肺病和慢性一氧化碳中毒等职业病。

14.2.2.1 炼铁生产主要危险有害因素

炼铁生产主要危险有害因素有烟尘、噪声、高温辐射、铁水和熔渣喷溅与爆炸、高炉煤气中毒、高炉煤气燃烧爆炸、煤粉爆炸、机具及车辆伤害、高处危险作业等。

（1）高温系统：高炉渣口、铁口、砂口，出铁场，渣铁沟、砂坝；铸铁机、残铁罐；渣、铁遇水放炮；水冲渣飞溅。

（2）煤气系统：高炉煤气是一种无色、无味、剧毒、易燃易爆的气体，此外无料钟炉顶使用氮气，氮气是一种窒息性气体。高炉炉顶、铁口、渣口，无料钟炉顶上、下密封阀；热风炉煤气阀轴头。

（3）皮带系统：皮带轮，减速机，各种齿轮咬合处，皮带与轮接触部位；皮带卸料小车，各种电气设备及事故开关等。

（4）起重伤害：起重设备（吊车）。

（5）厂区交通：火车及公路上各种机动车辆，交叉路口。

14.2.2.2　炼铁生产主要事故类别和原因

炼铁生产主要事故类别有：

（1）高温系统易造成职工烧伤、灼伤事故；

（2）煤气系统易造成煤气中毒伤害；

（3）皮带系统极易造成皮带挤、绞伤害事故及触电事故；

（4）起重设备易造成物体打击、挤伤、高空坠落等事故；

（5）厂区交通易造成重伤、挤压等。

导致炼铁生产事故发生的主要原因有人为原因、管理原因和物质（环境）原因三个方面。

（1）人为原因：主要是违章作业、误操作和身体疲劳。

（2）管理原因：主要是劳动组织不合理，工人不懂或不熟悉操作技术；现场缺乏检查指导，安全规程不健全；技术和设计上的缺陷。

（3）物质（环境）原因：主要是设施（设备）工具缺陷，个体防护用品缺乏或有缺陷，防护保险装置有缺陷和作业环境条件差。

14.2.3　炼铁生产安全技术

14.2.3.1　高炉装料系统安全技术

装料系统按高炉冶炼要求的料坯持续不断地供给高炉冶炼，包括原料和燃料的运入、储存、放料、输送以及炉顶装料等环节。装料系统应尽可能地减少装卸与运输环节，提高机械化、自动化水平，使之安全运行。

（1）运入、储存与放料系统。大中型高炉的原料和燃料大多数采用胶带机运输，比火车运输易于自动控制和治理粉尘。储矿槽未铺设隔栅或隔栅不全，周围没有栏杆，人行走时有掉入矿槽的危险；料槽形状不当，存有死角，需要人工清理；内衬磨损，进行维修时的劳动条件差；料闸门失灵常用人工捅料，如料突然崩落往往造成伤害。放料时的粉尘浓度很大，尤其是采用胶带机加振动筛筛分料时，作业环境更差。因此，储矿槽的结构是永久性的、十分坚固的。各个矿槽的形状应该做到自动顺利下料，矿槽的倾角不应小于50°，以消除人工捅料的现象。金属矿槽应安装振动器。钢筋混凝土结构内壁应铺设耐磨衬板，存放热烧结矿的内衬板应是耐热的。矿槽上必须设置隔栅，周围设栏杆，并保持完好。料槽应设料位指示器，卸料口应选用开关灵活的闸门，最好采用液压闸门。放料系统应采用完全封闭的除尘设施。

（2）原料输送系统。大多数高炉采用料车斜桥上料法，料车必须设两个相对方向的出入口，并设有防水、防尘措施，一侧应设有符合要求的通往炉顶的人行梯。卸料口卸料方向必须与皮带机的运转方向一致，机上应设有防跑偏、防打滑装置。皮带机在运转时容易伤人，所以必须在停机后方可进行检修、加油和清扫工作。

（3）顶炉装料系统。通常采用钟式向高炉装料，钟式装料以大钟为中心，由大钟、料斗、大小钟开闭驱动设备、探尺、旋转布料等装置组成。采用高压操作必须设置均压排压装置；做好各装备之间的密封，特别是高压操作时，密封不良不仅使装置的部件受到煤气冲刷，缩短使用寿命，甚至会出现大钟掉到炉内的事故；料钟的开闭必须遵守安全程序。为此，有关设备之间必须联锁，以防止人为的失误。

14.2.3.2　供水与供电安全技术

高炉是连续生产的高温冶炼炉，不允许发生中途停水、停电事故。特别是大、中型高炉必须采取可靠措施，保证安全供电、供水。

（1）供水系统安全技术。高炉炉体、风口、炉底、外壳、水渣等必须连续给水，一旦中断便会烧坏冷却设备，发生停产等重大事故。为了安全供水，大中型高炉应采取以下措施：供水系统设有一定数量的备用泵；所有泵站均有两个电源；设置供水的水塔，以保证油泵启动时供水；设置回水槽，保证在没有外部供水情况下维持循环供水；在炉体、风口供水管上设连续式过滤器；供、排水管采用钢管，以防破裂。

（2）供电安全技术。不能停电的仪器设备万一发生停电时，应考虑人身及设备安全，设置必要的保安应急措施和专用、备用的柴油机发电组。计算机、仪表电源、事故电源和通讯信号均为保安负荷，各电器室和运转室应配紧急照明用的带铬电池荧光灯。

14.2.3.3　煤粉喷吹系统安全技术

高炉煤粉喷吹系统最大的危险是可能发生爆炸与火灾。

为了保证煤粉能吹进高炉又不致使热风倒吹入喷吹系统，应视高炉风口压力确定喷吹罐压力。混合器与煤粉输送管线之间应设置逆止阀和自动切断阀；喷煤风口的支管上应安装逆止阀；因为煤粉极细停止喷吹时，喷吹罐内、储煤罐内的储煤时间不能超过8~12h；煤粉流速必须大于18m/s，罐体内壁应圆滑，曲线过渡，管道应避免有直角弯。

为了防止爆炸产生强大的破坏力，喷吹罐、储煤罐应有泄爆孔。

喷吹时，如果炉况不好或其他原因使风口结焦，或煤枪与风管接触处漏风使煤枪烧坏，这两种现象的发生都能导致风管烧坏。因此，操作时应该经常检查巡视，及早发现和处理。

14.2.3.4　高炉安全操作技术

高炉安全操作技术包括开炉、停炉两个方面，具体操作技术如下：

（1）开炉的操作技术。开炉工作极为重要，处理不当极易发生事故。开炉前应做好如下工作：进行设备检查，联合检查；做好原料和燃料的准备；制定烘炉曲线，并严格执行；保证准确计算和配料。

（2）停炉的操作技术。停炉过程中，煤气的一氧化碳浓度和温度逐渐升高，再加上停炉时喷入炉内水分的分解使煤气中的氢浓度增加。为防止煤气爆炸事故，应做好如下工作：处理煤气系统，以保证该系统蒸气畅通；严防向炉内漏水；在停炉前，切断已损坏的冷却设备的供水，更换损坏的风渣口；利用打水控制炉顶温度在400~500℃之间；停炉过程中要保证炉况正常，严禁休风；大水喷头必须设在大钟下，设在大钟上时，严禁开关大钟。

14.2.3.5 高炉维护安全技术

高炉生产是连续进行的，任何非计划休风都属于事故。因此，应加强设备的检修工作，防止休风或缩短休风时间，保证高炉正常生产。

为防止煤气中毒与爆炸，应注意以下几点：

（1）严格执行煤气安全规程，掌握煤气安全知识。

（2）定期检查煤气设备，防止煤气外溢。

（3）在一、二类煤气作业前必须通知煤气防护站的人员，并要求至少有两人以上进行作业，严禁单人上炉顶检查工作，或者私自进入一、二类煤气危险区；在一类煤气作业前还须进行空气中一氧化碳含量的检验，并佩戴氧气呼吸器，在上风向作业，并有人监护。

（4）在煤气管道上动火时，须先取得动火票，并做好防范措施。未经批准和未采取安全措施，严禁在煤气设备、管道附近及煤气区域内动火。使用煤气，必须先点火后再开煤气。

（5）在一、二类煤气区域作业，必须间断进行，不得较长时间连续作业。空气中 CO 浓度与允许停留时间见表 14-1。

表 14-1 空气中 CO 浓度与允许停留时间

空气中 CO 浓度/mg · m^{-3}	30	50	100	200
允许停留时间	卫生标准	<1h	<30min	<15min

每次作业的间隔时间至少在 2h 以上。经 CO 浓度分析后，允许进入煤气设备内工作时，应采取可靠的防护措施并设专职监护人。CO 浓度超过 $200mg/m^3$时应佩戴呼吸器。

（6）严禁在煤气区域内逗留、打闹、睡觉，禁止用嗅觉直接检查煤气。

（7）加强通风，降低空气中 CO 浓度；通渣口、铁口作业时应点燃瓦斯火并开启风扇。

14.2.3.6 出铁、出渣安全技术

炉前工在进行高炉出铁、出渣工作时，应按时、按量出铁、出渣，以保证安全生产。

（1）砂口用以分离渣、铁，保证渣罐或水冲渣中不进入铁水，铁水中不混入渣；

（2）在高炉工长的指挥下，按时、按进度出渣、出铁；

（3）掌握休风的要领，慎重操作；

（4）为了防止冲渣沟堵塞，渣沟坡度应大于 3.5%，不设直角弯，且沟不宜过长。

14.2.3.7 高炉煤气安全技术

高炉煤气安全技术主要有：

（1）设计煤气管道时，必须考虑炉顶压力、温度和荒煤气对设备的磨损；

（2）为了降低煤气上升阻力，减少炉尘吹出，炉管和下降管之间要有足够的高度，以防止炉料吹出；

（3）除尘器、洗涤塔、高炉炉顶设置的入口，要上下配置，以便打开入口后使空气进行对流，减少煤气爆炸的危险；

(4) 在防止煤气泄漏方面，高炉与热风炉炉衬砌耐火砖，炉体结构要严密，防止变形开裂。

14.2.3.8 皮带运输系统安全技术

皮带运输系统安全技术主要有：

(1) 无论在皮带停转还是运转情况下，未停动力电源，不准站在皮带上或跨越皮带；

(2) 皮带安全绳要完好可靠。

严格执行“确认制”与检修时的互换牌制度。在检修或临时处理皮带故障时要设专人联系，加强自我防护与互保。检修机械设备或更换皮带时，一定要停动力电源，严禁站在皮带的两边传递任何物品。各种电源箱及开关避免水冲及潮湿，发现问题请电气维修人员及时处理。女工长发要挽入帽内。

14.2.3.9 起重设备（吊车）安全技术

起重设备（吊车）安全技术主要有：

(1) 起重作业人员需经培训、考核合格后持操作证才能上岗。

(2) 定期检查起重设备各部分是否灵活，起动、制动是否正常，钢绳、滑轮是否牢固可靠。

(3) 操作时有专人指挥，操作人员必须服从指挥。

(4) 吊装物要捆绑牢固。

(5) 严格执行“十不吊”，严禁任何人站在吊物上或在起吊物下面行走。

(6) 高空作业（基准面为2m）必须系安全带。

(7) 挂钩时严防挤压手、脚及身体其他部位。

(8) 严禁高空抛物，工具要装在工具袋内，多层作业必须戴安全帽，防止坠物伤人。

(9) 加强自我保护及互保。

14.2.3.10 厂区交通安全

厂区交通安全应遵守：

(1) 严禁顺铁路、公路中心行走。顺铁路应距铁道1.5m以外，顺公路应走人行道，行道时靠右行走；横过铁路、公路时，必须做到“一站、二看、三确认，四通过”。

(2) 不准无关人员随意搭乘机车，渣、铁罐车和其他车辆代步。

(3) 不准从渣、铁罐车和其他车辆的任何部位跳跨、钻越和攀越。

(4) 严禁在铁路上、公路上、铁轨上、枕木上、车辆上休息、睡觉和打盹。

(5) 禁止与前进中的车辆靠近，同向并行。渣、铁罐车在沿线倒调时，工作人员要躲开，以防渣、铁溢出烧伤。

(6) 行人和车辆严格遵守交通信号、灯光信号。灯光表示：绿灯通行，黄灯缓行，红灯禁止通行。

14.2.4 炼铁厂主要安全事故及其预防措施

炼铁厂最危险、最常见的安全事故有高炉煤气中毒、烫伤和煤粉爆炸。

（1）高炉煤气中毒。预防煤气中毒的主要措施是提高设备的完好率，尽量减少煤气泄漏；在易发生煤气泄漏的场所安装煤气报警器；进行煤气作业时，煤气作业人员佩戴便携式煤气报警器，并派专人监护。

（2）烫伤。预防烫伤事故的主要措施是提高装备水平，作业人员要穿戴防护服。

（3）煤粉爆炸。当烟煤的挥发分超过10%时，烟煤粉尘制备、喷吹系统可发生粉尘爆炸事故。为了预防粉尘爆炸，主要采取控制磨煤机的温度、磨煤机和收粉器中空气的氧含量等措施。目前，我国多采用喷吹混合煤的方法来降低挥发分的含量。

14.3　炼钢安全生产技术

14.3.1　炼钢生产工艺流程及特点

炼钢生产的工序主要有两部分，即熔化冶炼和浇注。

熔化冶炼的方法有平炉炼钢法、转炉炼钢法和电炉炼钢法。其中，平炉炼钢法因能耗高、作业环境差，现已被淘汰。

在现代炼钢过程中，转炉或电炉炼得的钢水还要经炉外精炼后才被运去浇注。浇注的方法有钢锭模浇注和连续铸钢。

转炉炼钢的原料有铁水、废钢、造渣材料（包括石灰、矿石、萤石等）、铁合金、氧气等。它是以铁水、废钢做原料，利用氧气进行吹炼。铁水中碳、硅、锰、磷等元素氧化时放出大量的热，作为炼钢过程的热源。

电弧炉主要用废钢、海绵铁、铁水做原料，以电弧放出的热作热源。其优点是：电弧能产生2000℃以上的高温，加热迅速，钢水温度也容易控制；炉内比较容易保持还原气氛，脱氧比较完全，钢中非金属夹杂物含量低。

转炉炼钢或电炉炼钢的工艺流程如下：

$$\left.\begin{matrix}\text{铁水}\\\text{废钢}\\\text{渣料}\end{matrix}\right\}\rightarrow\left\{\begin{matrix}\text{转炉}\\\text{电炉}\end{matrix}\right\}\rightarrow\text{炉外精炼}\rightarrow\text{钢水}\rightarrow\left\{\begin{matrix}\text{模铸出钢锭}\rightarrow\text{开坯出钢坯}\\\text{连铸出铸坯}\end{matrix}\right.$$

炼钢过程如下：

（1）熔化过程。铁水及废钢中含有C、Mn、Si、P、S等杂质，在低温熔化过程中，C、Si、P、S被氧化，使单质态的杂质变为化合态的杂质，有利于后期进一步去除杂质。氧来源于炉料中的铁锈（成分为$Fe_2O_3 \cdot 2H_2O$）、氧化铁皮、加入的铁矿石以及空气中的氧和吹氧。各种杂质的氧化过程是在炉渣与钢液的界面之间进行的。

（2）氧化过程。氧化过程是在高温下进行的脱碳、去磷、去气、去杂质反应。

（3）脱氧、脱硫与出钢。氧化末期，钢中含有大量过剩的氧，通过向钢液中加入块状铁合金或多元素合金来去除钢液中过剩的氧，产生的有害气体CO随炉气排出，产生的炉渣可进一步脱硫，即在最后的出钢过程中，渣、钢强烈混合冲洗，增加脱硫反应。

（4）炉外精炼。从炼钢炉中冶炼出来的钢水含有少量的气体及杂质，一般是将钢水注入精炼炉中进行吹氩、脱气、钢包精炼等工序，以得到较纯净的钢水。

（5）浇注。从炼钢炉或精炼炉中出来的纯净钢水，当其温度合适、化学成分调整合适后，即可出钢。钢水经过钢包浇入钢锭模或连续铸钢机内，即得到钢锭或连铸坯。

浇注分为模铸和连铸两种方式。模铸又分为上铸法和下铸法两种。上铸法是将钢包中的钢水从钢包通过铸模的上口直接注入模内形成钢锭。下注法是将钢包中的钢水浇入中注管、流钢砖，钢水从钢锭模的下口进入模内，钢水在模内凝固即形成钢锭，钢锭经过脱保温帽送入轧钢厂的均热炉内加热，然后将钢锭模等运回炼钢厂进行整模工作。

连铸是将钢水从钢包浇入中间包，然后再浇入结晶器中。钢液通过激冷后由拉坯机按一定速度拉出结晶器，经过二次冷却区强制冷却，待全部冷却后，切割成一定尺寸的连铸坯，最后送往轧钢车间。

14.3.2　炼钢生产过程主要危险有害因素及事故类别和原因

14.3.2.1　炼钢生产主要危险有害因素

炼钢生产具有高温作业线长，设备和作业种类多，起重作业和运输作业频繁的特点。其主要危险源有高温辐射、钢水和熔渣喷溅与爆炸、氧枪回火燃烧爆炸、煤气中毒、车辆伤害、起重伤害、机具伤害、高处坠落伤害等，具体有：

（1）熔融物遇水的爆炸；

（2）炉内化学反应引起爆炸与喷溅；

（3）氧枪系统，枪头损坏，漏水爆炸；

（4）废钢与拆炉爆破；

（5）铁水、钢水、钢渣灼伤；

（6）煤气中毒。

14.3.2.2　炼钢生产主要事故类别和原因

炼钢生产的主要事故类别有氧气回火、钢水和熔渣喷溅等引起的灼烫和爆炸，起重伤害，车辆伤害，机具伤害，物体打击，高处坠物，以及触电和煤气中毒事故。

导致炼钢生产事故发生的主要原因有人为原因、管理原因和物质（环境）原因三个方面。

（1）人为原因：主要是违章作业、误操作和身体疲劳。

（2）管理原因：主要是劳动组织不合理，工人不懂或不熟悉操作技术；现场缺乏检查指导，安全规程不健全；技术和设计上的缺陷。

（3）物质（环境）原因：主要是设施（设备）工具缺陷；个体防护用品缺乏或有缺陷；防护保险装置有缺陷和作业环境条件差。

14.3.3　炼钢生产安全技术

14.3.3.1　熔融物遇水的爆炸防护技术

铁水、钢水、熔渣都是高温熔融物。水与高温熔融物接触时将迅速汽化而使体积急剧膨胀，极易发生爆炸。被熔融物覆盖、包围的水，相当于在密闭容器中汽化，由此引发的爆炸的猛烈程度和危害作用尤为突出。除冲击波、爆炸碎片造成伤害外，由于爆炸伴随着熔融物的飞溅，还很容易引起连锁作用造成大面积灾害。这个过程主要是物理变化，有时候也伴随着化学反应。

（1）造成熔融物遇水爆炸的原因是：

1）氧枪卷扬断绳、滑脱掉枪造成漏水；

2）焊接工艺不合适，焊缝开裂或水质差，以致转炉的氧枪、烟罩等，且电炉的水冷炉壁和水冷炉盖穿壁漏水；

3）加入炉内及钢包内的各种原料潮湿；

4）事故性短暂停水或操作失误，枪头烧坏，且又继续供水；

5）内衬质量不过关导致烧坏，转炉冷炉过早打水；

6）炉内冷料高，下枪过猛，撞裂枪头导致漏水；

7）由于铁水罐挂钩不牢、断绳等引起的掉包、掉罐；

8）车间地面潮湿。

（2）安全对策主要有：

1）冷却水系统应安装压力、流量、温度、漏水量等仪表和指示、报警装置，以及氧枪、烟罩等连锁的快速切断、自动提升装置，并在多处安装便于操作的快速切断阀及紧急安全开关；

2）冷却水应是符合规程要求的水质；

3）采用多种氧枪安全装置，如氧枪自动装置、张力传感器检测装置、激光检测枪位装置、氧枪锥形结构等；

4）加强设备维护和检修。

14.3.3.2　炉内化学反应引起的喷溅防护技术

炼钢炉、钢包、钢锭模内的钢水因化学反应引起的喷溅与爆炸危害极大。处理这类喷溅与爆炸事故时，有可能出现新的伤害。

（1）造成喷溅与爆炸的原因是：

1）冷料加热不好；

2）精炼期的操作温度过低或过高；

3）炉膛压力大或瞬时性烟道吸力低；

4）碳化钙水解；

5）钢液过氧化增碳；

6）留渣操作引起大喷溅。

（2）安全对策主要有：

1）增大热负荷，使炼钢炉的加热速度适应其加料速度；

2）避免炉料冷冻和过烧（炉料基本熔化）；

3）按标准 C-T 曲线操作，多取钢样分析成分；

4）采用无极的自动调节炉膛压力系统，使炉膛压力始终保持在 133~400Pa 范围内；

5）增大炼钢炉排除烟气通道及通风机的能力；

6）禁止使用留渣操作法；

7）用密闭容器储运电石粉，并安装自动报警装置。

14.3.3.3　氧枪系统安全技术

转炉和平炉通过氧枪向熔池供氧来强化冶炼，氧枪系统是钢厂用氧的安全重点。

（1）弯头或变径管燃爆事故的预防。氧枪上部的氧管弯道或变径管由于流速大，局部阻力损失大，如管内有渣或脱脂不干净时，容易诱发高纯、高压、高速氧气燃爆。为此，应通过改善设计、防止急弯、减慢流速、定期吹管、清扫过滤器、完善脱脂等手段来避免事故的发生。

（2）回火燃爆事故的防治。低压用氧导致氧管负压、氧枪喷孔堵塞，都易由高温熔池产生的燃气倒罐回火，发生燃爆事故。因此，应严密监视氧压。多个炉子用氧时，不要抢着用氧，以免造成管道回火。

（3）气阻爆炸事故的预防。因操作失误造成氧枪回水不通，氧枪积水在熔池高温中汽化，阻止高压水进入。当氧枪内的蒸汽压力高于枪壁强度极限时便发生爆炸。

14.3.3.4　废钢与拆炉爆破安全技术

炼钢原料中的大件废钢入炉前要经过爆破或切割使其符合尺寸要求。平炉的熔池、沉渣室积渣及蓄热室积瘤时，必须采用松动爆破法拆炉。平炉出钢口不能及时开启也常采用定向爆破法打开出钢口。进行这些爆破作业时，如果操作失当引起事故，其危害也是相当严重的。

爆破可能出现的危害有爆炸地震波，爆炸冲击波，碎片和飞块的危害，噪声。

防止爆破出现的安全对策主要有：

（1）重型废钢爆破必须在地下爆破坑内进行，爆破坑强度要大，并有泄气孔，泄气孔周围要设立柱挡墙；

（2）采用拆炉机拆炉，若确需拆炉爆破，则应限制其药量，控制爆破能量；

（3）采取必要的防治措施。

14.3.3.5　铁、钢、渣灼伤防护技术

铁、钢、渣液的温度很高，热辐射很强，又易于喷溅，加上设备及环境的温度很高，极易发生灼伤事故。

灼伤发生的原因主要有：

（1）设备溢漏，如炼钢炉、钢包、铁水罐、混铁炉、连铸结晶器等设备满溢；

（2）铁、钢、渣液遇水发生的物理化学爆炸及二次爆炸；

（3）过热蒸汽管线漏气或裸露；

（4）改变炼钢炉炉膛的火焰和废气方向时喷出热气或火焰；

（5）违反操作规程。

防止灼伤的安全对策主要有：

（1）定期检查、检修炼钢炉、钢包、铁水罐、混铁炉等设备；

（2）改善安全技术规程，并严格执行；

（3）搞好个人防护；

（4）容易漏气的法兰、阀门要定期更换。

14.3.3.6　炼钢厂起重运输作业安全技术

炼钢过程中所用的原材料、半成品、成品都需要起重设备和机车进行运输，运输过程中有很多危险因素。

起重运输作业中存在的危险有：

（1）起吊物坠落伤人；

（2）起吊物相互碰撞；

（3）铁水罐和钢包倾翻伤人；

（4）车辆撞人。

起重运输作业的安全对策主要有：

（1）厂房设计时考虑足够的空间；

（2）更新设备，加强维护；

（3）提高工人的操作水平；

（4）严格遵守安全生产规程。

14.3.4　炼钢厂主要安全事故及其预防措施

炼钢厂最为常见、危害最大的安全事故主要是高温熔融物遇水爆炸和烫伤。

14.3.4.1　防爆安全措施

钢水、铁水、钢渣等高温熔融物与水接触就会发生爆炸。当1kg水完全变成蒸汽后，其体积要增大约1500倍，破坏力极大。

炼钢厂因为熔融物遇水爆炸的情况主要有转炉、平炉氧枪，转炉的烟罩，连铸机的结晶器的高、中压冷却水泄漏，穿透熔融物而爆炸；炼钢炉、精炼炉、连铸结晶器的水冷件因为回水堵塞，造成继续受热而引起爆炸；炼钢炉、钢包、铁水罐、中间包、渣罐漏钢、漏渣及倾翻时发生爆炸；往潮湿的钢包、铁水罐、中间包、渣罐中盛装钢水、铁水、液渣时发生爆炸；向有潮湿废物及积水的罐坑、渣坑中放热罐、放渣、翻渣时引起的爆炸；向炼钢炉内加入潮湿料时引起的爆炸；铸钢系统漏钢与潮湿地面接触发生爆炸。

防止熔融物遇水爆炸的主要措施是：对冷却水系统要保证安全供水，水质要净化，不得泄漏；物料、容器、作业场所必须干燥。

转炉和平炉是通过氧枪向熔池供氧来强化冶炼的。氧枪系统由氧枪、氧气管网、水冷管网、高压水泵房、一次仪表室、卷扬及测控仪表等组成，如使用、维护不当，会发生燃爆事故。氧气管网如有锈渣、脱脂不净，容易发生氧气爆炸事故，因此氧气管道应避免采用急弯，采取减慢流速、定期吹扫氧管、清扫过滤器脱脂等措施防止燃爆事故。例如，氧枪中氧气的压力过低，可造成氧枪喷孔堵塞，引起高温熔池产生的燃气倒灌回火而发生燃爆事故。因此要严密监视氧压，一旦氧压降低要采取紧急措施，并立即上报；氧枪喷孔发生堵塞要及时检查处理。因误操作造成氧枪冷却系统回水不畅，枪内积水汽化，阻止高压冷却水进入氧枪，可能引起氧枪爆炸，如冷却水不能及时停水，冷却水可能进入熔池而引发更严重的爆炸事故。因此氧枪的冷却水回水系统要装设流量表和压力表，吹氧作业时要严密监视回水情况，要加强人员技术培训，增强责任心，防止误操作。

14.3.4.2　烫伤事故的预防

铁、钢、渣的温度达1250~1670℃时，热辐射很强，又易于喷溅，加上设备及环境温度高，起重吊运、倾倒作业频繁，作业人员极易发生烫伤事故。防止烫伤事故应采取下列措施：定期检查、检修炼钢炉、混铁炉、混铁车及钢包、铁水罐、中间包、渣罐及其吊运设备、运输线路和车辆，并加强维护，避免穿孔、渗漏，以及起重机断绳、罐体断耳和倾翻；防止铁水、钢水、渣等熔融物与水接触发生爆炸、喷溅事故；过热蒸汽管线、氧气管线等必须包扎保温，不允许裸露；法兰、阀门应定期检修，防止误操作；搞好个人防护，上岗必须穿戴工作服、工作鞋、防护手套、安全帽、防护眼镜和防护罩；尽可能提高技术装备水平，减少人员烫伤的机会。

此外，炼钢厂房结构和作业环境对有效地避免和预防生产安全事故的发生也有相当重要的影响。在设计与施工炼钢厂房时，应考虑其结构能够承受高温辐射；具有足够的强度和刚度，能承受钢包、铁水罐、钢锭和钢坯等载荷和碰撞而不会变形；有宽敞的作业环境，通风采光良好，有利于散热和排放烟气，并充分考虑人员作业时的安全要求。

14.4　轧钢安全生产技术

14.4.1　轧钢生产特点

轧钢生产特点如下：

（1）生产工序多，生产周期长，易发生人身和设备事故。

（2）车间设备多而复杂，轧机主体设备（或主机列）与辅助设备（如加热炉、均热炉、剪切机、锯机、矫直机、起重设备等）交叉作业，由此带来很多不安全因素，危险作业多、劳动强度大、设备故障多，因而发生伤害事故也多。

（3）工作环境温度高，噪声大。绝大多数轧钢车间是热轧车间，开轧温度高达1200℃左右，终轧温度为800~900℃，加热车间在加热炉或均热炉的装炉和出炉过程中，高温热辐射也很强烈。在此条件下作业，工人极易疲劳，容易发生烫伤、碰伤等事故。

（4）粉尘、烟雾大。轧钢车间燃料燃烧产生烟尘，酸洗工序产生酸雾，冷却水与高温产生大量水蒸气，叠轧薄板轧机用沥青油润滑时散发大量有毒烟雾等，都会危害工人健康。

14.4.2　轧钢生产过程主要危险有害因素及事故类别和原因

14.4.2.1　轧钢生产主要危险有害因素

轧钢生产的主要危险源有：高温加热设备，高温物流，高速运转和机械设备，煤气氧气等易燃易爆和有毒有害气体，有毒有害化学制剂，电气和液压设施，能源、起重运输设备，以及作业、高温、噪声和烟雾影响等。

14.4.2.2　轧钢生产主要事故类别和原因

（1）轧钢生产主要事故类别。根据冶金行业综合统计，轧钢生产过程中的安全事故在整个冶金行业中较为严重，高于全行业和平均水平，事故的主要类别为：机械伤害、物体打击、起重伤害、灼烫、高处坠落、触电和爆炸等。

（2）轧钢生产事故的主要原因。导致事故发生的主要原因有人为原因、管理原因和物质（环境）原因三个方面。

1）人为原因：主要是违章作业、误操作和身体疲劳。

2）管理原因：主要是劳动组织不合理，工人不懂或不熟悉操作技术；现场缺乏检查指导，安全规程不健全；技术和设计上的缺陷。

3）物质（环境）原因：主要是设施（设备）工具缺陷；个体防护用品缺乏或有缺陷；防护保险装置有缺陷和作业环境条件差。

14.4.3　轧钢生产安全技术

14.4.3.1　原料准备的安全技术

原料准备的安全技术有：

（1）原材料、产成品堆放。原材料、产成品堆放要设有足够的原料仓库、中间仓库、成品仓库和露天堆放地，安全堆放金属材料。

（2）钢坯吊运过程。钢坯通常使用磁盘吊和单钩吊卸车，挂吊人员在使用磁盘吊时，要检查磁盘是否牢固，以防脱落砸人；使用单钩吊卸车前要检查钢坯在车上的放置状况，钢绳和车上的安全柱是否齐全、牢固，使用是否正常；卸车时要将钢绳穿在中间位置上，两根钢绳间的跨距应保持1m以上，使钢坯吊起后两端保持平衡，并上垛堆放；400℃以上的热钢坯不能用钢丝绳卸吊，以免烧断钢丝绳，造成钢坯掉落砸人、烫伤工人；钢坯堆垛要放置平稳、整齐，垛与垛之间要保持一定的距离，便于工作人员行走，避免吊放钢坯时相互碰撞；垛的高度以不影响吊车正常作业为标准，吊卸钢坯作业线附近的垛高应不影响司机的视线；工作人员不得在钢坯垛间休息或逗留；挂吊人员在上下垛时要仔细观察垛上钢坯是否处于平衡状态，防止在吊车起落时受到震动而滚动或登攀时踏翻，造成压伤或挤伤事故。

（3）钢坯表面缺陷的清除。大型钢材的钢坯用火焰清除表面的缺陷，其优点是清理速度快。火焰清理主要用煤气和氧气的燃烧来进行工作，在工作前要仔细检查火焰枪、煤气和氧气胶管、阀门、接头等有无漏气现象，风阀、煤气阀是否灵活好用，在工作中出现临时故障要立即排除。火焰枪发生回火，要立即拉下煤气胶管，迅速关闭风阀，以防回火爆炸伤人。同时，火焰枪操作程序应按操作规程进行。

（4）中厚板的原料堆放和管理。中厚板的原料堆放时，垛要平整、牢固，垛高不能超过4.5m，注意火焰枪、切割器的规范操作和安全使用。

（5）冷轧原料的准备。冷轧原料钢卷均在2t以上，吊运是安全的重点问题，吊具要经常检查，发现磨损要及时更换。

14.4.3.2　加热与加热炉的安全技术

加热与加热炉的安全技术有：

（1）燃料与燃烧的安全。工业炉用的燃料分为固体、液体和气体。燃料与燃烧的种类不同，其安全要求也不同。气体燃料运输方便，点火容易，易达到完全燃烧，但某些气体燃料有毒，具有爆炸危险，使用时要严格遵守安全操作规程。使用液体燃料时，应注意燃油的预热温度不宜过高，点火时进入喷嘴的重油量不得多于空气量。为防止油管的破裂、爆炸，要定期检验油罐和管路的腐蚀情况，储油罐和油管回路附近禁止烟火，应配有灭火装置。

（2）均热炉、加热炉、热处理炉的安全注意事项。各种传动装置应设有安全电源，氢气、氮气、煤气、空气和排水系统的管网、阀门、计量仪表系统，以及各种取样分析仪器和防火、防爆、防毒器材，必须确保齐全、完好。

（3）设备维护保养。各种工业炉发生事故，大部分是由于维护、检查不彻底和操作上的失误造成的。要检查各系统是否完好，加强维护保养工作，及时发现隐患部位，迅速整改，防止事故发生。

14.4.3.3 冷轧生产安全技术

冷轧生产的特点是加工温度低，产品表面无氧化铁皮等缺陷，洁净度高，轧制速度快。

（1）酸洗注意事项，酸洗主要是为了清除钢材表面氧化铁皮，生产时应注意：

1）保持防护装置完好，以防机械伤害；

2）穿戴好个人防护用品，防止酸液溅入灼伤以及粉尘和酸雾的吸入。

（2）冷轧注意事项，冷轧速度快，清洗轧辊注意站位，磨辊必须停车，处理事故时必须停车进行，并要切断总电手柄恢复零位。采用X射线测厚时，要有可靠的防射线装置。

14.5 有色金属冶炼安全生产技术

14.5.1 有色金属冶炼生产特点

有色金属冶炼生产特点如下：

（1）作业环境恶劣。冶炼生产多在高温、高压、有毒、腐蚀等环境下进行，为确保操作人员和设备安全，必须特别注意安全防护措施的落实，努力提高机械化和自动化水平。

（2）污染排放严重。在有色金属生产中排放大量的废渣、废水、废气，造成污染环境和破坏生态平衡，必须有完善的“三废”治理工程加以处理和利用，还有噪声、恶臭、放射线和热污染等，破坏了生态平衡，造成了环境污染，给人民健康和生物生长带来了危害。

14.5.2 有色金属冶炼生产过程主要危险有害因素及事故类别和原因

14.5.2.1 有色金属冶炼生产主要危险有害因素

有色金属冶炼生产具有设备、工艺复杂，设备设施、工序工种量多面广，交叉作业，频繁作业，危险因素多等特点。其主要危险有害因素有：高温，噪声，烟尘危害，有毒有害、易燃易爆气体和其他物质中毒、燃烧及爆炸危险，各种炉窑运行的操作危险，高能高压设备的运行和操作危险，高处作业危险等，具体如下：

（1）冶炼烟气中常含有腐蚀及有害气体，如二氧化硫、三氧化硫、氟氯、铅蒸气、酸雾以及砷、硫化氢、烟尘，这些会危害人体健康，引起工业中毒和职业病，还会腐蚀冶金设备、建筑物，影响农作物生长。

（2）有色冶金工厂废水腐蚀性大，成分十分复杂，绝大多数都含有无机有毒物质，即各种重金属和氟化物、砷化物、氰化物，易引起工业中毒，影响农作物生长和酸碱污染。

（3）有色冶金固体废物包括有色金属渣、冶金废水处理渣等，通过各种途径进入地层，造成土壤污染。

（4）有色金属生产用的重油、柴油、粉煤等燃料储罐及输送管道，制氧站、锅炉、压力容器、有色冶炼烟气常含有浓度较高的粉煤或可燃性气体，通过燃烧、分解或爆炸会引起火灾和爆炸事故。

（5）有色金属冶炼常见的危险化学品，如硫酸、液氧、液态二氧化碳、硫酸铜、酸、碱及分析试剂等，在突然泄漏、操作失控的情况下，存在火灾、爆炸、人员中毒、窒息及灼烫等潜在危险。

（6）作业环境差。现场伴有噪声、振动、放射性和热辐射等，会引起噪声性耳聋、放射性危害、中暑和烧烫伤。

（7）交通运输负荷大。有色冶金生产需要消耗大量的原料、燃料以及中间产品的转运，交通运输能力大，易发生公路上车辆或者行人碰撞、颠覆等事故，铁路上的列车或起重吊车易发生碰撞、脱轨等事故。

（8）机械、电气危害及高空作业多，易引起挤压、打击、坠落、触电等人身伤亡事故。

14.5.2.2　有色金属冶炼生产主要事故类别和原因

（1）有色金属冶炼生产主要事故类别。有色金属冶炼生产主要事故类别有：机械伤害，起重伤害，高温及化学品导致的灼烫伤害，有毒有害气体和化学品引起的中毒和窒息，可燃气体导致的火灾和爆炸，高处坠落事故等。

（2）主要原因。导致生产事故发生的主要原因有人为原因、管理原因和物质（环境）原因三个方面。

1）人为原因：主要是违章作业、误操作和身体疲劳。

2）管理原因：主要是劳动组织不合理，工人不懂或不熟悉操作技术；现场缺乏检查指导，安全规程不健全；技术和设计上的缺陷。

3）物质（环境）原因：主要是设施（设备）工具缺陷；个体防护用品缺乏或有缺陷；防护保险装置有缺陷和作业环境条件差。

根据对以往事故的统计分析，有色金属冶炼生产安全事故的主要原因是：违章作业和不熟悉、不懂安全操作技术，工艺设备缺陷和技术设计缺陷，防护装置失效或缺陷，现场缺乏检查的指导，安全规章制度不完善或执行不严，以及作业环境不良等。

14.5.3 有色金属冶炼生产安全技术

14.5.3.1 铜冶炼的主要安全技术

铜冶炼以火法炼铜为主，火法炼铜大致可分为三步，即选硫熔炼—吹炼—火法精炼和电解精炼。铜冶炼安全生产的主要特点是：

（1）工艺流程较长，设备多；

（2）过程腐蚀性强，设备寿命短；

（3）“三废”排放数量大，污染治理任务重。

铜冶炼是一个以氧化、还原为主的化学反应过程，设备直接或间接受到高温或酸碱侵蚀影响。为延长设备寿命，应采取如下措施：

（1）选用优质、耐高温、耐腐蚀的设备；

（2）观察员贯彻大、中、小修和日常巡回检查制度；

（3）采取防腐措施；

（4）提高操作工人素质，做好设备的维护保养等工作。

铜冶炼原料主要是硫化铜精料，硫在生产过程中形成二氧化硫进入烟气，回收烟气中的二氧化硫制取硫酸是污染治理的重要任务之一。对废渣的综合利用有多种渠道，可用于生产铸石、水泥、渣硅等建筑材料，也可用作矿坑填充料。废水除含有重金属外，还含有砷、氟等有害物质，常用中和沉淀法或硫化沉淀法将其中的重金属离子转化为难溶的重金属化合物。废水经过净化后重复利用，同时将沉淀物或浓缩液返回生产系统或单独处理，回收其中的有价金属。对含尘烟气，要完善收尘设施，严格管理，提高收尘效率；对泄漏的含铜溶液和含铜废水集中回收处理。

14.5.3.2 铅冶炼的主要安全技术

铅冶炼主要采用火法，它是将硫化铅精矿烧成烧结块，在鼓风炉中进行还原熔炼为粗铅，再经火法、电解精炼产出电解铅。此法即烧结—还原熔炼法，是现代生产铅的主要方法。在焙烧过程中，安全生产管理技术要求较严，概括为以下三个方面。

（1）把“三关”：即炉粒度、水分、混合制粒关；配料岗位操作关；烧结机操作关。

（2）“七不准”：不准物料过干、过湿；不准粒度过粗、过细；不准违反配料单进行配料；不准烧结机料面穿孔，跑空车；不准烧生料；不准炉箅堵塞和带块；不准任意停车。

（3）抓“十个环节”：制备好返料；干燥和破碎好精矿；合理均匀地搭配好杂料、渣尘；准确配料；炉料润湿；混合制粒；烧结机上均匀布料；控制点火炉和烧结温度；控制炉料层和烧结机小车速度；调整风量和堵塞漏风。

在浮渣处理过程中，安全操作方面要特别注意：

（1）一次进炉料必须是干料，以防炉内残留的冰铜遇水爆炸；

（2）铅、砷在高温下易挥发，在全部操作过程中必须戴手套、口罩，现场严禁潮湿工具接触熔融体，以防放炮伤人；

（3）严格检查降温水套密封情况，发现渗漏时应立即抢修或更换。

铅中毒预防是铅冶炼安全工作的重点，根本途径是不断改革工艺流程，使生产环境中空气含铅的浓度达到或接近国家卫生标准。

铅中毒预防措施主要有：

（1）提高机械化、自动化程度，减轻劳动强度，对劳动条件差、铅烟尘污染严重的岗位，除加强密闭、通风排毒外，可在劳动组织上予以调整，由三班改为四班，缩短工作时间，减少接触铅的机会；

（2）对新、改、扩建的企业，其安全防毒措施要与主体工程同时设计、同时施工、同时投入使用，保证投产后生产岗位环境符合国家卫生标准；

（3）严格执行安全规格和卫生制度，工人上岗前穿戴好防护用品，操作时及时启动抽风排气装置，定期检查维修防尘防毒设施，用湿式清扫生产现场地面，定期监测空气中的铅尘浓度以及经常评价分析防毒设施的效果，找出问题，不断改进；

（4）加强个体防护，要选择和佩戴滤尘效率高、阻力小的防尘口罩，不在生产现场吸烟、饮水、进餐，饭前要洗手、刷牙、漱口，下班需洗澡，工作服要勤洗勤换。

14.5.3.3　从铜阳极泥中提取金、银的安全技术及事故预防措施

冶炼厂金、银冶炼采用硫酸化焙烧—湿法处理工艺，其主要安全技术有如下要求。

A　对烟气、烟尘的治理

从铜阳极泥中提取金、银生产过程中，产生的有毒有害气体主要有二氧化硫、氯气、二氧化氮等。采取的治理措施主要有：

（1）设置回转窑尾气吸收塔，通过负压将铜阳极泥与浓硫酸反应生成的二氧化碳、二氧化硒气体导入塔内，并在汞的作用下生成粗硒产品，从而达到环保和回收有价元素的目的。对吸收塔内残留的气体，排空前要用碱液淋洗中和处理。为保证尾气的吸收，必须搞好设备密封，避免回转窑、吸收塔泄漏烟气。

（2）设置氯气吸收塔，通过抽风装置将阳极泥分金生产中生成的氯气排入塔内，用碱液中和处理，或返回用过氯化分金作业。为减少氯气过量产生，避免氯酸钠与酸反应造成损失，阳极泥分金作业除了要控制氯酸钠的加入速度以外，还要控制溶液的酸度和温度，防止氯气中毒。

（3）设置水沫收尘装置，净化小转炉吹炼炉气。由于从阳极泥中提取的粗银粉含有大量的杂质，因此目前冶炼厂采用小型转炉并以高温空气为氧化剂对粗银粉吹炼提纯。吹炼过程中，大量的金属（非金属）粉尘进入炉气，因此，通过水沫收尘器吸收粉尘，待炉气净化后再排放，达到减少大气污染的目的。

（4）设置抽风装置，对金、银电解精炼过程中产生的有害气体进行抽排处理，以改善作业环境。在金电解槽上方安装排风罩，将金电解过程中产生的氯气、氯化氢抽排，并用碱液吸收。炼银电解液作业应在抽风柜中进行，将产生的二氧化碳气体排出并用碱液吸收。此外，应在银电解室安装换气扇，创造良好的通风条件，防止散雾和废气对职工健康造成伤害。

B　危险化学品伤害事故的预防措施

运用现有工艺从铜阳极泥中提取金、银，要广泛使用强酸碱、易燃易爆化学品和液化的有毒有害气体。因此，必须明确从业人员的安全职责，建立危险化学品储存和使用安全

管理制度，落实各项安全防范措施以达到安全生产的目的。主要安全措施有：

（1）建立危险化品的专储库房，实行危险化学品分区、分类存放，避免性能互抵而产生燃烧、爆炸等使有毒气体释放；

（2）装卸和搬运盛酸容器、液化有毒有害气体高压容器、液态有害有毒化学品容器时，要谨慎操作，防止酸溅出伤人和容器爆裂造成危险化学品泄漏，做好高压容器的日常检查、维护和定期校验工作，确保其安全可靠，要保证挥发性危险化学品的密封有效；

（3）通过教育和培训，使从业人员掌握危险化学品特性和使用安全技术的知识；

（4）从业人员使用危险化学品时，要穿戴好必需的劳保用品；

（5）尽可能减少危险化学品在生产车间的储存量，降低事故隐患。

C 高温烫伤事故的预防措施

高温烫伤事故的预防措施有：

（1）从阳极泥提取金、银有转炉吹炼、蒸硒窑焙烧、中转炉浇注三个火法生产岗位。对此，一是要掌握蒸硒窑和转炉点火、停火的送风、送油和停风、停油的正确顺序，避免火焰喷炉烧伤；二是要保证转炉吹炼、中转炉浇注投入的物料为干料，避免高温熔融体爆炸造成烫伤；三是要保证坩埚的完好和夹具的灵活，防止发生高温熔融体烫伤事故。

（2）从阳极泥提取金、银，高温湿法有浸出分铜、氯化分金两个岗位，向高温溶液中添加各种化学药剂要严格遵守“均匀、缓慢、少量”的原则，防止高温溶液外溢造成烫伤。

14.5.4 有色金属冶炼主要安全事故及其预防措施

有色金属冶炼常见的事故类型有：高温作业伤害，火灾和爆炸，机械伤害，触电，职业病，环境污染，冶金设备腐蚀等。

14.5.4.1 高温作业伤害预防与控制的主要技术措施

高温作业伤害预防与控制的主要技术措施有：

（1）通过体格检查，排除高血压、心脏病、肥胖和肠胃消化系统不健康的工人从事高温作业；

（2）供给作业人员0.2%的食盐水，并给他们补充维生素B和维生素C。

14.5.4.2 火灾和爆炸预防与控制的主要技术措施

在有色金属冶炼生产过程中常伴随着火灾和爆炸，采取的治理措施主要有：

（1）开展危险预知活动，凡直接接触、操作、检修煤气设备的职工，要掌握煤气设备的安全标准化操作要领，并经考试合格取得合格证方可上岗操作；

（2）在煤气设备上动火或炉窑点火送煤气之前，必须先做气体分析；

（3）架设隔栏防止灼热的金属飞溅，以免引起火灾或爆炸；

（4）在煤气设备上动火，应备有防火消火措施，对停止使用的煤气设备动火必须清扫干净。

14.5.4.3　职业病预防与控制的主要技术措施

职业病预防与控制的主要技术措施有：
（1）加强职工安全素质教育和技术技能的培训；
（2）提供合格的劳动防护用品；
（3）定期对职工的身体进行健康检查；
（4）提供安全卫生的劳动场所和环境。

14.5.4.4　机械伤害预防与控制的主要技术措施

机械伤害预防与控制的主要技术措施有：
（1）制定严格的设备设施运行规章制度；
（2）提供合格的劳动防护用品；
（3）严格执行信号和联络制度。

14.5.4.5　触电伤害预防与控制的主要技术措施

触电伤害预防与控制的主要技术措施有：
（1）严格执行信号和联络制度；
（2）提供合格的劳动防护用品；
（3）加强职工安全素质教育和技术技能的培训；
（4）对于电缆电器设备的检修要及时细致。

14.5.4.6　环境污染预防与控制的主要技术措施

环境污染预防与控制的主要技术措施有：

（1）设置回转窑尾气吸收塔，将废气导入塔内，并在汞的作用下生成粗硒产品，从而达到环保和回收有价元素的目的。

（2）设置氯气吸收塔，通过抽风装置，将阳极泥分金生产中生成的氯气抽入塔内中和处理。

（3）设置水沫收尘装置，净化小转炉吹炼。

（4）设置抽风装置，对金、银电解精炼过程中产生的有害气体进行抽排处理，以改善作业环境。在金电解槽上方安装排风罩，将金电解过程中产生的氯气、氯化氢抽排，并用碱液吸收。

14.5.4.7　冶金设备腐蚀预防与控制的主要技术措施

冶金设备腐蚀预防与控制的主要技术措施有：
（1）选用优质、耐高温、耐腐蚀的设备；
（2）贯彻大、中、小修和日常巡回检查制度；
（3）采取防腐措施；
（4）提高操作工人素质，做好设备的维护保养等工作。

14.6　冶金生产安全技术规程和标准

14.6.1　冶金生产安全技术规程和标准的性质及适用范围

为了贯彻“安全第一，预防为主”的方针，切实保护职工在生产过程中的安全健康，防止伤亡事故和职业病，促进冶金工业生产的持续稳定和协调发展，我国政府有关部门根据国家有关安全生产、劳动保护的法律和规定，制定并颁布实施了一系列冶金工业安全生产的技术规程和标准。根据我国有关法律规定，安全生产的技术规程和标准属强制性规程和标准，必须严格执行。冶金工业的安全生产技术规程和标准主要规定了各个专业的安全和技术要求，主要适用于冶金工业的设计、设备制造、施工安装、生产和设备检修等。从事冶金工业安全生产工作的工程技术人员和管理人员必须了解和熟悉相关的安全生产技术规程和标准，并严格遵照执行。

14.6.2　冶金安全生产技术规程和标准的主要内容

冶金安全生产技术规程和标准是依据国家有关法律法规的要求，在充分考虑冶金工业生产过程中的工艺装备水平、生产作业情况和管理现状的基础上，针对冶金工业中存在的除通常的机械、电气、运输、起重等方面的危险因素外，还存在易燃易爆和有毒气体、高温热源、金属液体、炉渣、尘毒、放射源等危险和有害因素的特点而编制的，其主要内容包括冶金工厂的设计、安全管理、生产作业、设备运行及检修、事故控制及处理等方面的技术要求和规定。

冶金工业安全生产技术规程和标准很多，从事安全生产的工程技术人员和管理人员应重点熟悉《烧结球团安全规程》《炼铁安全规程》《炼钢安全规程》《轧钢安全规程》《工业企业煤气安全规程》《氧气及相关气体安全技术规程》《冶金企业安全卫生设计规定》《有色金属工业安全生产管理办法》的主要内容和规定。

（1）《烧结球团安全规程》的主要内容：总则；厂区布置与厂房建筑相关的安全技术规程；基本规定；原料相关安全技术规程；配料相关安全技术规程；混合相关安全技术规程；烧结相关安全技术规程；球团相关安全技术规程；电器安全与照明相关安全技术规程；起重与运输相关安全技术规程；工业卫生相关安全技术规程；附则。

（2）《工业企业厂内铁路、道路运输安全规程》的主要内容：总则；安全技术要求；安全管理相关安全技术规程；技术检验相关安全技术规程；罚则；附则。

（3）《炼铁安全规程》的主要内容：总则；安全管理相关安全技术规程；厂区选择、厂区布置相关安全技术规程；一般规定；供上料系统相关安全技术规程；炉顶设置相关安全技术规程；高炉主体构造和操作相关安全技术规程；喷吹煤粉系统相关安全技术规程；富氧鼓风相关安全技术规程；热风炉和荒煤气系统相关安全技术规程；炉前出铁机相关安全技术规程；碾泥机相关安全技术规程；通信、信号、仪表和计算机相关安全技术规程；电气、起重设备相关安全技术规程；设备检修相关安全技术规程；工业卫生相关安全技术规程；附则。

（4）《炼钢安全规程》的主要内容：总则；安全卫生管理相关安全技术规程；厂区位

置和主体设备设计要求相关安全技术规程；原材料相关安全技术规程；混铁炉和化铁炉系统相关安全技术规程；铁水预处理相关安全技术规程；熔炼操作相关安全技术规程；炉外精炼系统相关安全技术规程；浇注相关安全技术规程；铁水罐、钢包、中间包、渣罐相关安全技术规程；动力管线相关安全技术规程；炉子检修相关安全技术规程；工业卫生相关安全技术规程；附则。

（5）《轧钢安全规程》的主要内容：总则；厂区位置与厂房建筑相关安全技术规程；危险场所与防火安全技术规程；基本规定；加热系统相关安全技术规程；轧制系统相关安全技术规程；镀涂与精整相关安全技术规程；起重与运输相关安全技术规程；电气与照明相关安全技术规程；工业卫生相关安全技术规程；附则。

（6）《氧气及相关气体安全技术规程》的主要内容：范围；引用标准；相关定义；基本要求；生产运行和设备相关安全技术规程；氧气生产和设备相关安全技术规程；相关气体生产和设备安全技术规程；氧气管道相关安全技术规程；检修维修相关安全技术规程；氧气的使用相关安全技术规程；劳动卫生相关安全技术规程；附则。

（7）《工业企业煤气安全规程》的主要内容：基本要求；煤气生产、吸收与净化相关安全技术规程；煤气管道（含天然气管道）相关安全技术规程；煤气管道设备与附属装置相关安全技术规程；煤气加压站与混合站相关安全技术规程；煤气柜相关安全技术规程；煤气设施的操作与检修相关安全技术规程；煤气事故的抢修相关安全技术规程；煤气调度室与煤气防护站相关安全技术规程；附则。

（8）《冶金企业安全卫生设计规定》的主要内容：总则；各设计阶段的卫生要求；场址选择与布置相关规定；安全技术设计规定；工业卫生设计规定；专业部门设计规定；球团设计技术规定；电气安全与照明设计规定；起重与运输设计规定；工业卫生设计规定；附则。

14.7　钢铁企业 CO 的主要来源及预防措施

14.7.1　钢铁企业 CO 的主要来源

14.7.1.1　高炉煤气

高压鼓风机（罗茨风机）鼓风，并且通过热风炉加热后进入了高炉，这种热风和焦炭助燃，产生的是 CO_2 和 CO，CO_2 又和炙热的焦炭反应产生 CO，CO 在上升的过程中，还原了铁矿石中的铁元素，使之成为生铁，这就是炼铁的化学过程。铁水在炉底暂时存留，定时放出用于直接炼钢或铸锭。这时候在高炉的炉气中，还有大量过剩的 CO，这种混合气体就是“高炉煤气”。这种含有可燃 CO 的气体，是一种低热值的气体燃料，可以用于冶金企业的自用燃气，如加热热轧的钢锭、预热钢水包等，也可以供给民用，如果能够加入焦炉煤气，就叫作“混合煤气”，这样就提高了热值。

高炉煤气为炼铁过程中产生的副产品，主要成分为 CO、CO_2、N_2、H_2、CH_4等，其中可燃成分 CO 含量约占 25%，H_2、CH_4的含量很少，CO_2、N_2的含量分别占 15%、55%，热值仅 3500kJ/m^3左右。高炉煤气的成分和热值与高炉所用的燃料、所炼生铁的品种及冶炼工艺有关，现代的炼铁生产普遍采用大容积、高风温、高冶炼强度、高喷煤粉量的生产工艺，采用这些先进的生产工艺提高了劳动生产率并降低能耗，但所产生的高炉煤气热值更低，增加了利用难度。高炉煤气中的CO_2、N_2既不参与燃烧产生热量，也不能助燃，相反，还吸收大量的燃烧过程中产生的热量，导致高炉煤气的理论燃烧温度偏低。高炉煤气的着火点并不高，似乎不存在着火的障碍，但在实际燃烧过程中，受各种因素的影响，混合气体的温度必须远大于着火点，才能确保燃烧的稳定性。高炉煤气的理论燃烧温度低，参与燃烧的高炉煤气的量很大，导致混合气体的升温速度很慢，温度不高，燃烧稳定性不好。

燃烧反应能够发生的另一条件是气体分子间能够发生有效碰撞，即拥有足够能量的相互之间能够发生氧化反应的分子间发生的碰撞，大量CO_2、N_2的存在，减少了分子间发生有效碰撞的概率，宏观上表现为燃烧速度慢、燃烧不稳定。

高炉煤气中存在大量的CO_2和N_2，燃烧过程中基本不参与化学反应，几乎等量转移到燃烧产生的烟气中，燃烧高炉煤气产生的烟气量远多于燃煤。

14.7.1.2 焦炉煤气

焦炉煤气是指用几种烟煤配成炼焦用煤，在炼焦炉中经高温干馏后，在产出焦炭和焦油产品的同时所得到的可燃气体，是炼焦产品的副产品，主要用作燃料和化工原料。

焦炉煤气主要由H_2和CH_4构成，分别占56%和27%，并有少量CO、CO_2、N_2、O_2和其他烃类；其低发热值（标态）为18250kJ/m^3，密度（标态）为0.4~0.5kg/m^3。根据焦炉本体和鼓冷系统流程，从焦炉出来的荒煤气进入之前，已被大量冷凝成液体，同时，煤气中夹带的煤尘、焦粉也被捕集下来，煤气中水溶性的成分也溶入氨水中。焦油、氨水以及粉尘和焦油渣一起流入机械化焦油氨水分离池。分离后氨水循环使用，焦油送去集中加工，焦油渣可回配到煤料中炼焦煤气进入初冷器被直接冷却或间接冷却至常温，此时，残留在煤气中的水分和焦油被进一步除去。出初冷器后的煤气经机械捕焦油使悬浮在煤气中的焦油雾通过机械的方法除去，然后进入鼓风机被升压至19600Pa（2000mg水柱）左右。

为了不影响以后的煤气精制操作，例如硫铵带色、脱硫液老化等，使煤气通过电捕焦油器除去残余的焦油雾。为了防止萘在温度低时从煤气中结晶析出，煤气进入脱硫塔前设洗萘塔用于洗油吸收萘。在脱硫塔内用脱硫剂吸收煤气中的硫化氢，与此同时，煤气中的氰化氢也被吸收了。煤气中的氨则在吸氨塔内被水或水溶液吸收产生液氨或硫铵。煤气经过吸氨塔时，由于硫酸吸收氨的反应是放热反应，煤气的温度升高，为不影响粗苯回收的操作，煤气经终冷塔降温后进入洗苯塔内，用洗油吸收煤气中的苯、甲苯、二甲苯以及环戊二烯等低沸点的碳化氢化合物和苯乙烯、萘古马隆等高沸点的物质，与此同时，有机硫化物也被除去了。

14.7.1.3 转炉煤气

转炉煤气由氧气与铁水中碳、硫、磷、硅、锰和矾元素氧化生成的炉气和炉尘组成。转炉冶炼时，氧气通过氧枪，从炉口上方伸入到距铁水面上适当位置，以及在一定压力进行吹炼。氧气在熔池内与铁水激烈搅拌，使铁水中的各种元素（杂质）及少量铁受到氧化，从铁水中分离出来。除碳以外的氧化物，大部分留在渣中。铁的氧化物，特别是其中的氧化亚铁，与铁水中的碳化合产生大量的CO，同时放出大量的热能。在吹炼过程中，从转炉炉门喷出的气体，即为转炉炉气。转炉炉气中，含有80%左右的CO，15%的CO_2、N_2及微量氧气和氧化物。在未经过除尘净化之前，转炉炉气中含尘量较高，每标准立方米含尘量达150~200g，即使经过除尘后，还含有一定的炉尘。为简便起见，我们统称为转炉煤气。

14.7.2 煤气爆炸事故的预防及处理

煤气爆炸是煤气的瞬时燃烧，易产生高温、高压的冲击波，从而造成强大的破坏力，这就叫作煤气爆炸。空气、煤气混合物的爆炸特征是其中煤气迅速燃尽，因而产生发热和瞬时急剧膨胀。

煤气爆炸的条件是在一定容器内，煤气中混入空气或空气中混入煤气，达一定混合比例（即爆炸范围），遇明火、电火或与达到着火温度的物体相遇，或者达到该煤气的燃点以上温度，在上述两个条件同时具备的情况下才能发生爆炸。

在“发生爆炸的浓度范围”内，有一个最低的爆炸浓度叫爆炸下限；还有一个最高的爆炸浓度叫爆炸上限。只有在这两个浓度之间，才有爆炸的危险。如果可燃气体、蒸气或粉尘在空气中的浓度低于爆炸下限，遇到明火，既不会爆炸，也不会燃烧；高于爆炸极限，遇到明火，虽然不会爆炸，但接触空气却能燃烧。因为低于爆炸下限时，空气所占的比例很大，可燃物质的浓度不够；高于上限时，则含大量的可燃物质，而空气量却不足。

关于煤气爆炸的机理及爆炸的煤气混合物的上限及下限。这里还要说一点，煤气与纯氧的混合物爆炸压力，要比煤气与空气的混合物爆炸时所发生的压力大得多，因为煤气在氧气中的理论燃烧温度高于煤气在空气中燃烧的理论燃烧温度。

14.7.2.1 煤气产生爆炸原因

煤气产生爆炸的原因有：

（1）煤气来源中断，管道内压力降低，造成空气吸入，使空气与煤气混合物达到爆炸范围，遇火产生爆炸；

（2）煤气设备检修时，煤气未吹赶干净，又为做化验，急于动火造成爆炸；

（3）设备上的盲板，由于年久腐蚀造成泄漏，动火前又未试验，造成爆炸；

（4）窑炉等设备正压点火；

（5）违章操作，先送煤气后点火；

（6）强制供风的窑炉，如鼓风机突然停风，造成煤气倒流，也会发生爆炸；

（7）焦炉煤气管道及设备虽然已吹扫，如果停留时间长，设备内的积存物受热挥发，特别是萘升华气体与空气混合达到爆炸范围，遇火同样发生爆炸；

（8）烧嘴关不严，煤气泄漏炉内，点火前未对炉膛进行通风处理；

（9）在停送煤气时，没有按规章办事，或者停煤气时，没有把煤气彻底切断，动火；

（10）烧嘴点不着火，再点前对炉膛未做通风处理；

（11）煤气没备（管道）引上煤气后，未做爆发试验，急于点火。

14.7.2.2 煤气爆炸的预防

为了防止煤气爆炸，首先就要杜绝煤气和空气的混合而产生爆炸范围内的混合气体，其次要避免高温和火源接触爆炸性混合物气体。因此，要做到以下几点。

（1）送煤气前，对煤气设备及管道内的空气须用蒸汽或氮气赶净，燃后用煤气赶蒸汽或氮气，并逐段做爆发试验，合格后方可送给用户。

（2）正在生产的煤气设备和不生产的煤气设备必须可靠断开，切断煤气来源时必须用盲板。

（3）对要点火的炉子需作严格的检查，如烧嘴开闭器是否关严，是否漏气，烟道阀门是否全部开启，确保炉膛内形成负压，方可点火。然后稍开煤气待燃着后，再调整到适当的位置。如点着火又灭了，需再次点火时，应立即关闭烧嘴阀门，对炉膛内仍需作负压处理，待煤气吹扫干净后再点火送煤气。

（4）在已可靠切断煤气来源的煤气设备及煤气管道上动火时，一定要经检查、化验合格后方可动火。对长时间未使用的煤气设备动火，必须重新进行检测，鉴定合格方能动火。

（5）在运行中的煤气设备或管道上动火，应确保煤气的正常压力，只准用电焊，不准用气焊。同时，要有防护人员在场。

（6）凡停产的煤气设备，必须及时处理残余煤气，直到合格。

（7）煤气用户应该有煤气低压报警器和煤气低压自动切断装置，以防回火爆炸。

（8）检修后投产设备，送煤气前，除严格按标准验收外，必须认真检查有无火源，无静电放电的可能，然后才按（1）的规定送气。

（9）停、送煤气时，下风侧一定要管理好明火。

为了防止煤气爆炸，各岗位操作人员必须严格执行本岗位的安全操作规程，防护人员必须对煤气设备做周密的检查，一切检查和化验必须有记录、有数据。在安全的基础上确认为无爆炸性混合物气体时，才准操作人员工作。

14.7.2.3　煤气爆炸事故的处理

发生煤气爆炸事故，一般是煤气设备被炸损坏，冒煤气或冒出的煤气产生着火。因此，煤气爆炸事故发生后，一般接着可能发生煤气中毒、着火事故，或者产生二次爆炸。所以，发生爆炸事故后应立即采取措施。

（1）立即切断煤气来源，并迅速把煤气处理干净。

（2）对事故地点严加警戒，绝对禁止通行，以防止更多人中毒。

（3）在燃炸地点 40m 之内禁止火源，以防止着火事故。

（4）迅速查明爆炸原因，在未检明原因之前，不准送煤气。

（5）组织人员抢修，尽快恢复生产。

（6）煤气爆炸后，产生着火事故，按着火事故处理；产生煤气中毒事故，按煤气中毒事故处理。

14.7.3　煤气着火事故的预防及处理

煤气着火燃烧和其他的燃料燃烧一样，也需要一定的条件。其中，一是要有足够的空气和氧气，二是要有明火、电火或达到各种煤气不同的着火温度，这两个条件缺一不可。

14.7.3.1　引起煤气着火事故的原因

引起煤气着火的原因很多，多数是设备泄漏煤气遇火而引起燃烧，着火的地点一般在入孔、法兰、放散阀、阀门等处。煤气爆炸事故的同时也会引起着火事故。其他引起着火的原因还有：煤气设备、管网动火时，没有采取必要措施而引起着火；静电、雷击，或电气火花遇上泄漏煤气而着火；铁器具碰撞的火花遇上泄漏煤气而着火，在煤气泄漏处附近生火或吸烟引起着火等。

14.7.3.2　煤气着火事故的预防

防止煤气着火事故发生的根本办法，就是破坏或避免煤气着火的两个必要条件同时存在。只要不具备这两个必要条件，就不会发生着火事故。为此，必须做到：

（1）保证煤气设备及管道的严密性，经常检查发现泄漏及时处理。

（2）在煤气设备上动火要先办好动火证，并检查动火前准备工作是否按规章要求办理，要有齐全的防火措施，并有安全部门检查确认，否则不准动火。

（3）煤气区域及煤气作业区，要有严格的火源管理制度。

（4）设备、管道要有良好的接地线，电气设备要有完好的绝缘及接地装置。定期检查测试，对接地线也要定期测试。

（5）带煤气工作时，必须使用铜制工具，在钢制工具上要涂黄油，防止工作时与设备碰撞产生火花。

（6）煤气设备及管道附近不准堆放易燃易爆物品。

（7）凡在停产的煤气设备上动火，必须做到：

1）可靠地切断煤气来源，并认真处理干净残留煤气；

2）检测管道和设备内气体含量合格；

3）对设备内可燃物质清扫干净，或通入蒸流。动火始终不能中断蒸汽。

（8）煤气设备、管道的下列部位较易造成泄漏，应经常检查，这些部位是：阀芯、法兰、膨胀器、焊缝口、计量导管、铸铁管接头、排水槽、煤气柜侧与活塞间、风机轴头、蝶阀等。

14.7.3.3　煤气着火事故的处理

煤气着火事故的处理措施有：

（1）由于设备不严密而轻微泄漏引起的着火，可用湿泥、湿麻袋等堵住着火处灭火。火熄灭后，再按有关规定补好漏处。

（2）直径小于150mm的管道着火时，可直接关闭阀门，切断煤气灭火。

（3）直径大于150mm的煤气管道着火时，切记不能突然把煤气闸阀关死，以防回火爆炸。

（4）煤气大量泄漏引起着火时，采用关阀降压通入蒸汽或氮气灭火。降压时必须在现场安装临时压力表；使压力逐渐下降，不致造成突然关死阀门引起回火爆炸，其压力不能低于 5~10mm 水柱（煤气最低压力）。

（5）煤气设备烧红时，不得用水骤然冷却，以防管道和设备急剧收缩造成变形和断裂。

（6）煤气设备附近着火，影响煤气设备温度升高，但还未引起煤气着火和设备烧坏时，可正常供气生产，但必须采取措施将火源隔开并及时熄灭。当煤气设备温度不高时，可用水冷却设备。

（7）煤气设备内的沉积物，如萘、焦油等着火时，可将设备的人孔、放散阀等一切与大气相通的附属孔关闭，使其隔绝空气自然熄火，或通入蒸汽或氮气灭火。熄火后切断煤气来源，再按有关规程处理。

15 职业卫生基础知识

扫一扫，看微课

职业卫生是人类健康的一个组成部分，是人类享有的基本权利。职业卫生与职业病防治密切关联。研究职业卫生是指研究劳动条件和作业环境等因素对劳动者健康产生的不良影响，从而改善劳动条件及作业环境，预防职业病的发生，以达到保护劳动者的健康、提高劳动效率的目的。

职业病防治是从医疗预防角度研究职业病的发生条件、发病原理、诊断及治疗。研究职业卫生可以预防职业病的发生，加强职业病的防治可以改善工作条件，创造安全、卫生的工作环境，对提高劳动生产率、职工健康水平以及推进社会主义现代化建设都具有重要意义。为此，我国职业病防治工作坚持“预防为主、防治结合”的方针。

15.1 职业性有害因素和职业病

15.1.1 职业性有害因素

职业性有害因素是指在生产过程中、劳动过程中、作业环境中存在的危害劳动者健康的因素。职业性有害因素对人体造成不良的影响，主要取决于职业性有害因素的强度（数量）、人体接触职业性有害因素的时间和程度，以及个体因素、环境因素等几个方面。

职业性有害因素按其来源可分为生产过程中、劳动过程中、作业环境中三类。

15.1.1.1 生产过程中产生的有害因素

A 化学因素

化学因素包括：

（1）有毒物质，金属、非金属元素及其化合物（如铅、汞、锰、铬）、有机溶剂（如苯）、苯的氨基和硝基化合物、刺激性气体（如氯气）、窒息性气体（如一氧化碳）、高分子化合物以及农药等。接触或者在有这些有毒物质的环境中作业，可能引起多种职业中毒，如汞中毒、苯中毒等。

（2）生产性粉尘，其来源很广，可分为无机粉尘（如二氧化硅粉尘、石棉尘、煤尘、滑石尘等）、有机粉尘（动物及植物性粉尘）及混合性粉尘。长期在有生产性粉尘的环境中作业，可能引起各种尘肺、煤肺、金属肺等职业病。

B 物理因素

物理因素包括：

（1）异常气候条件，主要指生产场所的气温、湿度，如高温、高湿、低温。在高温条件下作业，可能引发热射病、热痉挛等病症。

（2）异常气压，主要指生产场所的气压，如高气压、低气压。潜水作业和在高压下作业可能引发减压病；高山和航空作业，可能引发高山病和航空病。

（3）噪声和振动，强烈的噪声作用于听觉，可能引发职业性耳聋等疾病；长期在强烈振动的环境中作业，可能引发振动病。

（4）电离辐射和非电离辐射，是指在工作环境中存在的射线，如α射线、γ射线、可见光、紫外线、红外线、射频辐射、激光等。在有辐射的环境中工作，可能引发放射性疾病。

C 生物因素

生物因素是指细菌、寄生虫或病毒等能引起职业疾病的生物性有害因素。如从事农业、畜牧、皮革、毛纺、森林等作业者，有可能被病原微生物、寄生虫感染（如动物皮毛上的炭疽杆菌、布氏杆菌等）而导致相应的疾病；医务人员接触含有病原微生物的病人体液，也有可能受到感染。

15.1.1.2 劳动过程中的有害因素

劳动过程中的有害因素有：

（1）劳动组织和制度不合理，如劳动作息制度不合理等；

（2）劳动者精神（心理）性职业紧张，个别器官或系统过度紧张，如视力紧张等；

（3）劳动强度过大或生产定额安排不当，如安排的作业与劳动者生理状况不相适应，超负荷的加班加点，检修时工作量过大等；

（4）劳动者长时间处于不良体位或使用不合理的工具，不符合安全人机工程的要求等。

15.1.1.3 作业环境中的有害因素

作业环境中的有害因素有：

（1）自然环境中的因素，如炎热季节的太阳辐射、寒冷季节的低温等；

（2）缺乏必要的卫生技术措施，如通风、换气或照明等；

（3）生产过程不合理或管理不当导致环境污染，作业环境的卫生条件不符合国家卫生标准；

（4）缺少必要的个人劳动防护用品和卫生设施。

在实际生产场所和过程中，多种职业有害因素往往同时存在，对劳动者的健康产生联合作用。例如，视屏显示终端作业既有射线、眩光等物理性因素，又有生理紧张（视觉紧张、颈、肩、上背、臂、腕和腰部骨骼肌紧张）的危害问题，同时由于工作压力大、工作单调，更易产生心理紧张。职业性有害因素之间有时是互相影响和制约的，因此应对其进行全面的治理，以保障劳动者的健康，为劳动者创造一个安全、卫生的工作环境。

15.1.2 职业病

2001 年 10 月 27 日，第九届全国人民代表大会第二十四次会议审议通过了《中华人民共和国职业病防治法》（以下简称《职业病防治法》），自 2002 年 5 月 1 日起实施。在 2011 年和 2016 年进行修正，这是我国第一部全面规范职业病防治工作的法律。这部法律的出台，标志着我国预防、控制和消除职业病危害因素，防治职业病、保护劳动者健康和权益的职业卫生工作有了法律的依据和保障。

职业病是指企业、事业单位和个体经济组织的劳动者在职业活动中因接触粉尘、放射性物质和其他有毒、有害物质等因素而引起的疾病。

15.1.2.1　职业病的特点

劳动者所接触的职业性有害因素种类繁多，职业病的种类和临床表现形式也是多样的。但是，职业病具有以下三个共同特点：

（1）病因明确，病因即职业性有害因素。发病需有一定作用条件，在消除病因或阻断作用条件后，可消除发病。

（2）所接触的病因大多数是可检测的。需达到一定的强度（浓度或剂量）才能致病，降低和控制接触强度可减少发病。

（3）在接触同一因素的人群中常有一定的发病率，很少只出现个别病例。如果能得到早期诊断、处理，大多数职业病是可以预防的。

15.1.2.2　职业病的分类

2013年12月23日，国家卫生计生委、人力资源和社会保障部、安全监管总局、全国总工会四部门联合印发《职业病分类和目录》，自印发之日起施行。2002年4月18日原卫生部和原劳动保障部联合印发的《职业病目录》予以废止。该《分类和目录》将职业病分为10类132种，具体分类如下：

（1）职业性尘肺病及其他呼吸系统疾病（19种）；
（2）职业性皮肤病（9种）；
（3）职业性眼病（3种）；
（4）职业性耳鼻喉口腔疾病（4种）；
（5）职业性化学中毒（60种）；
（6）物理因素所致职业病（7种）；
（7）职业性放射性疾病（11种）；
（8）职业性传染病（5种）；
（9）职业性肿瘤（11种）；
（10）其他职业病（3种）。

15.2　粉尘危害及防护措施

粉尘是指能够较长时间浮游于空气中的固体微粒。习惯上对粉尘有许多名称，如灰尘、尘埃、烟尘、矿尘、粉末等，这些名词没有明显的界线。国际标准化组织规定，粒径小于75μm的固体悬浮物定义为粉尘。在大气中粉尘的存在是保持地球温度的主要原因之一，大气中过多或过少的粉尘将对环境产生灾难性的影响。但在生活和工作中，生产性粉尘是人类健康的天敌，是诱发多种疾病的主要原因。

粉尘几乎到处可见。土壤和岩石风化后分裂成许多细小的颗粒，它们伴随着花粉、孢子以及其他有机颗粒在空中随风飘荡。除此之外，许多粉尘是工业和交通运输发展的副产品，烟囱和内燃机排放的废气中也含有大量的粉尘。

地面水通过蒸发进入大气，又经降水返回地面，从而完成了水的循环。如果空中没有粉尘，水分再大也无法凝结成水滴。因为水分子很小，由它聚合起来的水滴也很小，再加上饱和水汽压力很大，所以不易形成降水。空气中有了粉尘之后，它能吸附水汽变成溶液并形成水滴，其饱和水汽压力大大减小，使水汽易于其周围凝结，变成云、雾、雪等。在这一变化过程中，粉尘起了凝结核的作用。

天空中呈现的蔚蓝色尽收眼底也是大气中粉尘作用的结果。阳光是由红、橙、黄、绿、青、蓝、紫七色组成的。当阳光进入大气层后，遇到空中悬浮的粉尘和水汽就发生散射，波长越短的光越容易被散射，空气密度越大散射光越强。而空气密度是随海拔高度的增加而减小的，因此在8000m以下的低空，波长较短的蓝色光大量被散射，人类就可以从地面上看到“秋水共长天一色”的壮丽景观。随着海拔高度的增加，大气对阳光的散射能力越来越弱，8000m以上高空变为青色，13000m以上变为暗紫色的。在20000m以上，由于散射作用消失，天空就变成一片暗黑色。

日出和日落也是粉尘之功。当太阳初升在地平线的时候，光线穿过充满灰尘的大气，太阳比中午直射时大得多。这时，粉尘和水汽把阳光中的蓝光和绿光散射了，而波长较长的红光则直接穿过大气，于是旭日东升或夕阳西下的绚丽便历历在目。在特定的条件下，粉尘还会创造出奇特的景观。1883年，印尼喀拉喀托火山爆发，把大量火山灰抛入天空，那时该地区人们看到的太阳总是火红色的，这种景观持续了两年之久。1816年，印尼爪哇火山喷射出的烟尘反射和吸收了大量阳光，结果导致那一年该地区的气温降低，出现了罕见的没有夏天的奇迹，即所谓的阳伞效应。总之，没有粉尘云、雾、雨、雪将不复出现，火红的太阳和绚丽的彩虹也要消失，自然景观大为逊色。

在生产过程中形成的粉尘叫做生产性粉尘。生产性粉尘对人体有多方面的不良影响，在职业病患者中，患有尘肺病的约占职业病患者总数的80%。据不完全统计，截至2002年我国已发生各种尘肺近60万人，死亡近13万人。因此，防尘工作是职业卫生工作中一项非常重要的任务。

15.2.1 粉尘的分类

粉尘可以根据许多特征进行分类，在大气污染控制中，根据大气中粉尘微粒的大小可分为：

（1）飘尘，是指大气中粒径小于10μm的固体微粒，它能较长期地在大气中漂浮，有时也称为浮游粉尘。

（2）降尘，是指大气中粒径大于10μm的固体微粒，在重力作用下，它可在较短的时间内沉降到地面。

（3）总悬浮微粒，是指大气中粒径小于100μm的所有固体微粒。

15.2.2 粉尘的来源

在生产过程中，对固体物料的破碎、研磨、熔融，粉料的装卸、运输、混拌，液态物质的升华、物质的氧化等，如防护措施不健全，均会有大量粉尘逸散到作业环境空气中。产生粉尘的主要作业有：采矿业的凿岩、爆破、采矿、运输等；基建业的隧道开凿、采石、筑路等；金属冶炼业的原料破碎、筛分、选矿、冶炼等，耐火材料、玻璃、陶瓷、水泥业的原料准备、加工等，机器制造业的铸造、清砂、表面处理等；化工、轻纺业的原料加工、包装等。

此外，生产中使用的粉末状物质在混合、过筛、包浆、搬运等操作过程中，已经沉积的粉尘由于振动或气流的影响，又浮游于空气中也是生产性粉尘的来源之一。

15.2.3 粉尘危害

粉尘危害是多方面的，粉尘对人体健康、生产过程、产品质量、经济效益、自然环境和生态平衡等诸多方面产生不良影响。

15.2.3.1 对人体的危害

生产粉尘进入人体后，根据其性质、沉积的部位和数量不同，可引起不同的病变。尘肺病是生产性粉尘引起的最重要的危害。一般来说，接触什么粉尘致病，诊断后就称什么尘肺。一般认为，尘肺的发生和发展与从事接触尘肺作业的工龄、粉尘中游离二氧化硅的含量、二氧化硅的类型、生产场所含粉尘浓度、分散度、防护措施以及个体条件等有关。有的劳动者接触粉尘 5~10 年才发病，有的可长达 15~20 年。接触高浓度游离二氧化硅的粉尘，也有 1~2 年发病的，有的甚至不到半年就发病。

15.2.3.2 对生产的危害

作业场所空气中的粉尘落到精密仪器、仪表上，可使这些设备的精确度下降；落到机器设备的传动部位，会使磨损加剧，缩短使用寿命。粉尘还可以使某些化工产品、机械产品、电子产品，如油漆、胶片、微型轴承、集成电路、电容器、电视机、照相机等产品质量下降，轻者须返工，重者须降级处理，甚至报废。此外，粉尘弥漫在工作场所中，使作业者的视线受影响，从而降低工作效率。

15.2.3.3 对环境的危害

漂浮于空气中的粉尘可使其他有害物质附着其上面，形成严重的大气污染，生物体吸入可引起各种疾病，文物、古迹、建筑物表面会被腐蚀、污染。另外，大量粉尘悬浮于空气中，可降低大气的能见度，促使烟雾形成，使太阳的热辐射受到影响。据统计，每燃烧 1t 煤，有 2~3kg 的粉尘排入大气，我国工业和生活锅炉每年排入大气的烟尘有 1400 万吨，如果不对这些含有大量粉尘的空气进行净化处理，必然对大气和环境造成严重污染和破坏。

15.2.3.4 爆炸危害

相传，早在风车水磨时代，就曾发生过一系列磨坊粮食粉尘爆炸事故。到了 20 世纪，随着工业的发展，粉尘爆炸事故更是屡见不鲜，爆炸粉尘的种类也越来越多。据统计，1913~1973 年间美国仅工农业方面就发生过 72 次比较严重的粉尘爆炸事故。1919 年俄亥俄州一家淀粉厂发生粉尘爆炸，厂房几乎全部被毁，有 43 人丧生。日本 1952~1975 年共发生重大粉尘爆炸事故 177 次，累计死亡 75 人，受伤 410 人。

1977 年美国路易斯安那州一座现代化粮库发生爆炸，造成一半以上粮仓被毁，连办公大楼也未幸免，36 人死亡，直接经济损失达 3000 万美元。英国和加拿大在化工和造纸等行业中也发生过多起粉尘爆炸事故，仅英国就有 243 次，死伤 204 人。

1987 年 3 月 15 日，哈尔滨亚麻纺织厂发生的爆炸事故中，死亡 56 人、伤 179 人，厂房设备遭到严重破坏。

粉尘和其他物质一样具有一定能量。由于粉尘的粒径小、表面积大，从而其表面能也增大。一块 1g 重的煤其表面积只有 5~6cm^2，而 1g 的煤粉飘尘，其表面积可达 2m^2。粉尘与空气混合，能形成可燃的混合气体，若遇明火或高温物体极易着火，顷刻间完成燃烧过程，释放大量热能，使燃烧气体温度骤然升高，体积猛烈膨胀，形成很高的膨胀压力。燃烧后的粉尘，氧化反应十分迅速，它产生的热量能很快传递给相邻粉尘，从而引起一系列连锁反应。粉尘发生爆炸必须具备一定的条件，归纳如下：

（1）粒径大小。这是影响其反应速度和灵敏度的重要因素，颗粒越小越易燃烧，爆炸也越强烈。粒径在 200μm 以下，且分散度较大时，易于在空中飘浮，吸热快，容易着火。粒径超过 500μm，其中含有一定数量的大颗粒则不易起爆。

（2）化学成分。有机物粉尘中若含有—COOH，—OH，NH_2^-，NO，C ═ N，C ═ N 和 N ═ N 的基团时，发生爆炸的危险性较大；含卤素和钾、钠的粉尘，爆炸趋势减弱。

（3）爆炸浓度。在一个给定容积中，能够传播火焰的悬浮粉尘的最小质量称为爆炸浓度。通常，达到粉尘爆炸浓度的粉尘才会发生爆炸，面粉的爆炸浓度为 15~20g/m^3，散粮爆炸浓度为 30~40g/m^3。

（4）空气湿度。当空气湿度较大时，亲水性粉尘会吸附水分，从而使粉尘难以弥散和着火，传播火焰的速度也会减小。湿度大的粉尘即使着火，其热量首先消耗在蒸发粉尘中的水分，然后才用于燃烧过程。粉尘湿度超过 30%便不易起爆。

（5）有足够的点火温度。粉尘爆炸大都起源于外部明火，如机械撞击、电焊和切割，静电火花或电火花，摩擦火花，火柴和高温体传热等，这类火源点火温度为 300~500℃。

（6）足够的氧气。粉尘悬浮环境中需含有足够维持燃烧的氧气。

（7）粉尘紊动程度。悬浮在空气中的粉尘，紊动强度越大，越易吸收空气中的氧气而加快其反应速率，从而容易发生爆炸。

粉尘虽然会发生爆炸，但若采取可靠的措施还是可以避免的。防范的措施应着眼于发爆的条件：控制粉尘浓度，杜绝起燃点，减低空气中氧的浓度，采取有效降尘措施，建立预报系统，设置爆炸压力泄放口等。此外，在管理上建立必要的规章制度，落实管理措施也是非常必要的。

此外，粉尘还会沾污建筑物，使有价值的古代建筑遭受腐蚀。降落在植物叶面的粉尘会阻碍光合作用，抑制其生长。

综上所述，粉尘给国家、企业带来了巨大的经济损失，同时威胁着劳动者的健康和生命。因此，必须采取积极有效的措施对生产性粉尘进行防护和治理，这是社会主义经济建设的需要，也是对广大劳动者职业卫生保护的需要。

15.2.4 综合防尘措施

生产性粉尘的危害是完全可以预防的。为了防止粉尘的危害，我国政府颁布了一系列法规和法令，如《关于防止厂矿企业中的矽尘危害的决定》《工厂防止矽尘危害技术措施办法》《矿山防止矽尘危害技术措施暂行办法》《矽尘作业工人医疗预防措施办法》等。根据这些政策，各企业在防尘工作中找到了行之有效的综合防尘措施，并总结了预防粉尘危害的八字经验，即“革、水、密、风、护、管、宣、查”。

（1）革。“革”是指技术革新，改革工艺过程，革新生产设备，采用新技术，实现机械化、自动化和密闭化生产，这是消除粉尘危害的根本途径。例如，采用封闭式风力管道运输、以铁丸喷砂代替石英喷砂等。

（2）水。“水”是指湿式作业，是一种经济易行的防止粉尘飞扬的有效措施。在工艺允许的条件下，应尽可能采用湿式作业。例如，矿山的湿式凿岩、冲刷巷道等，石英、矿石等的湿式粉碎或喷雾洒水，铸造业的湿砂造型、湿式开箱清砂、化学清砂等。另外，湿式作业还包括禁止干法打眼和洒水喷雾。

（3）密。“密”是指密闭尘源，将粉尘与操作人员隔离，是防止和减少粉尘外逸造成作业场所空气污染的重要措施。凡是能产生粉尘的设备均应尽可能密闭，并用局部机械吸风，使密闭设备内保持一定的负压，防止粉尘外逸。抽出的含尘空气必须经过除尘净化处理，才能排出，避免污染大气。

（4）风。“风”是指通风排尘，通过吸尘罩、除尘器等设备，将含尘气流净化到符合排放标准后排入大气，确保作业场所空气中的粉尘浓度符合国家卫生标准。这是一种常见的积极有效的防尘技术措施。

（5）护。“护”是指个人防护，受生产条件限制，在粉尘无法控制或高浓度粉尘条件下作业，必须合理、正确地使用防尘口罩、防尘服等个人防护用品。防尘口罩要滤尘率、透气率高，质量轻，不影响工人视野及操作。

（6）管。“管”是指防尘设备的维护管理，对投入使用的各种除尘设备要加强检查、维护，并制定相应的规章制度，建立设备档案。做好设备运转情况记录，确保设备正常、良好、高效地运行。

（7）宣。“宣”是指防尘工作的宣传教育。加强对粉尘危害知识、防尘设备使用常识、个人防护用品知识的宣传教育，使各级领导、企业负责人、全体职工对粉尘危害有充分的了解和认识，加强防尘工作的自觉性。

（8）查。“查”是指监督检查，既包括对作业场所空气中粉尘浓度的定期测定，又包括对从事粉尘作业职工的健康检查。健康检查包括就业前体检和定期体检。对新从事粉尘作业的工人，必须进行健康检查，目的主要是发现粉尘作业就业禁忌及建立健康档案。定期体检的目的在于早期发现粉尘对健康的损害，发现有不宜从事粉尘作业的疾病时，应及时调离，及时治疗。

15.3　生产性毒物危害及防毒措施

在工业生产过程中，可能会产生有毒的气体、液体或固体物质。这些有毒物质侵入人体后，当积蓄到一定的量时，与人体各组织发生生物化学或生物物理学的作用，会达到破坏人体的正常生理功能的程度，使得某些器官或系统发生暂时性的或永久性的病变，甚至危及生命，我们称为生产性毒物（或者工业毒物）。生产性毒物进入人体的途径有三种：

皮肤、呼吸道和消化道。其中，最主要的途径是经呼吸道进入人体；其次是经皮肤进入人体。

15.3.1　生产性毒物的来源

在工业生产过程中，从生产所使用的原材料到成品、从中间产品到副产品、从使用物质中的夹杂物到废弃物，以及作为辅助材料的催化剂、载热体、增塑剂等都可能产生生产性毒物。一般情况下，生产性毒物的来源主要有以下六个方面：

（1）原料，如生产颜料、蓄电池使用的氧化铅、制造人造羊毛用的丙烯氢等；

（2）辅助材料，如生产聚氯乙烯塑料用的锐盐稳定剂、生产油漆用的苯类溶剂等；

（3）中间产品，如用苯和硝酸生产苯胺时产生中间产品硝基苯；

（4）成品，如农药厂生产的杀虫剂等；

（5）副产品，如炼焦时产生的煤焦油、冶炼金属时产生的二氧化硫等；

（6）三废，包括各种有毒的废渣、废水、废气。

15.3.2　生产性毒物对人体的危害及其分类

生产性毒物对人体的危害主要表现在引起职业中毒和引发职业病。职业中毒是指劳动者在从事生产劳动的过程中由于接触生产性毒物而发生的中毒。

15.3.2.1　生产性毒物对人体的危害

职业中毒按其症状出现的快慢和病变程度的不同，可分为急性中毒、慢性中毒和亚急性中毒三种类型。

（1）急性中毒：人体在短时间内有大量毒物进入人体后发生的病变，引起人体一系列中毒症状，甚至死亡，称为急性中毒。这种病变具有发病急、变化快和病情重的特点，急性中毒可能当班或下班几小时，或者 1~2 天内发生，多数是因生产事故或工人违反安全操作规程、安全生产技术和企业管理水平低所引起的。引起急性中毒的毒物主要是有害气体，它们有很强的扩散性，人吸入的吸收速度快；少数情况下，金属烟尘、有机溶剂等也可引起急性中毒。毒物作用于呼吸系统，表现为窒息、呼吸抑制、肺水肿、肺气肿等症状；毒物作用于消化系统，表现为急性肠胃炎、中毒性肝病等。

（2）慢性中毒：少量毒物多次逐渐进入人体内，经过一段时期的积蓄，达到中毒浓度而出现中毒症状，称为慢性中毒。慢性中毒是作业人员在生产环境中长期受到一定浓度的毒物的作用，经过数月、数年或更长时间后才发现的。相对于急性中毒而言，慢性中毒具有潜伏期长、发病慢、早期症状不明显等特点，它是职业中毒类型中最常见的，如金属铅、汞、锰等常引起慢性中毒。

（3）亚急性中毒：介于急性中毒和慢性中毒之间的则称为亚急性中毒。它是较短时间内（一般是在数日至 1 个月内）或多次接触毒物而引起的，如二硫化碳、汞等毒物常造成亚急性中毒。

生产性毒物对人体的远期效应有致突变、致癌、致畸效应，也称为“三致”效应。毒物的致突变效应是指生物机体的遗传物质在化学、物理、生物的作用下发生突然的、根本的变异。毒物的致癌效应是指作业场所中的某些致癌物可导致体细胞突变，产生肿瘤。毒物的致畸效应是指生产性毒物对胚胎产生的各种不良影响，导致畸胎、死胎、胎儿生长迟缓或某些功能不全等缺陷。

15.3.2.2　常见的生产性毒物的分类

生产性毒物的种类很多，影响范围广，目前已列入法定职业病范畴的职业中毒共有50多种。在工业防毒技术中，按毒物的化学结构、存在形态、作用特点、理化性质等多种因素，可划分为如下七类。

（1）金属类：如汞、铬、铍、锰、铅、砷等。这类毒物主要对人的神经系统、消化系统、血液循环系统及生殖系统等造成损害。

（2）刺激性与窒息性气体：如一氧化碳、氟化物、氯气、硫化氢、氮氧化物等。这类毒物是工业生产中常遇到的有害气体，对人体，特别是对呼吸道有明显的损害，轻者为上呼吸道刺激症状，重者则致喉头水肿、支气管炎、头痛、头晕、乏力、肺水肿、脑水肿，甚至死亡。

（3）有机溶剂类：如氯乙烷、苯、醇、酯、醚、酮及汽油等。这类毒物损害人的呼吸系统、神经系统，甚至可以破坏人的造血机能。

（4）苯的氨基、硝基化合物类：如硝基苯、氨基苯、三硝基甲苯等。这类毒物可损害人的血液系统、神经系统，并对人的视觉、心脏、肝、肾等器官造成损害。

（5）高分子化合物生产中的毒物：如氯化烯、塑料、橡胶及树脂类产品等。这类毒物对人的皮肤黏膜和上呼吸道黏膜都有损害，常引起接触性皮炎、神经衰弱等症状。

（6）农药类：如有机磷、有机氯等。这类毒物经呼吸道和消化道进入人体，可对人的神经系统、呼吸系统造成损害，并对人的肝、肾等器官造成损害，损害严重时可导致死亡。

（7）沥青及其烟雾：如煤油沥青、石油沥青和矿产沥青等。这类毒物可致人患皮囊炎、支气管炎、癌症等疾病。

15.3.2.3　综合防治措施

预防职业中毒，应根据生产中的具体情况采取综合性的防治措施。

（1）组织管理措施。企业及其主管部门在组织生产的同时要加强对防毒工作的领导和管理，在工作中要认真贯彻执行国家有关预防职业中毒的法规和政策，制定预防措施及安全操作规程，改善劳动条件。

（2）防毒技术措施。在生产中，利用科学技术改革工艺，使用无毒或低毒物质代替有毒或高毒物质，消除毒物；通风排毒，降低毒物含量，降低毒物浓度；对生产设备要加强维修和管理，防止因为毒物的跑、冒、滴、漏而污染环境。

（3）个人防护措施。做好个人防护与个人卫生工作，如使用防护服、手套、口罩、头盔等防护用品。对于外露皮肤，有的还要根据毒物性质涂抹防护油膏。

（4）卫生保健措施。按国家规定，对从事有毒作业的工人要供给保健食品，以加强营养，增强体质。实施就业前健康检查，坚持定期健康检查，早期发现工人健康情况并及时处理。

15.4　物理因素危害及防护措施

物理因素危害是指高温、低温、高低气压、噪声及振动因素对人体产生的危害，这里不包括辐射对人体的危害。

15.4.1　高温危害及预防措施

在工业生产中，由于高温车间内存在着多种热源，或由于夏季露天作业受太阳热辐射的影响，常可产生高温或高温高湿或高温伴强热辐射等特殊气象条件。在这种环境下进行生产劳动，通常称为高温作业。

我国制定的高温作业分级标准规定：工业企业和服务行业工作地点具有生产性热源，其气温等于或高于本地区夏季室外通风设计计算温度2℃的作业，列为高温作业；主要的高温作业工种有：炼钢、炼铁、造纸、塑料生产、水泥生产等。高温作业通常分为高温强热辐射作业、高温高湿作业和夏季露天作业三种类型。

（1）高温强热辐射作业，如冶金工业的炼焦、炼铁、炼钢、轧钢等车间；机械制造工业的铸造、锻造、热处理等车间；陶瓷、玻璃、搪瓷、砖瓦等工业的炉窑车间；火力发电厂和轮船上的锅炉等。这类生产场所具有各种不同的热源，如冶炼炉、加热炉、窑炉、锅炉、被加热的物体（铁水、钢水、钢锭）等，能通过传导、对流、辐射散热，使周围物体和空气温度升高，周围物体被加热后，又可成为二次热辐射源，且由于热辐射面扩大，使气温更高。在这类作业环境中，同时存在着两种不同性质的热，即对流热（被加热了的空气）和辐射热（热源及二次热源）。对流热只作用于人的体表，可通过血液循环使全身加热。辐射热除作用于人的体表外，还作用于深部组织，因而加热作用更快更强。这类作业的气象特点是气温高、热辐射强度大，而相对湿度多较低，形成干热环境。人在此环境下劳动时会大量出汗，如通风不良，则汗液难以蒸发，就可能因蒸发散热困难而发生蓄热和过热。

（2）高温高湿作业，其气象特点是气温、湿度均高，而辐射强度不大。高湿度的形成，主要是由于生产过程中产生大量水蒸气或生产上要求车间内保持较高的相对湿度所致。例如：印染、缫丝、造纸等工业中液体加热或蒸煮时，车间气温可达35℃以上，相对湿度常高达90%以上；潮湿的深矿井内气温可达30℃以上，相对湿度可达95%以上，如通风不良就形成高温、高湿和低气流的不良气象条件，即湿热环境。人在此环境下劳动，即使气温不很高，但由于蒸发散热更为困难，故虽大量出汗也不能发挥有效的散热作用，易导致体内热蓄积或水、电解质平衡失调，从而发生中暑。

（3）夏季露天作业，如农业、建筑、搬运等劳动的高温和热辐射主要来源是太阳辐射，夏季露天劳动时还受地表和周围物体二次辐射源的附加热作用。露天作业中的热辐射强度虽较高温车间为低，但其作用的持续时间较长，且头颅常受到阳光直接照射，加之中午前后气温升高，此时如劳动强度过大，则人体极易因过度蓄热而中暑。此外，夏天在田间劳动时，因高大密植的农作物遮挡了气流，常因无风而感到闷热不适，如不采取防暑措施，也易发生中暑。

中暑是指在高温、高湿或强热辐射条件下发生的以体温调节障碍为主的急性疾病，是高温环境下发生的一类疾病的总称。

高温可使作业工人感到热、头晕、心慌、烦、渴、无力、疲倦等不适感，可出现一系列生理功能的改变，主要表现在：

1）体温调节障碍，由于体内蓄热，体温升高。

2）大量水盐丧失，可引起水盐代谢平衡紊乱，导致体内酸碱平衡和渗透压失调。

3）心律脉搏加快，皮肤血管扩张及血管紧张度增加，加重心脏负担，血压下降。但重体力劳动时，血压也可能增加。

4）消化道贫血，唾液、胃液分泌减少，胃液酸度减低，淀粉活性下降，胃肠蠕动减慢，造成消化不良和其他胃肠道疾病增加。

5）高温条件下若水盐供应不足可使尿浓缩，增加肾脏负担，有时可见到肾功能不全，尿中出现蛋白、红细胞等。

6）神经系统可出现中枢神经系统抑制，注意力和肌肉的工作能力、动作的准确性和协调性及反应速度的降低等。

防暑降温工作，必须采用综合性措施，具体表现在：

1）组织措施，加强对防暑降温工作的管理。加强对工人的宣传教育，促使职工遵守高温作业安全规程和卫生保健制度。制定合理的劳动休息制度，高温下作业应尽量缩短工作时间，可采取换班、增加休息次数等方法。

2）技术措施，改革生产工艺，采用先进技术。实行机械化和自动化生产，从根本上改善劳动条件，消除高温和热辐射对人的危害。通风是改善作业环境最常用的方法，通风分为自然通风和机械通风。自然通风是利用车间内外的热压和风压，使室内外空气进行交换，来实现通风换气。机械通风常用的有风扇、喷雾、管道送风等。隔热是用导热性能好的材料以及水和空气层来降低热源表面的温度。实验表明：水隔热效果最好，能最大限度地吸收热辐射。

3）保健措施，发放保健食品，供给含盐饮料，以补充人体所需的水分和盐分。加强个人防护，高温作业的工作服应结实、耐热、宽大，应按不同作业需要及时供给防护眼镜、隔热面罩等。对高温作业人员应进行就业前和入暑前体检，凡有心血管系统疾病、高血压病、肝病、肾病等疾病的人员不宜从事高温作业。

15.4.2　低温危害及预防措施

低温作业是指在寒冷季节从事室外及室内无采暖的作业，或在有冷藏设备的低温条件下以及在极区的作业，如冬季室外建筑、地质勘查、采伐、冷藏及冷冻作业。

在低温环境中，人体散热加快，引起身体各系统一系列生理变化，容易造成局部性或全身性损伤，如冻伤或冻僵，甚至引起死亡。如果在低温环境下作业时间过长，就会超过人体的适应和耐受能力。当体温降至32℃时，人体失去代偿能力（某个器官或组织一部分发生病变，其他部分可代偿性地补充病变部分的功能）：当体温降至30℃时，人体出现脉搏微弱以至昏迷等症状；当体温低于29℃时，则可导致死亡。

低温作业时可采取以下防护措施：

（1）做好采暖和保暖工作，使低温作业地点保持合适的温度。冬季在露天工作或缺乏采暖设备的车间内工作时，应在工作地点附近设立取暖室，以供工人轮流休息和取暖使用。

（2）注意个人防护。在低温环境下工作，应穿导热性小、吸湿性强的防寒服装、鞋靴、手套、帽子等。在潮湿环境下劳动时，应穿戴橡胶长靴或橡胶围裙等防湿用品。

（3）采取卫生保健措施。加强耐寒锻炼，能够提高人体对低温的适应能力，这是防止低温危害的有效方法之一。经常洗冷水浴或用冷水擦身，多吃一些含有脂肪、蛋白质和维生素的食物，以提高对寒冷的耐受性。

15.4.3 异常气压危害及预防措施

人体习惯于长期居住地区的大气压，同一地区的气压变动较小对正常人无不良影响，但人们有时需要在异常气压下工作，如高气压下进行的潜水作业，低气压下进行的高空或高原作业。此时气压与正常气压相差很大，如果防护措施不当，可危害人体健康。

15.4.3.1 高气压危害及预防措施

高气压下进行的作业包括潜水作业、潜涵作业（也称沉箱作业）和高压氧舱作业。潜水作业一般用于水下施工、打捞沉船等作业。潜涵作业是在地下水位以下深处或在沉降于水下的潜涵内进行的作业。健康人能耐受3~4个大气压，若超过此限度，则可对人体产生危害。

高气压对人体的危害主要发生在加压或减压的过程中。在加压过程中，由于外耳道的压力增大，使鼓膜向内凹陷产生耳鸣及头晕等症状，甚至可压破鼓膜。减压病是指在高气压下工作一段时间后，在转向正常气压时，因为减压速度过快，导致组织和血液中产生气泡，造成血液循环障碍和组织损伤，其症状为皮肤瘙痒、肌肉和骨骼疼痛，重者可造成肺水肿、休克或猝死。减压速度越快，症状出现越早，则病情越严重。

对高气压危害的防治措施是：加强安全卫生教育，遵守潜水和潜涵作业制度；做好保健工作和体格检查工作；进行加压、减压锻炼，提高耐力和适应力；根据下潜的深度和时间，制定科学合理的减压方案。

15.4.3.2 低气压危害及预防措施

高空、高原和高山均属于低气压环境。在海拔2000m以上的环境下从事劳动称为高原作业或高山作业，如高原的勘探、修路，航空航天作业等。

在高原或高空的缺氧条件下，人会出现头痛、头昏、眩晕、胸闷、心慌、血压升高、呼吸困难等症状，严重时可导致肺水肿、脑水肿等疾病。高原病按发病急缓分为急性和慢性高原病。急性高原病又有急性高原反应、高原肺水肿、高原脑水肿三种类型。急性高原反应多发生在登山后24h内，大多数4~6天内症状消失。高原脑水肿发病率低，但死亡率高。慢性高原病有慢性高原反应、高原心脏病、高原红细胞增多症、高原高血压和高原低血压五种类型。

高原病的预防措施有：对从事低气压工作的人员，进行全面体格检查；加强适应性锻炼；在高原地区应逐步增加劳动强度，对劳动定额和劳动强度应严格控制；摄取高糖、含多种维生素和易消化的食物，多饮水，不饮酒；注意保暖防寒、防冻；对患有明显的心血管系统、呼吸系统、神经系统疾病和严重贫血者，禁止从事此类作业。

15.4.4 噪声危害及预防措施

15.4.4.1 噪声的危害

在生产过程中产生的一切声音都可以称为生产性噪声或工业噪声危害。噪声对人体的危害主要表现在以下三个方面。

（1）听觉疲劳。短时间暴露在噪声下，可引起听力减弱、听觉敏感性下降等听觉疲劳。噪声在90dB(A）以上，对听力的影响比较严重。长期接触这种噪声，可能引起噪声性耳聋，噪声性耳聋是一种较为普遍的职业病。

（2）引起各种病症。长时间接触80dB(A）以上的噪声，可引发消化不良、食欲不振、恶心、呕吐、心跳加快、血压升高、失眠等症状。

（3）引起事故。噪声超过160dB(A)，还会引起建筑物玻璃震碎、墙壁震裂和烟囱倒塌等；在某些特殊场所，强烈的噪声可掩盖警告声响等，引起设备损坏或人员伤亡事故。

15.4.4.2 噪声的防护措施

噪声的防护措施主要包括控制和消除噪声源、控制噪声传播途径、做好个人防护三个方面的内容。

（1）消声和隔声。控制和消除吸声源是控制和消除噪声的根本措施，要用吸声材料、吸声结构和吸声装置将噪声源封闭，防止噪声传播，常用的有隔声墙、隔声罩和门窗等。

（2）执行工业企业噪声控制设计规范，见表15-1。在设计新厂房时要把防噪减振工作纳入其中，多考虑用吸声材料，合理规划厂区、厂房。在产生强烈噪声的作业场所周围，应设置良好的绿化防护带，车间的墙壁、顶面、地面等应设吸声材料。

表15-1 工业企业噪声控制设计规范

每个工作日接触噪声时间/h	新、扩、改建企业允许噪声/dB（A）	现有企业暂达不到标准时允许噪声/dB（A）
8	85	90
4	88	93
2	91	96
1	94	99
最高不得超过115dB（A）		

（3）加强个人防护。可采用防声耳塞、耳罩，耳塞的隔音效能可使低频噪声降低10~15dB(A)，中频噪声降低20~30dB(A)，高频噪声降低30~40dB(A)。合理安排劳动休息制度，限制噪声作业的工作时间。接触噪声的人员应定期进行体验，观察听力变化。早期发现听力损伤，及时采取有效的防护措施。

15.4.5 振动危害及预防措施

振动是指物体受到外力作用时围绕一个平衡位置呈周期性的往复运动。在生产过程中，由于设备运转、撞击或运输工具行驶等产生的振动称为生产性振动。生产过程中经常接触的振动源有：

（1）风动工具，如铆钉机、凿岩机、风铲、风钻等；

（2）电动工具，如电钻、冲击钻、砂轮、电锤等；

（3）运输工具，如蒸汽机车、内燃机车、汽车、飞机、摩托车等；

（4）农业机械，如拖拉机、收割机、脱粒机等。

人体长时间接触振动会造成神经系统、心血管系统、骨骼肌肉系统、听觉器官和免疫系统的损害，长期局部振动还可引起手臂振动病。

对振动危害的防护措施主要有：改造生产工艺，改进设备和工具，比如用液压机、焊接和高分子粘连工艺代替铆接工艺，用液压机代替锻压机，用电弧气刨代替风铲等可以大大减少振动的发生源；采取隔振措施，对振动源采取减振措施，如用弹簧等减振阻尼器减少振动的传递距离；加强设备和工具的维护保养；建立合理的劳动休息制度，限制作业人员日接振时间，正确使用个人防护用品。

15.5　辐射危害及防护措施

15.5.1　辐射的种类及其危害

15.5.1.1　辐射的种类

不稳定的同位素的原子核发生衰败，衰变时放出肉眼看不见的射线，这种能自发地放出射线的性质叫做放射性。辐射是由辐射源发出的电磁波和微粒子流的总称，辐射包括电磁辐射（也称非电离辐射）和电离辐射（也称核辐射和放射性辐射）。

电磁辐射是指电磁场能量以波的形式向外发射的过程。以辐射形式出现的电磁场，也叫做电磁波。电磁波按其频率不同分为高频、超高频、特高频三类。高频电磁波包括中波、中短波。超高频包括短波和超短波。特高频也叫做微波，分为分米波、厘米波和毫米波。

电磁波谱中的X射线和γ射线以及由放射性元素放出的α粒子、β粒子等量子的能量在12eV以上的可引起物质产生电离，称为电离辐射。波长越短，频率越高，辐射的能量越大，生物学作用越强。

15.5.1.2　辐射的危害

A　电离辐射的危害

电离辐射的作用方式分为体外照射和体内照射两种。体外照射是辐射源位于人体之外，对人体造成的辐射照射。当辐射源距离人体有足够远的距离时，可造成对人体较均匀的全身照射；当辐射源靠近人体时，则主要造成局部照射。体外照射的特点是只要脱离或远离辐射源，辐射作用即停止。X射线、γ射线和中子流贯穿能力很强，主要以体外照射危害人体。体内照射是放射性物质经口、鼓膜和受伤皮肤进入人体，对人体造成的辐射照射。与体外照射不同，体内照射对人体的辐射作用一直要持续到放射性核素排出体外，或经10个半衰期以上的蜕变，才可忽略不计。

电离辐射可以导致人体几乎所有器官、系统发生一系列病变，其中引起人体的神经系统、造血系统、生殖系统、消化系统和眼睛晶状体的病变最为明显。

人体一次或短时间（数日）内分次受到大剂量电离辐射引起的全身性疾病，称为急性放射病。急性放射病分为血液型、脑型、肠型三种。其初期表现为神经系统过度兴奋，有剧烈头痛、头晕；消化系统症状表现为恶心、呕吐、腹泻等；重者似酒醉状态，甚至丧失知觉，以致死亡。

放射工作人员在长时间接受超剂量的体外照射或放射性物质经常进入体内并积累到一定的量之后，会引起慢性放射病。慢性放射病根据损害的部位和出现的症状不同分为四种类型：以神经衰弱综合征为主的神经性损伤；引起各种癌症（如白血病、骨癌、甲状腺癌等）；损伤遗传物质，使后代出现畸形或其他遗传性疾病；引起眼睛晶状体混浊，造成放射性白内障。

B 电磁辐射的危害

电磁辐射对人体的影响不会导致组织器官的器质性损伤，主要引起功能性改变，往往在停止接触数周或数月后即可恢复。高频电磁场的有害作用主要来源于中波和短波。高频电磁场场强较大时，短期接触即可引起体温明显升高，会出现中枢神经系统和植物神经系统功能紊乱，如头痛、乏力、失眠多梦、白天嗜睡、记忆力减退等精神衰弱症状。微波对人体的影响主要表现在神经系统、内分泌系统和心血管系统，还可引起眼睛晶状体的改变。微波作业工人常有较多的神经衰弱症状，有时还会有轻度甲状腺肿大。长期接触微波可使血压降低，但也有人血压增高。微波辐射还具有累积效应，长期照射可对人体产生永久损伤。

15.5.2 辐射的防护措施

15.5.2.1 电离辐射的防护措施

电离辐射的防护措施如下：

（1）时间防护，时间防护即减少受照时间。体外照射的总剂量与总照射时间成正比，人体受到照射的累积剂量是随时间的延长而增加的，受照射时间越长，个人累积的剂量就越大。因此，一切作业人员应尽可能减少在辐射场所停留的时间。轮换作业，采用机械化、自动化作业，提高操作技术，减少受照射时间。X射线工作人员，在进行X射线检查时，应尽量缩短照射时间。在操作放射性物质之前，要做好充分准备工作，当操作发生意外时，必须及时离开辐射现场，以减少不必要的照射。

（2）距离防护。增大与放射源的距离，减少受照射剂量。在点源和射线为窄束的情况下，人体受到照射的剂量率是与放射源的距离增大而减小的，使用一定长度的操作工具（如长柄工具）具有良好的防护效果。如果操作岗位距放射源较远，不一定都要求屏蔽，其周围要有明显标志。对一时难以屏蔽的场源，可采用自动或半自动的远距离操作。

（3）屏蔽防护，所谓屏蔽防护就是在放射源和人员之间放置一种能有效吸收射线的屏蔽材料，从而减弱或消除射线对人体的危害。而屏蔽物体的厚薄取决于辐射的类型、放射源的活度、射线装置的输出量以及在屏蔽层外面可接受的剂量率。对于X射线和γ射线，可选用铅、水泥、砖等材料作防护屏；对于β射线，可用铝、有机玻璃、塑料等材料作防护屏；对于中子辐射，可用石蜡、硼酸等材料作防护屏：对于α射线，不存在屏蔽问题，一张纸即可挡住，屏蔽的主要措施是：首先将快中子慢化，然后通过与屏蔽材料原子核的散射来降低中子能量，将慢中子变成热中子吸收。

（4）控制辐射源，控制辐射源的质与量，是根治放射损害的有效方法。在不影响应用效果的前提下，应尽量减少辐射源的强度、能量和毒性。

（5）围封隔离，对于开放源及其作业场所必须采取封锁隔离的方法，采用与外界隔离的原则，把开放源控制在有限的空间内。

（6）除污保洁，操作开放型放射源，要随时清除工作环境介质的污染，检测污染水平，控制向周围环境的大量扩散。

（7）个人防护，从事放射性工作人员应正确使用个人防护用品，常用的个人防护用品有工作服、工作鞋、手套、口罩等，特殊防护用品如防护眼镜、面罩等。从事放射性工作人员还应注意个人卫生，离开工作场所时应仔细进行污染测量并洗手或淋浴；在放射性工作场所内严禁吃东西、喝水、抽烟和存放食物等。

任何电离辐射与空气相互作用，会产生某些有害气体（如臭氧、氮氧化物）。所以在应用外部放射源时，还要采取相应的其他措施（如通风等），用以防止体内照射、有害气体及其他有害因素对人体的损害。

放射性物质经口、食道黏膜和受伤皮肤进入人体，对人体造成体内照射。对于体内照射的防护，主要是防止放射性物质接触或直接进入人体。体内照射的损伤，临床积累的病例尚少，尤其是对其污染后的远期效应认识还很不够，有待于临床继续观察。

15.5.2.2　电磁辐射的防护措施

电磁辐射的防护措施分为屏蔽防护和个人防护两种。

（1）高频辐射的防护。高频辐射主要采取屏蔽防护，具体措施如下：

1）场源的屏蔽。用金属材料包围场源，以吸收和反射场能，使操作地点电磁场强度降低。场源的屏蔽通常采用屏蔽罩或小室的形式，屏蔽材料可选用铜、铝或铁，其中以铝质材料最为适宜。非导体材料无屏蔽作用。

2）远距离操作。如操作岗位距场源较远，不一定都要求屏蔽，其周围要有明显标志。对一时难以屏蔽的场源，可采用自动或半自动的远距离操作。

3）定期测定作业场所高频辐射的强弱，严格遵守环境卫生标准。

（2）微波辐射的防护。微波辐射的防护主要根据微波的特性及传输原理采取相应的防护措施。通常采用的防护措施有以下三个方面：

1）吸收微波辐射能。建造金属屏蔽室防止漏能或微波辐射；在辐射源与防护对象之间装置活动的屏蔽吸收挡板。给微波设备加屏蔽罩；在微波设备制成后，进行漏能测定，对漏能的主要部位，制造者应设置明显的警告标记。

2）合理配置工作位置。根据微波发射有方向性的特点，工作地点应置于辐射强度最小的方位，尽量避免在辐射流的正前方进行工作。

3）使用个人防护用品。可穿戴防微波专用的防护衣帽和防护眼镜，定期进行场地辐射检测和工作人员的健康检查。

参 考 文 献

[1] 李光强．钢铁冶金的环保与节能［M］. 北京：冶金工业出版社，2006.

[2] 左玉辉．环境学［M］. 北京：高等教育出版社，2006.

[3] 吴彩斌，雷恒毅，宁平．环境学概论［M］. 北京：中国环境科学出版社，2005.

[4] 赵景联．环境科学导论［M］. 北京：机械工业出版社，2005.

[5] 李爱贞．生态环境保护概论［M］. 2 版．北京：气象出版社，2005.

[6] 魏振枢，杨永杰．环境保护概论［M］. 北京：化学工业出版社，2007.

[7] 孔昌俊．环境科学与工程概论［M］. 北京：科学出版社，2004.

[8] 潘岳，刘青松．环境保护 ABC［M］. 北京：中国环境科学出版社，2004.

[9] 中科院可持续发展战略研究组．中国可持续发展战略报告［M］. 北京：科学出版社，2003.

[10] 张锦瑞．环境保护与治理［M］. 北京：中国环境科学出版社，2002.

[11] 程发良，常慧．环境保护基础［M］. 北京：清华大学出版社，2002.

[12] 朱蓓丽．环境工程概论［M］. 北京：科学出版社，2001.

[13] 马光，等．环境与可持续发展导论［M］. 北京：科学出版社，2001.

[14] 王海明．冶金生产概论［M］. 北京：冶金工业出版社，2008.

[15] 张娜．安全生产基础知识［M］. 北京：中华工商联合出版社，2007.

[16] 吕殿录．环境保护简明教程［M］. 北京：中国环境科学出版社，2000.

[17] 李光强，朱诚意．钢铁冶金环保与节能［M］. 北京：冶金工业出版社，2006.

[18] 朱锴，马辉．安全生产法律法规简明教程［M］. 北京：应急管理出版社，2019.